연표로 보는 과학사 400년

고야마 게타 지음 | 김진희 옮김

AK TRIVIA SPECIAL

머리말

과학사 연표라는 것은 결코 진귀한 것이 아니지만, 이를 신서판(173×105mm)으로——하물며 몇 세기를 망라하여——펴냈다는 이야기는 별로 들어본 적이 없다.

과학사 연표를 신서판으로 출간하지 않는 가장 큰 이유는 뭐니 뭐니 해도 종이 폭의 제약 때문일 것이다. 사이즈상 신서판 한 권에 많은 항목을 담기 힘들기 때문이다. 그렇다고 여러 권으로 나누어 출간하면 콤팩트함과 간편함이라는 신서판의 장점이 사라지고 만다(그럴 바에야 애초에 두툼한 전집으로 기획하는 편이 낫다). 또 신서판에서는 계몽적인 내용을 다루는 것이 보통이기 때문에 궁금한 것이 있을 때만 단편적으로 펼쳐보는 연표와 사전류는 신서판으로 출간하기에 적합하지 않다는 선입견과 고정관념이 있기 때문이 아닐까?

그렇기는 하나——'그렇기는 하나'가 아니라 '그렇기 때문에'라고 하는 편이 더 적합하려나?——이러한 선입견과 고정관념을 역으로 이용하여 콤팩트하게 읽을 수 있는 신서판 과학사 연표를 구태여 출간해보기로 하였다.

이에 다룬 분야는 물리학과 천문학에 무게를 두어 편중됨이 있고, 담은 내용의 분량도 다분히 금욕적일 수밖에 없었으나, 그만큼 주목할 사건을 엄선함으로써 각 시대의 특징이 선명하게 드러난 듯하다. 이 부분은 저자의 역사 센스와 구성력이 드러나는 부분인데, 다소 두렵기도 하나 실력을 발휘한 보람이 있었다.

그래서 각 장의 앞부분에서 먼저 해당 장에서 다룰 시대의 흐름을 개관함으로써 그 후에 이어서 연표를 확인하기 쉽도록 하였다. 역사 산책을 할 때 이정표가 되도록 시대의 분기점마다 과학사 안내판을 세워둔 셈이다.

연표란은 사건만을 열거하는 일반적인 형식을 취하지 않고, 각 항목마다 짧은 해설을 붙였다. 해설에는 때로 역사적 에피소드를 소개하기도 하고, 에세이를 적기도 하였다. 또 관련 있는 사건이 일어난 연도를 함께 표기하여 참고하기 쉽도록 하였다. 정보량은 두툼한 연표 서적과 비교한다면 어쩔 수 없지만, 이와 같은 새로운 방식을 모색함으로써 두툼한 연표에는 없는 메리트도 생기고 구성에도 입체감이 생긴 듯하다. 무언가 알아보고 싶은 사항이 있을 때만 펼치는 것이 아니라 그냥 술술 읽어도 재미있는 유니크한 과학사 연표를 만드는 것을 목표로 삼았다.

그런데 어떠한 장르이든 연표를 편찬할 때에는 출발점(그 역사의 기점)을 규정하는 것이 중요하다. 즉, 언제부터 기재하기 시작할 것인가. 자연 과학에 있어서도 그 탄생 시점을 어느 시대부터로 잡을 것인가가 상당히 어려운 문제이고, 시점과 과학 정의 방식에 따라서 의견이 분분할 것이다. 또 시대를 거슬러 올라가 원류를 찾자고 들면 끝이 없다.

이에 본서에서는 17세기부터 연표를 작성하기로 하고, 자연 과학 탄생 이전의 역사는 프롤로그에서 개괄하여 기술하였다. 상세한 내용은 본문을 보면 알겠지만, 16세기 이전에는 자연을 대하는 방식이 현대의 우리가 생각하는 자연 과학이라는 학문과는 본질적으로 다르다고 판단되기 때문이다. 확실히 고대 그리스 과학과 아라비아 과학이라는 말이 널리 사용되고 있지만, 이는 소위 편의적인 호칭일 뿐 자연 과학과는 다소 이질적인 활동이었다. 과거와 현대를 비교하여 얻을 수 있는 지식의 양과 존재하는 영역의 수의 많고 적음을 문제시하는 것이 아니다. 16세기 후반부터 17세기 초까지의 시기를 경계로 그 전후에는 자연(우주)을 해명하는 방법과 그로 인해 획득한 성과의 수용 방식, 나아가 발견 선취권에 대한 의식 등 다양한 점에서 큰 변화가 관찰된다.

그래서 연표를 편찬하기 시작한 시점은 1601년으로 하고, 17세기, 18세기, 19세기 전반, 후반, 20세기 전반, 후반을 각각 하나의 장으로 구성하였다. 또 마지막에 에필로그에서 21세기 이후의 과학의 특징을 해설하였다. 이를 통하여 프롤로그에서 언급한 과학 탄생의 방아쇠가 된 역사 드라마가 수 세기의 시간을 거쳐서 어떻게 전개되었으며 어디까지 진전되었는지를 검토해보고 싶었기 때문이다.

이상, 신서판으로 된 손쉽고 간편한 과학사 연표를 작성하고자 시도하였지만, 예를 들자면 본서는 여행 가이드북에 해당하는 듯한 느낌이다. 여행을 즐기기 위해서 반드시 그 지역의 정보를 이것저것 빠짐없이 모을 필요는 없다. 관광 명소, 식사, 기념품, 교통, 문화, 풍토 등에 관한 핵심 정보만 파악하면 그것을 단서로 자신의 취향에 맞추어 얼마든지 여행을 깊이 맛볼 수 있다. 또 우연한 만남이 즐거운 추억이 되기도 한다.

마찬가지로 과학 역사를 여행하고자 할 때 처음부터 두툼한 연표에 나열된 방대한 항목이 모두 필요하지는 않다. 정보가 너무 많으면 오히려 길을 잃을 우려가 있다. 여행의 동행자로는 일단 엄선된 사항——그 선정에는 당연히 저자의 관심과 취향이 배어 있겠지만——만을 삼는 것이 좋다.

그것을 길 안내자로 삼아 둘러보다가 관심 있는 사건이 일어난 시대, 관심 있는 인물이 활약한 시대에 발을 들이면 그 앞에는 흥미와 관심을 한층 자극할 여러 가지 감동이 기다리고 있을 것이다. 또는 별생각 없이 페이지를 넘기다가 우연히 호기심을 자극하는 사건과 맞닥뜨릴지도 모른다. 이러한 기회를 만난다면 이번에는 해당 테마에 관한 보다 상세한 서적과 자료를 찾아 한 걸음 더 깊이 들어가면 된다.

이와 같이 길을 떠나라고 재촉하고, 발걸음 가볍게 여행을 계속할 수 있도록 선도하는 것이 신서판 연표의 큰 역할이라고 생각한다.

두툼한 연표와는 또 다른 신서판 연표의 이러한 맛과 특징에 주목하며 본서를 다각적으로 활용하길 기원한다.

목차

프롤로그

자연 과학이 탄생하기 전의 역사

도입

인간은 아득히 먼 옛날부터 다양한 현상을 보며 자신들을 둘러싼 자연에 깊은 관심을 품었다. 예를 들어 밤하늘에서 반짝이는 별의 움직임을 쫓으며 우주의 구조를 추정하기도 하고, 외경심과 경이심을 품고 천변지이(天變地異)를 바라보았다. 또 주변 물체의 운동과 물질의 변화, 반응을 경험에 근거하여 해석하였다. 나아가서는 식물의 생육과 이용법, 동물의 행동과 분포 등에 관해서도 나름대로 지식을 축적하였을 것이다.

이리하여 각각의 지역과 문화권에 고유의 자연관이 생겨났고 이윽고 체계화되었다. 그 대표격 중의 하나이자 자연 과학의 소위 원류라고 할 수 있는 것이 고대 그리스의 자연학이다.

하지만 자연에 관심을 가지면 또는 자연을 연구 대상으로 삼으면 과학이라는 지적 활동이 필연적으로 발생하는가 하면 사실은 그렇지 않았다. 즉, 원류라고는 하나 그리스의 자연학은 오늘날 우리가 과학이라고 부르는 학문과는 확연하게 달랐다. 이는 그 시대에 '진리'라고 생각하였던 학설—예를 들어 천동설—이 후대에 완벽하게 뒤집어졌거나, 획득한 지식의 양이 아직 적고, 다루는 대상 영역이 지금과 비교하였을 때 협소하여서 이렇게 말하는 것이 아니다.

그러한 점들을 문제시하는 것이 아니라 애당초 자연을 파악하는 기본적인 자세 자체가 '고대 · 중세'와 '근대 이후'는 크게 달랐다.

다시 말해 16세기 이전의 자연을 기술하는 학문에는 근대 이후에 탄생한 자연 과학이 가진 몇 가지 요건과 특성이 결여되어 있다.

그러한 상황을 조금 전에 인용한 천동설을 예로 살펴보겠다.

천동설의 폐해

움직이지 않는 지구가 우주의 중심에 있고 그 주변을 별이 돈다는 사고방식이 고대 그리스에서 생겨났다. 이것이 근대 초기까지 이어져 온 천동설의 기본 구조이다. 많은 사람이 이 구조를 알고 있겠지만, 천동설에는 중요한 특징이 한 가지 더 있다. 달을 경계로 하여 우주를 전혀 다른 두 개의 영역으로 구분한 것이다.

먼저 두 영역에서는 세계를 구성하는 원소에 공통성이 발견되지 않는다. 우리가 사는 지상계에 존재하는 다양한 물질은 흙, 물, 공기, 불의 네 원소의 조합으로 이루어진다고 생각하였다. 이와 달리 달에서부터 그 위의 천상계는 에테르라는 원소로 이루어진다고 보았다.

또 두 세계에서는 운동 방식도 다르다. 별은 언제나 균일한 속도로 원운동만 한다. 이는 자연스럽게 이루어지는 운동이다. 반면, 지상계에서 자연스럽게 일어나는 운동은 낙하와 상승의 직선 운동(예를 들어 돌이 떨어지거나, 연기와 불꽃이 위를 향하는 현상)이었다.

즉, 자연 운동도 천상계와 지상계에 공통성이 없는 셈이다. 또 지상계에서는 물체가 외부로부터 자극을 받으면 자연 운동과는 다른 강제 운동을 하게 된다(예를 들어 돌을 위로 던지거나, 활을 쏘는 경우). 하지만 천상계의 별에서는 이러한 현상이 일어날 수 없다.

이처럼 천동설에 따르면 세계를 구성하는 원소부터 운동 방식에 이르기까지 우주는 달을 경계로 완벽하게 이원론적으로 나뉜다. 오늘날 우리가 천동설을 들으면, 지구에 특별한 지위(우주의 중심에 있는 부동의 존재)를 부여한 잘못만을 강조하기 쉬운데, 과학의 성립이 늦어진 배경을 생각할 때는 오히려 이원론적 우주상에 주목하여야 한다.

자연 과학의 요건은 무엇보다도 먼저 법칙의 보편성을 들 수 있다. 그런데 우주를 이질적인 두 개의 세계로 구분하면 애당초 우주 전체에서 보편적으로 작용하는 법칙을 도출해내려는 자세 자체가 길러지지 않는다. 이러한 의미에서 천상계와 지상계는 다르다는 인식에 근거한 우주관은 애당초부터 과학이 싹틀 수 있는 토양으로서 부적합하다고 할 수 있다. 즉 지구는 움직이지 않는다는 사고방식이 맞느냐 틀리느냐에 앞서 천동설은 과학의 요건 자체를 갖추지 못한 셈이다.

이러한 문제는 앞서 말한 낙하와 상승 운동에도 동일하게 적용된다. 천동설에서는 네 원소가 지구의 중심에서부터 흙, 물, 공기, 불의 순서로 동심 구상의 층을 이루며 에테르층(천상계)에 접해 있다고 생각하였다. 즉, 각 원소에는 각각 본래 위치하여야 하는 고유의 장소가 있는 것이다. 그래서 예를 들어 돌이 쿵 하고 떨어지는 것은 돌이 흙 원소를 다량 함유하고 있기에 흙 고유의 장소인 지구의 중심으로 돌아가려는 지향성이 강하기 때문이라고 해석하였다. 반대로 연기와 불꽃이 상승하는 것은 불과 공기 원소가 있어야 할 올바른 위치로 돌아가려 하기 때문이라는 논리이다.

하지만 이러한 목적론적인 설명은 요컨대 단어만 바꾼 것에 지나지 않는다. 자연 현상의 인과 관계를 명확히 밝히고 이를 정량적으로 기술하려는 의식이 결여되었던 것이다. 그리고 원소의 종류에 따른 계층 구조를 도입하여 공간을 멋대로 구분하고, 우주의 중심이라는 특수한 방향을 처음부터 규정해놓았으니, 이를 토대로 어떻게 올바른 역학과 운동 이론이 탄생하겠는가.

의외라고 생각할 수도 있으나, 시대와 함께 천동설은 기묘하고 복잡한 궁리와 수정이 이루어져, 별의 움직임을 추적할 뿐이라면 지구가 우주의 중심이라는 전제하에서도 나름대로 충분히 추적이 가능하였다. 이 경우에는 천동설에 근거하여서 우주를 바라보아도 아무런 불편함이 없었다. 그래서 이 우주론이 연면히 17세기까지 살아남을 수 있었던 것이다.

그런데 별의 위치를 기술하기에는 큰 결함이 없다 하더라도, 방금 전에 간단히 언급한 바와 같이 천동설의 본질은 근본적으로 과학과는 다른 이질적인 것이었다. 과학이 탄생하기까지 긴 시간이 필요하였던 한 가지 이유가 바로 여기에 있었다.

방법론의 결여

여기에서 물체의 낙하 운동에 대하여 조금 더 이야기하도록 하겠다. 돌은 뚝 떨어지고 나뭇잎이 팔랑팔랑 떨어진다는 것을 우리는 잘 안다. 그래서 무거운 물체일수록 빨리 낙하한다고 생각하기 쉽다. 사실, 아리스토텔레스의 운동론에서는 이와 같이 주장한다. 하지만 이는 공기의 저항 때문에 그렇게 보일 뿐이다. 이러한 부차적인 요인(방해 조건)을 배제하고 순수하게 중력의 작용만을 생각하면 물리학에서 가르치는 바와 같이 물체는 무게(질량)에 상관없이 모두 동일한 등가속도 운동을 한다. 따라서 진공 상태일 때 같은 높이에서 동시에 코끼리와 벼룩을 떨어트리면 두 동물은 마찬가지로 동시에 바닥에 착지한다.

그러니 현상을 통합적으로 아무리 열심히 관찰하더라도 그것만으로는 자연환경하에서는 법칙을 발견해낼 수 없다. 오히려 관찰하면 관찰할수록 진리는 숨어버리고 잘못된 편견이 먼저 형성될 우려가 있다. 또한 애당초 돌의 낙하처럼 변화가 빠른 현상을 다룰 때 제아무리 주의 깊게 응시하더라도 낙하 속도, 시간, 거리 간의 관계를 정량적으로 파악하는 것은 불가능하다.

이에 진실을 잘못 파악하지 않고 법칙을 제대로 추출해내기 위해서는 특별한 방법을 궁리해낼 필요가 있다. 그것이 다름 아닌 실험이다. 낙하 현상에 처음으로 실험이라는 메스를 댄 사람은 갈릴레오였다. 갈릴레오는 매끈한 경사면 위로 금속 구를 굴려 떨어트리는 실험을 하여 '물체의 낙하 거리는 낙하 시간의 2제곱에 비례한다'라는 정량적인 함수 관계를 도출해냈다. 사면을 이용한 것은 낙하 속도를 늦춤으로써 시간을 정량하기 용이하도록 하기 위해서였다. 또 매끈한 경사면과 금속 구를 조합한 것은 진리를 교란하는 요인인 마찰과 공기 저항을 최대한 제거하기 위해서였다.

이와 같은 연구 방법은 언뜻 보기에는 사소한 것으로 여겨질 수 있지만, 이로 인해 처음으로 올바른 낙체 법칙이 도출된 것이다. 아리스토텔레스 학파가 그랬던 것처럼 그저 자연의 전체적인 모습을 있는 그대로 바라보기만 하여서는 아무리 시간이 흐르더라도 법칙은 그 모습을 드러내지 않는다. 갈릴레오에게는 자연에 적극적으로 개입하는 터프함이 있었기 때문에 비로소 처음으로 자연학이 자연 과학이 된 것이다. 예외도 일부 있겠으나, 대체적으로 17세기에 들어설 때까지는 자연에 대한 이러한 적극적인 자세가 형성되지 않았다.

따라서 갈릴레오의 공적은 단순히 낙체 법칙을 발견한 것이 아니라 실험이라는 새로운 방법론의 유효성을 많은 사람에게 널리 알린 점에 있다. 17세기 이후 과학이 폭발적인 발전을 이룩한 원동력도 사실은 여기에 숨어 있다.

그러므로 실험을 통하여 자연을 검증하는 자세가 정착되어 있지 않았으며, 실험이 가져다주는 실증성과 보편성에 대한 인식이 싹트지 않았던 16세기 이전에는 과학이 아직 존재치 않았다고밖에 말할 수 없다. 오늘날 우리는 자연 연구를 할 때 실험하는 것을 지극히 당연하게 여기지만, 이러한 방법론이 발견되고 그 유효성이 주목받기까지는 놀랄 만큼 긴 시간이 걸렸다.

과학 연구 방법이라고 하면 그 대표로서 실험과 함께 수학에 의한 이론 구축을 들 수 있다. 하지만 실험과 마찬가지로 자연 해명에 수학이 본격적으로 활용된 것 또한 역시 17세기 이후부터이다.

물론 그 이전에 수학이라는 학문이 존재하지 않았던 것은 아니다. 그렇기는커녕 기하학처럼 고대 그리스 시대에 크게 꽃폈던 분야도 있다. 하지만 신비롭게도 이러한 수학은 수학 내부에만 갇혀 있었으며, 자연을 해명하는 유용한 도구로 사용될 기회는 거의 없었다. 즉 수학과 자연학이 제대로 유기적으로 연계되지 않았던 것이다.

이러한 상황에 변화가 일어나기 시작한 것이 17세기인데, 앞서 소개한 갈릴레오의 낙체 연구에서도 그러한 싹이 발견된다. 『새로운 두 과학(Discorsi e Dimostrazioni Matematiche, intorno a due nuove scienze)』에서 갈릴레오는 먼저 '낙하 속도는 낙하 거리에 비례한다'는 가설을 세웠다. 하지만 시간과 함께 변화하는 속도를 측정하는 것은 어렵다. 이에 갈릴레오는 기하학을 이용해서 '속도와 거리의 관계'를 측정하기 쉬운 '거리와 시간의 관계'로 치환하여 사면 실험을 하였다. 즉, 수학으로 이론을 전개하지 않았으면 낙체 법칙은 검증할 수 없었을 것이다.

그런데 당시에는 그것밖에 없었으니 어쩔 수 없지만, 갈릴레오가 이용한 기하학은 본래 정적인 대상을 다루는 수학으로서 낙하 현상처럼 동적인 변화를 동반하는 문제에는 적합하지 않다. 그래서 과학의 기반이 된 역학과 운동론이 확립되기 위해서는 기존 수학을 차용하는 것이 아니라 운동 현상을 기술하기에 적합한 새로운 수학——미적분법을 창안해낼 필요가 있었다.

이것이 뉴턴과 라이프니츠에 의해 완성된 것은 17세기 후반이 되어서이다. 이 무렵부터 자연 연구는 수리화 양상을 띠기 시작함으로써 과학이 되기 위한 요건을 한 가지 더 갖추게 된다.

그 후 과학은 연구 대상을 늘리고 활동 분야를 확대해 나아갔는데, 이러한 눈부신 진전을 가능케 한 것은 실험과 수학(특히 미적분법)이라는 새로운 방법론의 도입이었다. 이 두 가지가 소위 수레의 두 바퀴로 기능하며 과학을 밀고 나갔다. 바꾸어 말해 이러한 방법론이 생겨나기 전인 16세기 이전의 자연 연구는 과학과 겉으로 보기에는 흡사하나 실제로는 전혀 다른 것이었다.

학자와 직공의 구분

실험에 관해 한 가지 더 언급하자면 실험에 필요한 장치와 도구를 어떻게 제작하였는가 하는 문제가 있었다. 17세기 당시에는 당연히 이러한 물품을 일반적으로 판매하지 않았다. 자연을 파고들 목적으로 고안된 특수한 물품을 시중에서 시판할 리 없다. 당연한 이야기지만, 대개의 경우에는 실험하고 싶은 사람이 그때마다 스스로 디자인하여 자신의 손을 더럽혀가면서 시행착오를 반복하며 필요한 도구를 만들었다. 갈릴레오도 그러하였고, 뉴턴도 마찬가지였다.

그런데 근대에 들어서기 전까지 재료와 부품을 마련하고 기계를 조작하여 제품을 만드는 일은 직공들이 하는 일이었다. 고전의 수용과 계승을 사명으로 삼던 학자들은 이러한 이른바 손을 더럽히는 작업을 한 단계 낮은 일로 간주하였고, 이러한 일을 직접 하지 않았다. 천동설이 우주를 천상계와 지상계로 구분한 것처럼 인간 사회도 직업에 따라서 학자와 직공의 계층으로 분류되어 있었다.

학자가 수작업을 기피하는 전형적인 사례로서 대학교 의학 교육에서 이루어지는 해부학 수업을 들 수 있다. 교수는 고대 그리스와 로마 시대부터 전해 내려오는 문헌(고전)을 그저 낭독할 뿐이었다. 사체에 칼을 대는 작업은 신분이 낮은 조수에게 시켰다. 그들은 1000년도 더 된 옛 지식과 해석을 무비판적으로 받아들였고 그대로 학생에게 전수하였다. 당연히 기재된 내용과 인체의 구조가 일치하지 않았지만, 그러한 경우에는 문헌 내용이 옳다고 보았다. 이러니 관찰 사실을 중시하는 과학으로 발전할 수 있었을 리 없다.

참고로 직접 메스를 들어 사체를 해부하고 관찰 사실에 기초하여 상세하게 인체 구조를 밝히려 시도한 최초의 학자는 벨기에의 해부학자 베살리우스였다. 그 결과는 코페르니쿠스가 『천구의 회전에 관하여(De revolutionibus orbium coelestium)』를 간행한 때와 동일한 1543년에 발표되었다.

베살리우스와 같은 예외, 즉 이단아가 16세기 중엽에 이르러서야 겨우 출현한 것을 통하여 당시 학자들이 수작업을 얼마나 기피하였는지를 알 수 있다. 이러한 사회 계층과 신분 의식도 과학의 탄생을 저해한 요인 중의 하나였다고 할 수 있다. 즉, 과학은 두 신분 계층의 융합의 소산이기도 하다.

고전의 권위

어떤 분야든지 간에 학문은 일반적으로 새로운 발견과 독창성을 중시하지만, 특히나 과학은 그러한 경향이 짙다. 그래서 과학자는 연구 업적의 선취권에 몹시 민감하다. 즉, 과학 세계에서는 최초의 발견자, 최초의 문제 해결자가 되는 것에 최고의 가치를 둔다. 과학계는 흔히 '최초'를 목표로 하는 치열한 경쟁 원리에 기반한 사회로 표현된다.

하지만 16세기 이전의 자연학을 살펴보면 이러한 특징이 지극히 희박하였다——희박이 아니라 사실 전무하였다——는 것을 알 수 있다. 그 대신에 지배적이었던 것은 아리스토텔레스의 자연학으로 대표되는 고전에 높은 가치를 두는 자세였다. 즉, 이미 완성된 체계를 그대로 순순히 계승하는 것이 학문이었다(앞의 절에서 언급한 해부학도 그 일례이다). 그러한 풍토에 장기간 젖어 있으면 기존의 지식을 의심하고 새로운 발견에 정열을 불태우는 정신이 배양되지 않는다. 필연적으로 연구 업적의 선취권을 경쟁할 기회도 생기지 않고, 옛 선철의 권위에만 의지하는 보수적인 분위기가 만연하게 된다.

발상의 전환에 의한 혁신성과 독창성이라며 오늘날 '코페르니쿠스적 전환'이라는 말로서 높이 평가되는 코페르니쿠스의 지동설에조차 실은 이러한 고대의 학문을 중시하는 경향이 여전히 남아 있었다. 코페르니쿠스는 『천구의 회전에 관하여』(1543년)의 모두에서 실명까지 열거해가며 그리스 시대부터 지구가 움직인다고 주장한 철학자들이 있었다고 강조하였다. 즉, 그에게는 지동설의 선취권을 목소리 높여 주장하고 명예를 독점하려는──오늘날의 과학자라면 당연히 가지고 있었을──의식이 희박하였다. 그렇기는커녕 자기주장의 근거를 2000년 전의 철학에서 구하고 있음을 알 수 있다.

독창성을 전면에 드러내지 않는 이러한 진중하며 겸허한 논술방식은 그야말로 과학이 존재하기 이전 시대의 지적 토양이 어떠하였는가를 여실하게 보여준다.

그런데 17세기를 맞이하면 상황이 일변하여 선취권 취득에 대한 집념과 의욕이 급속하게 높아진다. 예를 들어 뉴턴이 중력 법칙의 첫 번째 발견자가 되려고 훅과, 또 미적분법의 첫 번째 발견자가 되려고 라이프니츠와 격렬하게 다툰 이야기는 유명하다. 그것이 다 '최초'인 자에게만 영예가 주어지는 체계가 굳어졌기 때문이다. '고전의 수용'에서 '독창성을 발휘한 발견'을 중시하는 쪽으로 학문의 가치관이 변모한 것이다. 그리고 오늘날 이러한 가치관의 정점에 있는 것이 노벨상 수여 제도일 것이다.

그러므로 자연관의 차이와 방법론의 유무뿐 아니라 선취권을 둘러싼 인간의 의식을 기준으로도 과학이라는 활동의 탄생 시기를 고찰해볼 수 있다. 이러한 관점에서 보더라도 16세기 말에서 17세기 초반까지의 시기가 역사적으로 중대한 전환기였음을 알 수 있다.

정보 전달 수단

선취권에 대한 의식이 민감해지고 이를 둘러싼 경쟁이 격화된 것은 독창성이 생명이라고 할 수 있는 새로운 지적 활동(과학)이 탄생하였기 때문인데, 동시에 17세기에 들어서면서 실험과 수학을 이용하여 자연을 연구하려는 사람들이 늘어났음을 나타낸다. 그러자 각지에서 같은 관심을 가진 동호인 모임이 생겨났고, 연구 성과에 관한 정보 교환이 활발하게 이루어졌다. 또 그러한 커뮤니티가 과학 발전을 더욱 촉진하였고, 선취권을 인정하는 장으로서도 기능하기 시작하였다.

1662년에 창설된, 후에 뉴턴도 회장을 역임한 런던왕립협회도 당시에 늘어나고 있던 과학애호가 단체 중의 하나였다. 이곳에서 1665년에 세계 최초의 정기 학술 간행지 『철학 회보(Philosophical

Transactions)』가 창간되었다. 이로 인해 가치 있는 새로운 지식과 식견이 신속하게 퍼져나가 사람들에게 전달되었다. 그리고 적합한 학술 잡지에 재빨리 논문을 발표하는 것이 그 연구의 선취권을 취득하는 수단으로서 정착되어 나갔다.

그렇다면 그 이전에는 상황이 어떠하였을까? 정보를 전달하는 주된 방법은 편지였다. 당연히 전달 속도와 범위 모두 한정적이었으며, 지식 보급 효율도 지극히 낮은 수준에 머물러 있을 수밖에 없었다. 또 서식과 표기 방식도 사람마다 모두 달라서 내용을 이해하는 데 오해가 발생할 가능성도 컸다. 이래서는 과학의 특성인 보편성과 객관성을 보장하기 힘들다.

관점을 바꾸어 말하면, 자연 연구는 16세기 말 무렵까지 여전히 이러한 한적하며 목가적인 분위기에 휩싸여 있었으며, 연구 성과도 자기 동료들에게만 알리는 폐쇄성이 남아 있었다고 하겠다. 과학이 탄생하기 이전에는 정기적으로 학술 잡지를 간행하고 많은 정보를 남보다 먼저 공표할 필요가 없었던 것이다.

그러한 의미에서 오늘날에 와서는 홍수처럼 범람하기에 이른 과학 잡지는 먼 옛날 고대부터 존재한 것이 아니라 17세기 발명품 중의 하나임을 알 수 있다. 여기에도 과학의 탄생을 특정하는 기준이 담겨 있다.

마무리

이상에서 자연관, 방법론, 사회 계층, 선취권에 대한 가치관, 정보 전달 수단 등의 관점에서 자연 연구의 특징을 개관하였는데, 이러한 척도로 비추어보았을 때 자연을 대하는 인간의 자세와 인식 방식이 17세기를 경계로 어느 정도 선명하게 본질적으로 변모하였음을 알 수 있다. 그렇다고 한다면 '머리말'에서도 언급한 바와 같이 그리스 과학과 아라비아 과학이라는 표현이 존재하긴 하나 이는 어디까지나 편의를 위한 호칭에 지나지 않으며, 그 활동은 설령 자연을 대상으로 하였다고는 하나 우리 머릿속에 있는 자연 과학과는 다른 이질적인 것이었다고 하지 않을 수 없다.

이에 본서에서는 17세기부터 과학사 연표를 작성하기로 하였다.

제1장
17세기의 흐름

17세기의 특징

근대에 들어 탄생한 자연 과학은 먼저 물리학에서부터 시작되었다고 할 수 있다. 물리학은 역학과 운동 이론에 의해 태동하였다. 17세기에 활약한 케플러, 갈릴레오, 데카르트, 그리고 뉴턴으로 이어지는 눈부신 계보를 통하여 인간은 처음으로 그야말로 과학이라고 부를 만한 연역성과 범용성 높은 수리화된 체계(뉴턴 역학)를 손에 넣었다.

그런데 이러한 지성의 거인들이 등장하기 소위 전 단계에, ――본인에겐 그런 의식도 자각도 전혀 없었겠지만, 결과적으로――근대 과학의 창성으로 이어질 계기를 만든 인물이 있다. 덴마크의 천문관측가 튀코 브라헤이다.

튀코는 망원경이 발명(1608년)되기 이전 시대의 인물 중에서 가장 정밀도 높은 관측 데이터를 남긴 것으로 유명하다. 특히 화성의 움직임은 각도로 쳤을 때 불과 2~3분의 오차 범위 내에서 파악하였다. 하지만 코페르니쿠스가 『천구의 회전에 관하여』(1543년)을 발표한 때로부터 약 반세기의 시간이 흘렀고, 이토록 정밀한 천문관측을 하였음에도 튀코의 머릿속에 그려진 우주의 중심에는 흥미롭게도 여전히 지구가 떡 하니 자리 잡고 있었다. 단, 지구는 부동의 존재지만, 다른 행성은 지구가 아니라 태양의 주위를 회전한다고 생각하였다. 즉, 태양이 여러 행성을 거느리며 지구의 주위를 회전하는 셈이다.

현대의 우리에게는 이것이 천동설과 지동설의 기묘한 융합체처럼 보인다. 튀코가 육안으로 더없이 정교하고 치밀하게 관측하였다는 측면에서는 과학 대두의 숨결이 느껴지지만, 제창한 우주 체계에는 고대와 중세의 잔재가 여전히 남아 있었다. 그렇게 생각하면 위대한 관측가는 과학이 막 태어나려는 과도기를 상징하는 존재라고 할 수 있을 듯하다.

그리고 기묘하게도 그 상징적인 인물이 사망한 때가 17세기의 도래를 고한 1601년이었다(본서의 연표도 이때부터 시작된다). 묵직한 지구가 움직일 리 없다는 튀코의 우주 체계는 이윽고 차차 빛을 잃었지만, 신뢰할 만한 정밀한 관측 데이터는 새로운 세기에 어울리는 인물인 독일의 케플러에게 확실하게 계승되었다.

튀코의 데이터를 이용하여 케플러는 행성의 운동에 관한 두 가지 경험론을 도출하였다(『신천문학Astronomia Nova』 1609년). 모든 행성은 태양을 초점으로 하는 타원 궤도를 공전하고, 일정한 시간에 같은 면적을 그린다고 주장하였다(오늘날에는 이를 케플러의 제1법칙과 제2법칙이라고 부른다). 나아가 10년 후에 케플러는 행성의 공전 주기와 궤도의 크기 관계에 관한 제3법칙을 발표하였다(『세계의 조화De Harmonices Mundi』 1619년).

천동설은 물론이고 코페르니쿠스의 지동설, 또 튀코의 절충안 등의 우주 체계에서는 한결같이 천체는 원 궤도를 그린다고 믿었다. 인간은 고대부터 그러한 고정관념에 줄곧 속박되어 있어서 지구의 부동성에 의문을 던지는 자는 있어도 원 궤도를 의심하는 자는 한 명도 없었다.

그만큼 원 궤도를 온존한 지동설 제창보다 케플러가 발견한 경험론 쪽이 오히려 역사상 '코페르니쿠스적 전환'이라고 불릴 법한 사건이었다고 할 수 있다. 케플러의 이러한 발견으로 인해 행성은 어째서 원 궤도가 아니라 하필이면 타원 궤도를 도는가 하는 물음이 자연스럽게 생겨났고, 초점에 위치하는 태양의 어떠한 작용이 모든 행성의 움직임을 지배하는 것이 아닐까 하는 의문을 품게 만들었기 때문이다.

이 문제에 제대로 된 답변이 이루어지는 것은 뉴턴이 등장한 후이지만, 좌우간 튀코의 데이터 위에서 이루어진 케플러의 연구는 정당한 역학과 운동 이론이 태어날 토양을 만들었다. 그러한 의미에서 17세기 초는 역사에 있어서 하나의 분수령이라고 할 수 있다.

그런데 네덜란드의 한스 리퍼세이가 망원경을 발명한 것도 때마침 그 무렵인 1608년이었다. 갈릴레오는 즉시 이 문명의 이기로 하늘을 올려다보았고, 재빨리 1610년에 최초의 성과를 『별세계의 보고(Sidereus Nuncius)』라는 제목으로 발표하였다. 이 책에는 달에도 지구와 마찬가지로 산과 계곡이 있다는 것, 목성의 주위를 위성(달)이 돌고 있다는 것, 항성의 주변에는 육안으로는 볼 수 없는 무수한 별들이 빛나고 있다는 것 등이 경탄과 함께 기록되어 있다.

인간의 시각 능력을 한 방에 확대해준 도구의 출현은 그야말로 우주에 대한 시야를 넓혀주었다. 그 결과 사람들은 서서히 지구가 우주에서 결코 특별한 존재가 아님을 인식하기 시작하였다.

복싱에서 한 방에 녹다운시킬 만한 강한 힘으로 타격하지 않더라도 계속 때리다 보면 결국은 쓰러트릴 수 있는 것처럼, 이리하여 지구가 무수한 별 중의 하나에 지나지 않는다는 인식이 확산되어 지구를 특별하게 보던 천동설을 무찔렀다.

이처럼 천동설에서 지동설로 전환되어간 과정을 생각하는 데 있어서 중요한 측면이 한 가지 더 있는데, 앞에서도 언급한 운동 이론의 확립이다. 여기에서 간단한 예를 들자면, 당시 사람들은 지구가 정말로 움직인다면 예를 들어 탑 위에서 아래쪽을 향하여 똑바로 떨어트린 돌은 탑의 아래쪽이 아니라 다소 떨어진 곳에 착지할 것이라고 생각하였다. 소박한 일상 체험에 비추어보면 그런 생각이 드는 것도 이해가 가고, 애당초 우리는 일상생활 중에 지구가 맹렬한 스피드로 움직인다(공전 속도는 무려 초속 약 30킬로미터이다)는 사실을 체감하지 못한다.

방금 든 예에 대하여 설명하자면 관성에 대한 개념이 결여되어서라고 할 수 있는데, 지동설이 지반을 다지기 위해서는 이에 동반되는 운동 현상을 올바르게 설명하고 동시에 행성의 운행(케플러의 세 가지 법칙)을 도출할 수 있는 이론의 구축이 반드시 필요하였다. 이러한 관점으로 17세기의 역사를 살펴보면 갈릴레오의 『천문 대화(Dialogo sopra i due massimi sistemi del mondo)』(1632년), 『새로운 두 과학』(1638년), 데카르트의 『철학의 원리(Principia Philosophiae)』(1644년), 그리고 뉴턴의 『자연 철학의 수학적 원리(프린키피아, Philosophiae

Naturalis Principia Mathematica)』로 이어지는 일련의 계보가 부상한다.

'멀리 내다볼 수 있는 것은 거인의 어깨 위에 올라섰기 때문이다'라는 유명한 말을 뉴턴이 남겼는데, 선인의 연구(거인의 어깨)의 계통적 축적으로 발전한다는 과학의 특징 중의 하나가 여기에서 현저하게 드러난다. 또한 이 운동 이론은 후에 '뉴턴 역학'으로 불리며 과학 체계의 규범으로 여겨진다.

이리하여 17세기 말에 단편적인 지식의 모음이 아닌 연역성과 범용성 높은 법칙을 기반으로 하는 이론 체계가 처음으로 생겨났다.

연표

1601

천문관측가 튀코 브라헤의 사망

덴마크의 귀족 튀코 브라헤는 왕실의 원조로 자신의 영지 벤섬에 천문대를 설치하고 항성, 행성, 태양, 달 등을 관측하였다. 망원경이 아직 발명되지 않았던 당시에는 연주 시차(항성을 지구와 태양에서 보았을 때의 방향 차이. ▶1838)가 인정되지 않았기 때문에 튀코는 지구의 부동성은 온존하였지만, 행성은 태양의 주위를 돈다는 절충안적인 우주 체계를 제창하였다. 이처럼 낡은 체계에 대한 미련을 일부 버리지 못하였지만, 사분의 등을 이용한 관측은 실로 높은 정밀도를 자랑하였으며, 튀코는 구시대(망원경 발명 이전)의 가장 위대한 관측가였다. 1599년에는 프라하로 건너가 신성로마제국(황제 루돌프 2세)의 궁정 천문관으로 취임하였다.

다음 해인 1600년에 튀코의 명성을 듣고 독일의 케플러가 프라하로 건너왔다. 지동설을 지지하던 케플러는 태양계의 구조에 지대한 관심이 있었고, 이를 해명하기 위해서는 튀코의 신뢰할 만한 관측 데이터(행성의 위치 측정)가 반드시 필요하다고 판단하였기 때문이었다. 두 사람이 만나고 겨우 일 년 후인 1601년에 튀코가 갑작스럽게 사망하자 케플러가 궁정 천문관의 지위를 물려받았고 튀코의 방대한 관측 데이터도 계승하였다. 17세기의 '원년'에 일어난 이 배턴 터치가 나중에 '케플러의 법칙(▶1609, 1619)'으로 발전한 셈이다.

1604

초신성의 출현

이해에 뱀주인자리에 초신성이 나타나 케플러가 상세한 관측 기록을 남겼다. 또 32년 전(1572년)에는 카시오페아자리에서 초신성이 발견되어 튀코 브라헤가 그 빛을 추적하였다.

초신성의 정체는 이름과는 정반대로 별이 일생을 끝내고 폭발할 때 발생하는 섬광인데, 이러한 지식이 없던 당시 사람들은 갑자기 천공에 나타난 새로운 별을 올려다보며 불길하게 여겼다. 애당초 천동설에 따르면 천상계는 변화 없는 완전한 세계이고, 별이 새롭게 생겨나는 것은 있을 수 없는 일이었기 때문이다. 따라서 이를 대기 상공의 발광 현상으로 해석하고자 하였다. 하지만 튀코와 케플러가 관측한 바, 시차가 인정되지 않으므로 초신성은 틀림없이 행성의 아득히 먼 곳에서 출현한 천체였다. 이는 천동설의 정당성에 의문을 던지는 충격적인 사건이었다.

또한 육안으로 관찰 가능한 초신성이 그다음에 출현한 시기는 케플러가 기록을 남긴 때로부터 383년 후인 1987년이다. 지구에서 16만 광년 떨어진 대마젤란성운에서 오랜만에 천문 쇼가 관측되었다. 이때 처음으로 태양 이외의 천체에서 온 뉴트리노가 검출되어 소립자 물리학과 우주론, 별 진화 연구를 크게 진보시켰다(▶1987). 초신성의 빛은 어느 시대에나 과학에 충격을 안겨준 듯하다.

이처럼 그 후 20세기 말까지 볼 수 없었던 진귀한 천문 현상이 근대 과학의 탄생을 재촉하듯이 기묘하게도 16세기 말부터 17세기 초까지 잇따라 일어났다. 물론 단순한 우연의 일치겠지만, 이러한 점 때문에 역사가 재미있는 것이라는 생각이 든다. 이러한 운명 같은 우연을 생각하면 튀코와 케플러가 천문학 분야에서 재능을 발휘하도록 별이 축복해준 것이 아닐까 싶다.

1608

망원경의 발명

네덜란드의 안경 장인 리퍼세이가 렌즈 두 개를 조합하면 멀리 있는 사물을 내 앞으로 당겨 볼 수 있다는 것을 발견하고 망원경을 고안하였다(▶1610). 리퍼세이가 특허를 신청한 기록이 남아 있어서 그를 망원경 발명자로 보지만, 옛날부터 여러 가지 이설이 있었다. 최근에도 1540년경 영국에서 망원경이 제작되었지만 당시에는 스페인 무적함대의 위협이 무시무시하여 정부가 공표를 억제한 탓에 모처럼 발명되었으나 묻히고 말았다는 설을, 1991년에 영국 천문학회 회장이 발표하였다.

한편, 현미경은 1590년에 마찬가지로 네덜란드의 안경 장인 얀센 부자가 발명하였다. 망원경으로 우주에 대한 인식이 급속하게 깊어진 것처럼, 현미경은 육안으로 관찰할 수 없는 미시적 세계(마이크로코스모스)에 들어가게 해주는 강력한 도구가 되었다. 특히 17세기 후반에 많은 성과를 내었다(▶1665②, 1683).

1609

케플러의 『신천문학』

튀코 브라헤의 관측 데이터(◀1601)를 이용하여 케플러는 행성의 운동에 관한 두 가지 경험론을 도출하고 이해에 간행한 『신천문학』에서 이를 발표하였다. 그는 이 책에서 모든 행성은 태양을 초점으로 하는 타원 궤도 위를 움직이며, 태양과 행성을 연결하는 선분이 동일한 시간에 그리는 부채 모양의 면적은 일정하다고 주장하였다(▶1619).

이에 관한 역학적인 설명을 들으려면 뉴턴이 등장(▶1687)할 때까지 기다려야 하지만, 천동설과 지동설 모두 천체가 그리는 궤도는 틀림없이 가장 대칭성이 높은 원일 것이다라는——물리학적으로는 아무런 근거가 없는——고정관념과 잘못된 신념이 이로써 붕괴되기 시작하였다. 원에 대한 집착이 얼마나 강하였는가는 근대에 들어선 후에도 그 유명한 갈릴레오조차도 타원 궤도를 인정하지 않으려 한 점을 통해서도 알 수 있다. 그만큼 케플러의 법칙은 뉴턴 역학 탄생을 향한 위대한 약진이었다.

1610

갈릴레오의 『별세계의 보고』

망원경이 발명되었다는 뉴스(◀1608)가 얼마나 충격적이었으며 얼마나 빨리 유럽 전역으로 퍼져나갔는가는 이해에 간행된 갈릴레오의 『별세계의 보고』를 통해서도 엿볼 수 있다. 갈릴레오는 이 책의 모두에 '약 10개월 전에 네덜란드인이 일종의 안경을 제작하였다는 소문을 들었다. 이것을 쓰면 멀리 떨어져 있는 것도 가까이에 있는 것처럼 보인다고 한다'고 쓰여 있다.

그래서 그는 소문에 의지하여 굴절 이론을 써서 직접 망원경을 제작하였고 즉시 망원경으로 하늘을 관찰하였다. 렌즈를 통하여 펼쳐진 우주는 육안으로는 파악할 수 없던 보물(새로운 사실)의 산이었다. 그 첫 번째 보고로서 정리한 것이 『별세계의 보고』이다.

이 책에서 갈릴레오는 달 스케치를 여러 장 게재하며 지구와 마찬가지로 표면에 튀어나온 곳과 들어간 곳이 많다고 지적한다. 또 목성을 공전하는 네 개의 위성을 발견하고 매일 그 움직임을 기록하였다. 나아가 육안에 보이는 것보다 훨씬 많은 항성이 존재하며 은하수는 무수한 별로 이루어져 있음을 밝혀냈다. 이들은 간접적인 증거이나 지구의 특이성을 부정하였고 천동설을 뒤흔들었다.

1612

갈릴레오와 해왕성

갈릴레오는 목성 위성의 움직임을 계속 관찰하였는데(◀1610), 1612년 12월부터 다음 해 1월까지 위성의 위치를 표시하기 위한 표식으로서 목성 근처에서 관찰되는 항성을 관찰 노트에 기록하였다. 그런데 이것이 항성이 아니라 놀랍게도 해왕성임이 1980년 코왈과 드레이크가 『네이처(Nature)』에 발표한 논문에 의해 밝혀졌다. 갈릴레오는 해왕성이 독일의 요한 갈레에 의해 발견되기(▶1846) 234년 전에 그 사실을 모른 채 망원경으로 제8행성을 보고 있었던 것이다.

당시에 자신이 발견한 위성에 정신이 팔려 있던 갈릴레오는 설마 미지의 행성이 토성 바깥에서 돌고 있으리라고는 꿈에도 생각하지 못한 듯하다. 큰 성과를 거둘 좋은 기회였는데 참으로 아깝다.

1619

케플러의 『세계의 조화』

『신천문학』(◀1609)에 이어서 이해에 출간한 『세계의 조화』에서 케플러는 행성의 운동에 관한 세 번째 법칙을 발표하였다. 이로써 행성의 공전 주기의 제곱은 타원 궤도의 긴 반지름의 세제곱에 비례함이 밝혀졌다.

『신천문학』에서 주장한 두 개의 법칙에 더하여 모든 행성의 주기와 궤도의 크기에 있어서 이러한 간결한 법칙성이 관찰되는 것을 통해서도 태양의 어떠한 작용(힘)이 행성의 운동을 지배함을 알 수 있다. 이로 인해 역학이 탄생될 토양이 형성되었다.

1620

마녀재판

근대 과학이 태동하려던 16세기 말에서 17세기 전반까지 유럽의 한쪽에서는 '마녀사냥'의 폭풍이 휘몰아치고 있었다. 악마와 결탁하고 주술로 사람들을 괴롭히는 마녀가 실재한다고 많은 사람이 믿었다.

이러한 상황 속에서 1620년에 독일의 천문학자 케플러의 어머니가 마녀 혐의를 받아 체포 및 투옥되었다. 『세계의 조화』(◀1619)

가 출판된 다음 해에 케플러에게 큰 재난이 닥친 것이다. 이때 그는 직접 변호 자료를 작성하였고, 어머니 곁에서 떨어지지 않았으며, 마녀재판에도 출정하였다. 어머니는 일 년 후에 무죄 방면되었지만, 그런 사례는 극히 드문 예외였다. 대개의 경우에는 한번 마녀로 낙인찍히면 그것으로 끝장이었다. 가혹한 고문을 받다가 처형되었다.

과학 여명기는 아직까지 이러한 주술적 환상이 지배한 신비주의적 시대였다.

1621

스넬이 빛의 굴절 법칙을 발견

망원경이 발명(◀1608)된 것을 계기로 빛의 굴절에 대한 관심이 높아졌다. 네덜란드의 스넬은 물속에 잠긴 물체가 떠올라 있는 것처럼 보이는 현상을 조사한 끝에 1621년에 굴절의 법칙을 발견하였다(발견 연도를 조금 더 앞선 시기로 보는 설도 있다). 또 오늘날 알려져 있는 바와 같이 이것을 입사각과 굴절각의 사인값의 비를 써서 나타낸 사람은 데카르트(▶1637)이다.

17세기 이후로 빛의 정체와 특성, 전달되는 속도에 관한 연구는 과학의 중심 테마 중의 하나로 계속 다루어졌는데, 굴절의 법칙은 실험으로 확립되고 수학으로 기술된 이 분야 최초의 법칙이다.

1627

프랜시스 베이컨의 『뉴 아틀란티스』

국왕의 측근으로 활동하며 대법관(오늘날의 대법원장에 해당하는 국가의 요직)의 자리에까지 오른 영국의 프랜시스 베이컨은 스스로 실험하지는 않았지만, 당시에 대두하던 과학에 지대한 관심을 보였고 실험의 중요성을 주장하는 저작(『학문의 진보The Advancement of Learning』 1605년, 『신기관The New Organon』 1620년 등)을 다수 저술하였다. 또, 사망한 다음 해(1627년)에 출간된 미완성 유작 『뉴 아틀란티스(The New Atlantis)』에서는 새로운 자연 연구 학문을 발전시키기 위해서는 많은 사람으로 이루어진 조직적인 협력 체계의 확립이 반드시 필요하다고 주장하였다.

책 제목에 나오는 '아틀란티스'는 대서양에 있었다던 전설상의 큰 섬으로, 그리스 철학자 플라톤이 『티마이오스(Timaeus)』에 하룻밤 사이에 해저 깊은 곳으로 가라앉았다고 써놓은 낙원이다. 베이컨은 여기에서 이름을 따서 다양한 실험 시설을 갖춘 조직적인 연구 기관이 있는 가공의 섬이 태평양에 있다고 상정하고 이곳에서 펼쳐지는 자연 연구 유토피아의 이야기를 그렸다.

이 이야기는 소설이지만, 베이컨이 『뉴 아틀란티스』에 담은 생각과 이념은 약 반세기 후에 런던왕립협회의 창설이라는 형태로 결실을 맺었다(▶1662).

1632

갈릴레오의 『천문 대화』

당시에 지동설에 반대하는 사람들은 지구가 정말로 움직인다면, 예를 들어 탑의 꼭대기에서 똑바로 아래를 향해 작은 돌을 떨어트리면 낙하 중에도 지면이 움직일 것이므로 탑의 바로 밑이 아니라 다소 떨어진 곳에 착지해야 한다고 주장하였다. 이 소박한 의문에 대하여 갈릴레오는 이해에 출판한 『천문 대화』 속에서 이렇게 대답하였다. '움직이는 배의 돛대 위에서 돌을 떨어트려도 돌은 돛대의 바로 아래에 떨어진다. 따라서 낙하하는 돌의 운동을 관찰하더라도 이에 근거하여 지구가 정지해 있다고 판단할 수 없다.'

이처럼 갈릴레오는 몇 가지 구체적인 문제를 제시하고 차례로 천동설을 지지하는 사람들의 논거를 격파하여 나갔다. 이러한 방식으로 지동설이 옳음을 새로운 운동론의 입장에서 이론적으로 설명하고자 하였다.

하지만 『천문 대화』를 통하여 코페르니쿠스의 생각을 강력하게 지지한 갈릴레오는 이듬해에 로마에서 종교 재판에 회부되었고, 두 번 다시 이단 행위를 하지 않겠다고 맹세하라는 강요를 받았다. 동시에 『천문 대화』는 금서 목록에 포함되었다.

그 후 1642년에 사망할 때까지 갈릴레오는 피렌체 교외의 자택에 연금된 채 여생을 보냈다.

1637

데카르트의 『방법 서설』

프랑스의 데카르트는 이해에 『굴절광학(Dioptric)』, 『기상학(The Meteors)』, 『기하학(Geometry)』을 한꺼번에 발표하였다. 이 3부작 전체의 서론으로서 저술한 것이 '나는 생각한다. 고로 존재한다'라는 구절로 유명한 『방법 서설』이다.

『굴절광학』에서 데카르트는 스넬이 발견한 빛 굴절의 법칙(◀1621)을 입사각과 굴절각의 사인값 비는 일정하다는 오늘날 우리에게 친숙한 형태로 표현하였다.

또 『기상학』에서는 대표적인 광학 현상 중의 하나인 무지개에 대해 고찰하였다. 나중에 뉴턴이 이를 이어받아서 『광학(Optiks)』에서 무지개 이론을 발전시켰다(▶1704). 그리고 『기하학』에서는 데카르트 좌표(x축과 y축으로 이루어진 직교 좌표)를 처음으로 도입하였고, 직선과 곡선을 대수 방정식으로 나타내는 방법을 제시하였다.

이로 인해 해석 기하학이라는 새로운 수학이 생겨났고, 미적분법이 확립될 기반이 갖추어졌다(▶1671, 1684).

1638

갈릴레오의『새로운 두 과학』

『천문 대화』(◀1632)로 인해 종교 재판(1633년)에 회부되고 5년 후에 갈릴레오는『새로운 두 과학』을 저술하였다. 이 책에서 그 유명한 낙체의 법칙에 대하여 상세하게 설명하였다. 이 법칙과 관련하여 피사의 사탑에서 구슬을 떨어트렸다는 전설이 생겨났지만, 실제로는 완만한 사면 위로 구슬을 굴리며 낙하 시간과 속도, 거리의 관계를 도출한 이야기가 담겨 있다.

그리고 이어서 방사체의 운동에 대하여 논하였다. 갈릴레오는 이 운동을 수평 방향의 등속 운동과 수직 방향의 등가속도 운동(낙하 운동)의 합성으로 파악하고 그 궤도는 포물선이 됨을 증명하였다.

또한 『천문 대화』에서도 다룬 수평 방향의 운동에 대하여 갈릴레오는 물체의 외부에서 어떤 작용이 가해지지 않는 한 속도는 변화하지 않으며 물체는 동일한 운동 상태를 유지한다고 결론지었다. 이는 언뜻 보기에는 오늘날의 '관성의 법칙'처럼 보인다. 하지만 갈릴레오가 말한 수평면이란 지구라는 큰 지면의 일부이다(좁은 범위에서 근사적으로 평면인 것에 불과하다). 즉, 갈릴레오가 생각하는 관성 운동은 등속 직선 운동이 아니라 등속 원운동이었다.

갈릴레오는 케플러가 도출해낸 행성의 타원 운동(◀1609)을 받아들이지 않은 것으로 알려져 있는데, 관성 운동에 있어서도 갈릴레오는 '원의 저주'에서 벗어나지 못한 듯하다. 올바른 관성의 법칙은 데카르트가 출현하고 나서야 정립되었다(▶1644).

좌우간 종교 재판으로 인해 더이상 지동설을 공공연하게 논할 수 없게 된 갈릴레오는 지상에서 이루어지는 운동에 관한 연구에 전념하였다. 하지만 이윽고 이러한 성과를 기초로 역학이 확립되어 이론적으로 지동설을 뒷받침하게 된다.

1642

뉴턴의 출생

이해 1월 8일에 피렌체 근교의 아르체트리 마을에서 78세 생일을 한 달가량 앞둔 시점에 갈릴레오가 사망한다. 같은 해 크리스마스(12월 25일)에 영국의 링컨셔주 울즈소프에서 뉴턴이 태어났다.

물론 단순한 우연에 지나지 않지만, 근대 과학을 대표하는 거성이 사망한 해에 그와 교대하듯이 새로운 별이 떠오른 것이 아무래도 상징적으로 보인다.

1643

토리첼리의 진공 실험

나쓰메 소세키는 『나는 고양이로소이다(吾輩は猫である)』에서 '자연이 진공을 기피하는 것처럼 인간은 평등을 싫어한다'라는 대구법 표현을 썼다. 또 『태풍(野分)』에서도 '자연은 진공을 기피하고, 사랑은 고독을 싫어한다'라며 꽤 그럴싸한 말을 하였다.

그러나 문호 소세키가 애용한 이 말은 그의 독창적인 생각이 아니라 진공의 존재를 부정한 아리스토텔리스의 『자연학(Physicae Auscultationes)』에 나오는 학설이다. 아리스토텔레스는 만약에 진공 상태를 만들 수 있다면, 여기에서 물체를 떨어트리면 아무런 저항도 발생하지 않으므로 물체는 시간을 필요로 하지 않고——즉, 무한대의 속도로——낙하할 것이라고 생각하였다. 하지만 이는 불가능하므로 진공 상태는 존재할 수 없다는 논리를 펼쳤다. 그리고 아리스토텔레스의 진공 부정론은 근대에 들어서기 전까지 폭넓은 지지를 받았다.

그런데 17세기에 들어서면 서서히 양상에 변화가 나타나기 시작한다. 이러한 상황하에서 중요한 역할을 한 것이 갈릴레오의 문하생이던 토리첼리와 비비아니가 1643년에 실시한 실험이다(흔히 '토리첼리의 실험'이라고 불리는데, 실제로는 두 사람의 공동 작업이다).

그들은 한쪽을 폐쇄한 가늘고 긴 유리관에 수은을 채우고 이를 거꾸로 수은 수조에 세우면 수은의 일부가 수조 쪽으로 흘러들면서 관의 위쪽에 빈 공간이 생긴다는 것을 증명하여 보였다. 또 수조에 담긴 수은 위에 물을 채우고, 위쪽에 빈 공간이 생긴 유리관의 하단이 그 물 부분에 올 때까지 들어 올렸더니 물이 상승하여 빈 공간을 채웠다. 이로써 관의 위쪽은 확실하게 아무것도 없는 공간(진공)임을 밝혔다.

이 실험은 또한 대기압의 존재를 밝히는 역할도 하였다(▶1654).

1644

데카르트의 『철학의 원리』

학문(철학) 전체의 체계를 나무에 비유한 데카르트는 이해에 그때까지의 연구를 집대성하여 『철학의 원리』를 발표하였다. 이 책에서 전개하고 있는 자연학을 읽으면 '관성의 법칙'이 처음으로 올바르게 제시되어 있음을 알 수 있다. 데카르트는 외적 원인이 없으면 운동하는 물체는 그대로 직선 운동을 계속하다고 단언하였다.

아리스토텔레스의 운동론에 따르면 물체가 같은 운동 상태를 지속하기 위해서는 항상 외부로부터 힘의 작용을 받아야 한다. 즉, 이는 강제 운동이다. 따라서 작용을 멈추면 물체는 서서히 속도가 떨어지다가 결국 정지한다고 생각하였다.

확실히 우리가 현실에서 접할 수 있는 현상을 관찰하면 이렇게 보이지만, 이는 물체의 운동을 저지하는 눈에 보이지 않는 원인(마찰과 저항)이 작용하기 때문이다. 이러한 원인이 없으면 물체의 본성에 따라서 운동은 직선을 유지한다고 데카르트는 지적하였다. 이러한 사고방식은 나중에 뉴턴이 이어받아서 운동 법칙 속에 포섭시킨다(▶1687).

뉴턴과 관련하여 한 가지를 더 언급하자면 데카르트는 『철학의 원리』에서 와동(渦動) 운동이라고 불리는 현상을 묘사하였다. 우주 공간에는 소용돌이치는 매질이 충만하며 그 소용돌이를 타고 행성이 태양 주변을 돈다고 말하였다. 하지만 직감적으로는 이해하기 쉽지만, 이 묘사로는 케플러의 법칙(◀1609, 1619)을 설명할 방법이 없어서 와동 우주는 뉴턴 역학이 확립됨에 따라서 점차로 부정된다.

1654

마그데부르크의 반구

이해에 독일의 게리케는 두 개의 구리로 만든 반구를 붙이고 내부의 공기를 펌프로 빼면 반구를 떼기 위하여 좌우에서 각각 여덟 마리의 말로 잡아당겨야 함을 공개 실험으로 증명하였다. 사람들은 대기압의 힘이 이토록 강함에 놀랐다.

유명한 이 실험은 '마그데부르크의 반구'라고 불리는데, 이 명칭은 게리케가 마그데부르크의 시장을 역임한 데서 유래한다. 실험이 이루어진 곳은 레겐스부르크였다.

1656

하위헌스가 토성의 고리를 발견

1610년에 갈릴레오는 토성이 기묘한 형태를 하고 있음을 알아냈다. 하지만 초기의 망원경으로는 고리의 존재까지는 식별하지 못하였다.

오늘날 우리가 알고 있는 모습으로 토성을 처음으로 파악한 사람은 네덜란드의 하위헌스이다. 1655년에 하위헌스는 새로운 렌즈 연마 기술을 고안해내 망원경을 개량하였다. 그리고 이듬해에 토성을 관측하여 고리를 발견하였다. 또 동시에 토성에도 위성(타이탄)이 있음이 처음으로 보고되었다.

그런데 갈릴레오는 토성이 기묘한 형태――그에게는 이 행성이 별 세 개가 연결되어 있는 것처럼 보였다――를 하고 있다는 것을 알아낸 후 그 사실을 애너그램(의미를 알 수 없도록 문자 배열을 변경한 암호문)으로 적어 일시적으로 숨겨 두었다. 재미있는 사실은 하위헌스도 마찬가지로 토성의 고리를 발견하고 처음에는 암호문으로 적어두었다는 것이다.

발견 선취권을 확보하고 인정하는 공통의 규칙이 아직 미성숙한 단계였던 당시에는 이러한 번거로운 방식으로 자신의 이익과 영예를 지키려는 풍습이 있었다. 그중에서도 갈릴레오와 하위헌스는 암호문 기록 '상습범'으로 특히 유명하다(그만큼 많은 연구 성과를 올렸다는 말이기도 하다).

1662

런던왕립협회 창설

이해에 영국 국왕 찰스 2세의 허락하에 자연을 연구하는 새로운 학문(실험 철학)을 애호하는 사람들의 단체, 런던왕립협회가 창설되었다. 설립 당시 회원 수는 100명 정도였는데, 당시는 과학이 직업으로서 사회에 아직 정착되어 있지 않은 시기였기 때문에 회원 대부분은 소위 취미 또는 도락으로서 실험과 관찰을 즐기는 '아마추어'였다. 따라서 관심사가 비슷한 사람이 모인 동호회와 같은 색채가 강하였다. 또 이름은 '로얄 소사이어티'지만, 그 실태는 왕립이 아니라 회원이 부담하는 회비로 운영되는 사설 단체였다.

현존하는 학회 중에서는 런던왕립협회가 가장 오랜 전통과 역사를 자랑하지만, 창설 당초에는 이처럼 애호가의 모임에 지나지 않았다.

초기의 주요 회원에는 기체의 법칙으로 이름을 남긴 로버트 보일, 세인트폴 대성당을 설계한 크리스토퍼 렌, 용수철 탄성 법칙으로 유명한 로버트 훅(▶1665②) 등이 있다. 그중에서도 훅은 실험 주임으로서 협회의 발전에 공헌하였다. 뉴턴은 1672년에 회원이 되었고 1703년부터 사망한 1727년까지 회장직을 맡았다.

한편, 파리에 왕립과학아카데미가 설립된 것은 영국보다 4년 늦은 1666년이다. 이 모임은 이름 그대로 궁정(프랑스 국왕 루이 14세)의 재정적 원조를 바탕으로 운영되었다.

1665①

런던왕립협회에서 『철학 회보』를 창간

당시에 과학 애호가들이 정보 교환을 하는 메인 수단은 편지였다. 또 발견 선취권을 확보하기 위해서도 편지를 이용하였다. 그런데 런던왕립협회가 창설되자(◀1662) 사무국장을 맡고 있던 헨리 올덴버그에게 자신의 영구 성과를 알리는 편지가 무수히 쏟아져 들어왔다.

1665년에 올덴버그는 그중에서 회원에게 널리 알릴 가치가 있다고 판단되는 것을 선정하여 『철학 회보』를 통해 정기적(월간)으로 발표하기로 하였다. 이와 같이 편지가 활자화되어 많은 사람에게 배부됨으로써 정보가 신속하고 광범위하게 전달되었다. 동시에 학술 잡지가 발견 선취권을 인증하는 공간으로서도 기능하게 되었다.

즉, 학술 잡지에 누구보다 빨리 연구 성과를 발표함으로써 선취권이라는 개인적인 영예를 획득하게 되는 셈이지만, 이를 얻는 대신에 그 성과는 발표자 개인의 전유물이 아니라 소위 만인의 지적 공유 재산으로 제공되는 것이다. 이와 같은 형태를 오늘날 '저널 아카데미즘'이라고 부르는데, 그 기초를 구축한 것이 이해에 창간된『철학 회보』이다. 학술 잡지라는 발표 수단 또한 17세기에 들어 '발견'된 것 중의 하나라고 하겠다.

1665②

훅의『마이크로그라피아』

런던왕립협회의 중심인물 중의 한 사람인 훅은 이해에 현미경으로 관찰한 마이크로 세계의 신비를『마이크로그라피아(Micrographia)』에 정리하여 출판하였다. 이 책에 게재된 다양한 그림은 그야말로 알려지지 않았던 '원더랜드'로 사람들을 인도하는 안내판 역할을 하였다.

나는 이 책의 복각판을 입수한 적이 있는데, 먼저 몸과 다리에 난 털과 눈까지 상세하게 그린 벼룩의 거대한 관찰 스케치를 보고 소름이 끼쳤던 기억이 난다. 또 이는 마치 갑옷과 투구를 걸친 병사처럼 보였고, 복안이 세밀하게 묘사된 파리의 머리는 '가면라이더'처럼 보였다.

혹은 식물도 다루었는데, 코르크의 표면을 관찰한 결과 코르크는 무수한 '작은 방(cell)'으로 이루어져 있다는 것을 알아냈다. 정확하게 말하면 이때 훅은 오늘날과 같은 의미로서 '세포'를 발견한 것은 아니지만, 그가 사용한 '셀'이라는 말은 그 후 세포를 지칭하는 용어로 사용되었다.

갈릴레오의 『별세계의 보고』(◀1610)가 망원경으로 우주를 손안으로 끌어당겼던 것처럼, 현미경을 이용한 관찰은 미시적 세계(마이크로코스모스)를 확대하여 그 다채로움과 심오함을 사람들에게 엿보게 해주었다.

1671

뉴턴이 미적분법을 발견

뉴턴은 1665년에 케임브리지대학교 트리니티대학을 졸업하였지만, 이해에 대유행한 페스트 때문에 대학이 폐쇄되어 고향 울스소프로 일시적으로 돌아갔다. 결국, 페스트가 진정되기까지 약 일 년 반 동안 한 차례 케임브리지에 갔던 시기를 제외하고 뉴턴은 고향 집에서 혼자 조용하게 사색하며 시간을 보냈다.

그동안에 뉴턴은 미적분법에 관한 아이디어를 얻었다고 전해진다. 그리고 1669년에는 「항수가 무수한 방정식에 의한 해석에 관하여」, 이어서 1671년에는 「유율법과 무한급수」라는 제목의 논문을 쓰고, 미적분법의 기초를 구축하였다.

그런데 당초에는 이 논문을 동료들끼리만 회람하는 데 그쳤을 뿐 널리 공표하지 않았기 때문에, 나중에 미적분법의 선취권을 둘러싸고 독일의 라이프니츠와 피곤한 다툼을 벌이게 된다(▶1684).

1672

뉴턴이 빛과 색에 관한 새로운 이론을 발표

17세기 후반에 들어선 후에도 색은 빛과 어둠이 어떻게 혼합되느냐에 따라서 결정된다는 아리스토텔레스의 '빛의 변용설'이 아직 강한 영향력을 발휘하고 있었다. 직접 만든 프리즘으로 빛의 분산(스펙트럼 분해)에 관한 면밀한 실험을 하여 빛의 변용설을 부정한 사람이 뉴턴이다. 뉴턴은 이해에 왕립 협회의 기관지 『철학 회보』(◀1665①)에 「빛과 색에 관한 새로운 이론」이라는 제목의 논문을 발표하고 '빛은 굴절성이 다른 사선으로 이루어지며, 각 사선이 각각의 색을 지닌다'는 새로운 사고방식을 제시하였다. 또 그 후에 실시한 일련의 연구를 포함하여 뉴턴은 빛에 관한 연구 성과를 1704년에 『광학』으로 정리하였다(▶1704).

케임브리지대학교 트리니티대학의 예배당에는 뉴턴의 입상 조각이 놓여 있는데, 이 천재가 손에 들고 있는 것은 사과가 아니라 유리 프리즘이다.

1675

뢰머가 빛의 속도를 측정

진공 상태에서 빛은 약 초속 30만 킬로미터의 속도로 전달된다는 사실을 오늘날 우리는 알고 있지만, 이는 인간의 감각에 비추어보았을 때 무한대라고 표현할 수 있는 엄청난 속도이다. 실제로 데카르트도 『굴절광학』(◀1637)에 빛이 전파되는 데는 시간이 소요되지 않는다고 적었을 정도이다.

갈릴레오도 『새로운 두 과학』(◀1638)의 한 대목에서 광속에 대하여 언급하며, 다음과 같은 흥미로운 실험을 소개하였다. 두 사람이 램프를 손에 들고 서로 마주 본 상태에서 한쪽이 상대의 램프 빛을 보면 즉시 자신의 램프 뚜껑을 열어 상대에게 빛을 보내는 '재빠르게 움직이는 기술'을 연습시킨다. 숙련되면 충분한 거리를 두고 두 사람을 대치시켜놓은 다음, 서로의 램프를 왕복하는 시간을 측정하면 빛의 속도를 구할 수 있다는 논리이다. 하지만 실제로는 인간의 반사 신경과는 차원이 다른 광속을 이러한 소박한 방법으로 측정할 수 있을 리 없다. 사실, 갈릴레오도 이러한 실험을 한들 빛은 순간적으로 전달된다고밖에 말할 수 없다고 '결론'지었다.

과학적인 방법으로 최초로 광속을 측정하고자 한 사람은 덴마크의 뢰머이다. 1675년에 뢰머는 목성의 위성 이오——공전 주기는 이미 알려져 있었다——가 목성의 뒤쪽으로 돌아가서 숨는 '식' 현상을 관측하고, 이를 통하여 빛의 속도는(오늘날의 단위로 환산하였을 때) 약 초속 22만 킬로미터라고 산출해냈다. 오늘날 알려져 있는 수치와 큰 차이가 나지만, 그래도 광속의 유한성을 실증적으로 제시하였다는 점은 높이 평가될 만하다.

정확도는 둘째치더라도, 이러한 측정이 가능하였던 것은 행성 간의 거리가 광대하기 때문이다. 그토록 빠른 빛도 우주에서 전파되는 데는 시간이 소요되기 때문이다. 참고로 19세기 중반이 되어서야 천문 현상에 의존하지 않고 실험실에서 정확도 높은 광속 측정이 이루어진다(▶1849).

1677

파리 왕립과학아카데미에서 음속을 측정

밤하늘로 쏘아 올려지는 불꽃을 주의 깊이 관찰해보면 불꽃이 핀 다음에 약간의 시간 차를 두고 펑 하는 소리가 들림을 알 수 있다. 이를 통하여 음속의 유한성을 알 수 있다.

1677년에 파리 왕립과학아카데미가 이 현상을 이용하여 음속을 측정하였다. 단, 그들이 이용한 것은 불꽃이 아니라 총이었다. 사전에 거리를 측정해둔 두 지점의 한쪽에서 총을 발포하고, 다른 한쪽에 있는 관찰자가 연기가 피어오르는 것을 보았을 때부터 총성을 들었을 때까지의 시간 차를 측정함으로써 음속을 구하였다. 인간의 반사 신경에 의존하였다는 점은 갈릴레오의 광속 측정(◀

1675)과 비슷하다.

참고로 그 결과는 초속 356미터였다. 오늘날 우리가 알고 있는 수치가 실온에서 초속 약 340미터인 것을 고려하면, 그럭저럭 나쁘지 않은 정확도라고 하겠다.

1678

하위헌스가 빛의 파동설을 제창

빛의 본성에 관해서는 입자설과 파동설을 둘러싸고 20세기에 들어설 때까지 긴 논쟁이 계속되는데, 파동설의 기초를 구축한 사람이 네덜란드의 하위헌스이다.

하위헌스가 이해에 『빛에 관한 고찰(Treatise on Light)』이라는 제목의 저작을 집필하여(출판된 것은 1690년) 빛은 매질을 통하여 전달되는 파동이라고 제창하였다. 빛의 속도가 엄청나게 빠른 것으로 미루어 보아(◀1675) 하위헌스는 이를 전달하는 매질——이는 에테르라고 불렸다—이 지극히 단단한 탄성체일 것으로 상정하였다.

또 빛의 본성을 둘러싼 논쟁이 어떻게 되었는가를 살펴보면 18세기에 입자설이 우세하였다가 19세기에 다시 한번 파동설의 기세가 오른다. 하지만 20세기에 들어 양자 역학이 확립되자 두 개의 설이 융합되어 새로운 개념이 탄생하는 우여곡절을 겪는다.

1683

레이우엔훅이 현미경으로 박테리아를 관찰

네덜란드의 레이우엔훅은 현미경으로 열정적으로 미소 세계를 관찰하고 원생동물, 균류, 적혈구, 정자, 식물 세포 등에 관한 많은 보고를 런던왕립협회에 보냈다. 그중에서도 특필할 만한 성과는 1683년에 이루어진 박테리아 발견이다. 또 그의 연구는 나중에 『현미경으로 밝혀진 자연의 비밀』(1695~1719년)이라는 제목의 책으로 집대성되었다.

그런데 레이우엔훅 이후로는 1세기가 넘도록 박테리아를 관찰하는 사람이 없었다. 미생물의 존재가 널리 받아들여진 것은 19세기 중반이기 때문에 17세기의 현미경으로 정말로 그러한 미소한 대상을 파악할 수 있었을까 하는 의심이 오늘날까지 이어졌다.

이와 관련하여 1998년에 영국의 생물학자 포드가 위트레흐트대학교(네덜란드)에 소장되어 있는 레이우엔훅의 현미경을 사용하여 적혈구와 살아 있는 박테리아, 세포핵 등이 또렷하게 보임을 증명하였다. 300년 전 선취자의 고찰 기술을 만만하게 보아서는 안 된다.

1684

라이프니츠가 미적분법을 발표

뉴턴보다 다소 늦기는 하였으나, 독일의 라이프니츠도 1676년 경에는 독자적으로 미적분법을 발견하는 데 이르렀다(◀1671). 그리고 1684년에 미적분법 최초의 논문을 발표하였다. 또 오늘날 사용하는 미적분 기호도 라이프니츠가 창안한 것이다.

뉴턴은『자연 철학의 수학적 원리(=프린키피아)』(▶1687)를 집필하였을 때 처음에는 책 속에서 라이프니츠의 이름을 거론하며 그도 마찬가지로 자신과 같은 수학 방법을 발견하였다고 언급하였다. 그런데 1699년에 두 천재 사이에 선취권을 둘러싸고 싸움이 일어났다. 논쟁이 격화됨에 따라서 감정적 대립과 상호 불신감도 심각해졌고, 사태는 추잡한 싸움의 양상을 띠었다.

1700년에 라이프니츠는 그해에 창설된 프로이센과학아카데미의 원장으로 취임하였고, 한편 뉴턴도 1703년에 런던왕립협회 회장이 되었다. 이리하여 양국을 대표하는 과학자 간의 선취권 싸움은 라이프니츠가 사망한 1716년까지 지루하게 이어졌다. 결국, 뉴턴이 1726년에 출판한『자연 철학의 수학적 원리』제3판에서 라이프니츠의 이름을 삭제하였을 정도이다.

1686

퐁트넬의 『세계의 다수성에 관한 대화』

독일의 케플러는 『신천문학』(◀1609)을 출판하였을 무렵, 동시에 『꿈(Somnium)』이라는 제목의 작품——오늘날의 장르로 표현하자면 공상 과학 소설——을 쓰고 있었다(간행된 것은 사망한 후인 1634년). 주인공 천문학자와 그의 어머니가 정령의 힘을 빌려서 달로 여행을 떠나는 모험담이다. 이야기 형식을 취하고 있지만, 케플러는 실제로 지구와 마찬가지로 달에도 동물과 식물이 생육하며 이성을 지닌 주민(달 세계 사람)이 산다고 생각하였다.

코페르니쿠스의 지동설이 차츰 수용되어감에 따라서 지구는 무수한 천체 중의 하나에 지나지 않으며 특별한 존재가 아니라는 인식이 깊어졌다. 나아가 망원경 관측으로 달과 지구의 지형에 공통성이 있음이 지적되기 시작하였기 때문에(◀1610), 케플러처럼 달에도 지구와 매우 흡사한 세계가 있지 않을까 하고 꿈꾸는 사람이 나와도 크게 놀랄 만한 일이 아니었던 듯하다.

이러한 생각(공상)을 한층 발전시킨 것이 1686년에 프랑스의 퐁트넬이 쓴 『세계의 다수성에 관한 대화(Entretiens sur la pluralité des mondes)』이다. 퐁트넬은 이 책에서 달 세계 사람이 존재한다고 하였을 뿐 아니라 모든 항성의 주위를 행성이 돌며 거기에도 주민이 산다고 설파하였다.

오늘날까지 다른 천체에서 지적 생명체는커녕 원시 생명체의 존재조차 확인된 바 없다. 하지만 최근의 관측으로 행성을 지닌 항성이 몇 개 발견되고 있다. 이 점에 있어서 태양계는 특별한 존재가 아니며 퐁트넬의 예상은 정확하였다.

1687

뉴턴의 『프린키피아』

천동설이 지배하던 시대에 천상계와 지상계는 온갖 면에서 구분되었으며, 또한 두 세계에서는 운동 법칙도 다르다고 생각하였다. 이와 달리 운동의 세 가지 기본 법칙과 중력(만유인력)의 법칙을 확립하고, 사과가 낙하하는 것을 보고 행성이 공전하는 것까지 통합하여 이론적으로 기술한 것이 이해에 런던왕립협회에서 간행된 뉴턴의 『자연 철학의 수학적 원리(=프린키피아)』이다. 이로써 처음으로 천상계와 지상계의 운동이 동일한 법칙하에 통합되었다.

책 제목이 선행 저작인 데카르트의 『철학의 원리』(◀1644)를 연상시키는데, 뉴턴은 연구 대상을 자연계의 여러 가지 운동 현상으로 압축하고, 다름 아닌 수학적인 방법으로 이것을 해명 가능함을 명시하였다. 또 케플러가 경험적으로 도출한 행성 운동의 법칙(◀1609, 1619)도 뉴턴의 방법으로 수학적으로 증명되었다.

하지만 텅 빈 공간에서 중력의 작용이 어떻게 전달되는지에 대한 아무런 설명도 없다며 데카르트주의자들한테서 『프린키피아』

를 비판하는 목소리가 나왔다.

이러한 논쟁은 한동안 계속되었지만, 18세기에 들어 미적분법이 발전되자 뉴턴이 기초를 다진 역학은 천상계와 지상계의 구별 없이 광범위한 대상을 통일하여 다루는 범용성 높은 이론 체계로 정교화되어 나갔다.

또 『프린키피아』가 출판되었을 때 비용을 원조하고 편집하는 수고를 한 사람은 핼리 혜성이라는 혜성 이름을 남긴 것으로 유명한 에드몬드 핼리(▶1705)이다.

1690

페트의 『정치 산술』

1687년에 사망한 영국의 윌리엄 페티가 저술한 『정치 산술(Political Arithmetic)』이 이해에 간행되었다. 젊은 시절에 수학을 공부하였으며 왕립협회 회원이기도 하였던 페티는 이 책에서 인간 사회의 여러 현상을 수량적으로 분석하는 방법을 제창하였다. 오늘날 이 책은 통계학과 경제학의 고전으로 여겨지는데, 그 배경에는 당시 대두하던 자연 과학의 유효한 방법을 사회 연구에도 적용하고자 한 의도가 담겨 있다. 과학이 다른 영역에도 많은 영향을 끼치기 시작하였다.

1696①

요한 베르누이가 최속 강하선 문제를 제기

스위스의 수학자 요한 베르누이는 이해에 '높이가 다른 두 점을 잇는 곡선을 따라서 질점을 하강시켰을 때 시간이 최소화되는 것은 곡선이 어떠한 형태일 때인가(단, 두 점은 연직선상에 있지 않다)'라는 문제를 제기하였다. 이 문제는 '최속 강하선 문제'라고 불린다.

이 문제의 답이 사이클로이드(원이 직선을 따라서 굴러갈 때 원주상의 한 점이 그리는 궤적)임을 뉴턴, 라이프니츠, 야곱 베르누이(요한 베르누이의 형) 등이 증명하였다.

최속 강하선처럼 어떤 조건 하에서 최대치 또는 최소치를 구하는 미적분법 계산은 18세기 중반부터 변분법이라 불리며 수학의 한 분야를 형성할 만큼 발전하였는데, 요한 베르누이의 문제 제기가 그 선구적인 연구였다.

또한 요한 자신도 사이클로이드라는 답을 찾기는 하였지만, 다른 사람들이 한 증명을 모아보고 자신의 해법에 오류가 있음을 깨달았다. 이에 요한이 형 야곱의 증명을 차용하려 하여 형제 간에 골육상쟁이 일어났다. 요한은 또 아들 다니엘 베르누이가 발견한 유체 역학의 정리(▶1738)를 본인이 먼저 책으로 공표하여 부자지간에도 트러블이 발생하였다. 선취권과 관련해서 상당한 문제를 일으켰던 인물인 듯하다.

1696②

뉴턴이 케임브리지에서 런던으로 이사

이해에 뉴턴은 조폐국의 감사로 취임하기 위하여 35년간 학자 생활을 한 케임브리지를 떠나 런던으로 이사하였다. 그로부터 3년 후에는 조폐국의 장관이 되어 정부 고관으로서 행정에서도 수완을 발휘하였다.

그런데 케임브리지를 떠날 때 뉴턴은 장기간에 걸쳐 써두었던 방대한 양의 자필 원고를 상자에 담아두었다. 이것이 여러 경위를 거쳐 240년 후 1936년에 런던에서 경매로 나왔다.

그 가운데 약 절반을 낙찰한 사람이 유명한 경제학자 케인스이다. 입수한 자필 원고를 훑어본 케인스는 깜짝 놀랐다. 그중 상당량이 연금술에 관한 노트였기 때문이다. 뉴턴은 장기간에 걸쳐 연금술 서적을 탐독하였으며 직접 실험도 하였다.

연금술에 얼마나 심취하였던지, 나중에 케인스가 「인간 뉴턴」이라는 제목의 논문에 '수학과 천문학이란 뉴턴이 한 일의 극히 일부에 지나지 않으며, 가장 관심이 갔던 분야도 아니다'라고 썼을 정도이다. 그리고 케인스는 '뉴턴은 이성의 시대에 속한 최초의 인물이 아니라 최후의 마술사이다'라는 유명한 말을 남겼다.

역학과 미적분법의 창설과 연금술에 대한 심취를 한 명의 천재 내부에 융합시킨다는 것이 현대의 우리에게는 상당히 어려운 일이지만, 실제로 과학은 고대와 중세의 잔재를 질질 끌며 조금씩 형태를 갖추어왔다. 17세기는 아직까지 충분히 그런 시대였다.

또한 1979년에 뉴턴의 머리카락을 화학 분석한 결과, 다량의 수은——연금술의 시약——이 검출되었다고 보고되었다.

제2장
18세기의 흐름

18세기의 특징

17세기가 물리학(뉴턴 역학)이 탄생한 시대라고 불린다면, 18세기는 물리학보다 약 1세기가량 늦었으나 두 번째 타자로서 화학이 근대 과학의 기초를 다진 시대라고 표현할 수 있다.

18세기에 들어서도 물질은 모두 네 가지의 기본 원소(흙, 물, 공기, 불)로 구성되며, 화학적 조작으로 이들 네 원소의 상호 교환이 가능하다는 사고방식이 여전히 뿌리 깊게 남아 있었다. 원소 변환이 가능하다고 믿었기 때문에 연금술 시도도 이 시대까지 연면히 이어졌다. 18세기에도 여전히 비금속을 황금으로 바꾸는 비약 '현자의 돌'에 대한 환상이 사라지지 않았던 것이다.

실제로 화학 반응이라는 것은 표면적 그리고 형태적으로 물질을 크게 변화시켜 본래의 흔적을 남기지 않는 경우가 많다. 예를 들어 물체를 태우면 재가 되고, 강한 산에 금속 조각을 담그면 용해된다. 폭발과 발열 등 위험을 동반하는 현상도 적지 않다. 화학 반응의 이러한 현상적 격변에 눈을 빼앗기면, 비약만 발견하면 적당한 조작을 가하여 금을 만들어낼 수 있으리라고 믿게 되는 것이다.

하지만 18세기 후반이 되면 조금씩 연금술이 뿌리를 두고 있던 물질관과 원소관에 변화의 조짐이 보이기 시작한다. 그 계기가 된 것은 먼저 기체 연구였다. 수소와 산소가 발견되어 물도 공기도 물질을 구성하는 기본 원소가 아니라 더 세밀하게 분해될 수 있다는 것, 바꾸어 말해 화합물임이 밝혀졌다.

또 정량적 실험이 도입되어 반응에 관여하는 물질의 정밀한 질량 변화 측정이 행해졌다. 그 결과, 예를 들어 연소는 물질과 산소의 격렬한 결합이라는 것이 밝혀졌다. 그때까지 연소(燃燒)란 '플로지스톤(연소燃素)'이라고 불리는 원소가 가연성 물질에서 빠져나가는 현상이며 남은 빈 껍질이 재라고 생각하였다. 하지만 연소 후 물질의 질량 증가와 소비된 공기(산소)의 질량이 측정됨으로써 이러한 가상 원소는 차츰 부정되었다. 그리고 일반적으로 화학 반응의 전후에 관여한 물질의 총량은 변하지 않는다는 법칙이 프랑스의 라부아지에에 의해 확립되었다. 이 법칙은 1789년에 출판된 라부아지에의 『화학 원론(Elementary Treatise of Chemistry)』 속에 정리되었다.

기묘하게도 프랑스 혁명이 일어난 해에 간행된 이 책은 화학에도 혁명을 일으키는 도화선이 되었는데, 라부아지에는 여기에서 화학적 분석을 통하여 궁극적으로 도달할 수 있는 물질의 구성 요소를 원소라고 정의하였다. 그리고 그 정의에 기초하여 33종의 원소를 열거하였다. 지금 보면 그중에는 일부 잘못된 부분도 있지만, 라부아지에는 여기에서 새롭게 정의한 원소를 기본 단위로 하여 화학 반응을 정량적으로 파악하는 물질관을 제창하였고, 화학은 19세기의 발전으로 나아가게 되었다.

한편, 선행하여 탄생한 뉴턴 역학은 뉴턴이 사망(1727년)한 후에 그 중심이 유럽 대륙으로 옮겨갔고, 한층 발전되어 근대 과학의 규범으로 여겨지기에 이르렀다. 이는 지구의 형상 결정, 핼리 혜성의 회귀 예측, 태양계의 안정성 증명 등 갖가지 구체적인 성과가 누적된 결과이다.

이 정도로까지 실증성과 예지 능력이 빼어나게 뛰어난 이론 체계가 완성된 것은 그 도구로 사용된 해석학(미적분법)의 현저한 진보에 힘입은 덕이 크다. 역학 연구는 요컨대 문제가 되는 대상을 미분 방정식으로 표현하기만 하면 그다음은 그것을 얼마나 정확하게 계산하는가 하는 수학 해법으로 귀결된다. 따라서 뉴턴 역학의 진보는 그대로 해석학의 진보로 이어졌다.

컴퓨터로 방대한 수치 분석이 가능한 오늘날과는 달리, 그와 같은 편리한 기계가 없었던 당시에는 아무리 귀찮고 성가신 문제라고 해도 식을 써서 해석학적으로 답을 구할 수밖에 없었다. 그만큼 미적분법은 일종의 형식미를 갖춘 우아한 해법으로 승화되었다. 1788년에 프랑스의 라그랑주가 저술한 『해석 역학(Mecanique Analytique)』과 1799년부터 간행된 라플라스의 『천체 역학(Traite de mecanique celeste)』은 그 상징이라고 할 수 있다.

역학이 한 단계 뛰어난 존재가 되었는데, 이처럼 물리학 이외의 분야도 조금씩 근대 과학의 요건을 갖추어 나가기 시작한 것이 18세기의 특징 중의 하나이다. 그중에서도 전기와 열에 관한 연구가 주목을 받았다.

고대부터 마찰에 의해 전기가 발생한다는 것은 알고 있었는데, 18세기 중반에 마찰로 발생한 전기를 비축하는 '레이던 병'이라는 장치가 개발되기에 이르렀다. 이 분야에서 일어난 획기적인 사건은 뭐니 뭐니 해도 이탈리아의 볼타가 전지를 개발(1799년)한 것이다. 전지가 만들어짐으로써 비로소 인간은 안정된 전류를 장시간 동안 계속해서 얻을 수 있게 되었다.

그 결과 전기에 관한 실험 레퍼토리가 현격히 늘어났고, 이로써 19세기에 탄생한 전자기학의 초석이 다져졌다. 또 전지 발명에 동반하여 전기 분해라는 화학 실험 수법이 1800년에 고안되었다. 이것도 19세기에 들어서 새로운 원소를 발견하기 위한 유효한 수단으로서 활용되었다.

열 연구 분야에서는 1798년에 럼퍼드가 제창한 열 운동설이 역사의 흐름을 크게 바꾸는 계기가 된다. 18세기에는 열의 정체를 '칼로릭(열소熱素)'이라는 원소로 보았다. 칼로릭 이동이 열의 흐름이라고 생각한 것이다. 18세기 후반에 들어서면 열용량과 잠열 등 오늘날에도 사용되는 개념과 용어가 도입되지만, 이것도 모두 칼로릭의 존재를 전제로 논하여졌다.

이와 달리 럼퍼드는 마찰에 의한 열 발생은 칼로릭설로는 설명할 수 없다고 생각하였다. 대신에 럼퍼드는 물질 입자의 운동이야말로 열의 정체라는 새로운 설을 발표하였다. 19세기 전반까지 두 가지 설이 병존하는 상황이 계속되었지만, 결국 칼로릭설이 부정되었고, 운동설은 에너지 보존의 법칙을 포함하는 열역학의 확립으로 이어졌다.

이처럼 역학에 이어서 전기와 열에 관한 연구 등 19세기에 들어 개화한 물리학의 새로운 분야가 싹트기 시작하였다.

그런데 18세기 유럽에서 일어난 큰 사건이라고 하면 프랑스 혁명(1789~1799년)을 들 수 있다. 그리고 뜻밖에도 혼란스러웠던 이 시기에 파리에서는 라부아지에, 라그랑주, 라플라스 등 화학, 물리학, 수학의 거인들이 활약하였다. 또 미터법을 제정하여 도량형을 통일하는 대대적인 사업과 과학 기술 전문가를 조직적으로 양성하는 교육 기관인 에콜폴리테크니크가 창설되었다. 즉, 혁명이 진행된 무대는 동시에 과학의 중심이었으며 밀도 높은 뛰어난 업적을 낳았다.

그렇게 생각하면 문화는 반드시 평화롭고 안정된 시대에 꽃 핀다고 할 수 없음을 알 수 있다. 옛 체제를 파괴하고 새로운 가치관에 기초하여 사회를 만들려는 에너지가 더 나아가 18세기를 마무리하고 19세기의 발전으로 이어질 과학의 성과를 이끌어낸 것처럼도 보인다.

1702

슈탈이 플로지스톤설을 주장

1669년에 독일의 베허는『지중의 물리』라는 제목의 서적을 저술하여 물질에는 '불타는 흙'이라는 '원소'가 들어 있다는 설을 발표하였다. 이에 따르면 연소란 가연성 물질에서 이 '불타는 흙'이 빠져나가는 현상이며 빠져나가고 남은 빈 껍질이 재로 남는다고 한다.

베허의 설을 더욱 발전시켜서 1702년에 연소 이론을 정리한 사람은 독일의 슈탈이다(연도는 문헌에 따라서 약간의 차이가 있다). 슈탈은 '불타는 흙'을 '플로지스톤(연소)'이라고 명명하였고, 잘 타는 물질일수록 포함된 플로지스톤의 밀도가 높다고 여겼다. 또 금속이 녹스는 것도 연소와 마찬가지로 플로지스톤이 빠져나가는 현상으로 파악하였다.

산소가 아직 발견되지 않아서 공기를 네 원소(공기 외에 흙, 물, 불이 있다) 중의 하나로 간주하였던 당시에는 이러한 가상 원소를 도입함으로써 나름대로 연소와 관련된 현상을 그럴 듯하게 설명할 수 있었다. 예를 들어 폐쇄된 용기 내에서 촛불을 넣고 불을 켜면 이윽고 불이 꺼진다. 이는 촛불에서 빠져나온 플로지스톤이 용기 내에 가득 차서 더는 플로지스톤이 들어찰 여지가 없어지기 때문이라고 해석하였다. 오늘날에 환원 현상이라고 부르는 현상은 연소와 반대로 플로지스톤이 물질과 결합하는 반응이라고 설명하였다.

이처럼 현상론적으로는 광범위하게 이론적으로 설명이 가능해졌기 때문에 플로지스톤설은 오랜 시간 동안 살아남는다. 하지만 18세기 후반에 산소가 발견되고(▶1772①) 정량적인 실험에 기초한 올바른 연소 이론이 확립되자(▶1777) 플로지스톤설은 자취를 감추었다.

1704

뉴턴의 『광학』

뉴턴은 런던왕립협회 회장에 취임한 이듬해인 1704년에 그때까지의 광학에 관한 연구를 책으로 정리하여 발표하였다. 이 책에서 아리스토텔레스의 빛의 변용설을 부정하는 프리즘에 의한 빛 분산 실험도 소개하였다(◀1672). 시종일관 실험에 대하여 구체적으로 기술하고 이로써 진리를 밝혀가는 이 책은 과학 정신을 체현하는 것이라며 폭넓게 읽혔다.

그런데 『광학』의 끝부분에 「의문」이라는 제목의 항목이 있다. 1706년에 출판된 라틴어판에서 추가된 「의문」의 한 구절에서 뉴턴은 '텅 빈 공간을 사이에 두고도 중력이 작용하는 것도, 천체의 운동도, 자연계의 질서와 아름다움도, 모두 총명한 신이 무한한 공간에 편재하기 때문이다'라고 자기 생각을 적었다. 실험 과학의 정신을 목소리 높여 주장한 뉴턴의 책 속에도 아직까지 우주를 지배하는 신은 엄연히 존재하고 있었다.

1705

핼리의 『혜성 천문학 총론』

1682년에 천공에 긴 꼬리를 늘어트린 혜성이 나타났다. 당시에는 혜성이 어떤 궤도로 날아오는지 밝혀져 있지 않은 상태였는데, 뉴턴의 『프린키피아』(◀1687)가 출판되자 혜성도 태양의 중력의 영향으로 운동한다고 생각하는 사람이 생겨났다.

뉴턴에 심취해 있던 이탈리아의 핼리는 과거의 관측 기록을 조사하며 이 문제에 몰두하였다. 그리고 1682년에 출현한 혜성이 약 76년 주기로 태양 주변을 가느다랗고 길쭉한 타원 궤도를 그리며 공전하고 있다고 1705년에 『혜성 천문학 총론(Synopsis Astronomia Cometicae)』을 통하여 발표하였다. 그리고 이 혜성은 1758년에 다시금 지구에 접근할 것이라고 예언하였다.

예언이 적중하는 모습을 자신의 눈으로 확인하고 싶었겠으나, 그러려면 백 살 넘게까지 장수하여야 한다. 그때까지 살기는 힘들겠다고 판단한 핼리는 만년에 '예언이 적중하면 후세 사람들이 이를 최초로 주장한 것이 이탈리아의 한 사람이었음을 인정해주면 좋겠다'는 글을 남겼다. 예상대로 1758년 크리스마스 날 밤, 독일 천문가의 망원경에 핼리라고 이름 붙게 되는 혜성이 포착되었다.

이 사건은 핼리의 계산이 정확했음을 증명하였을 뿐 아니라 뉴턴 역학의 예지 능력이 뛰어남을 강력하게 시사해주었다. 이것이 탄력을 붙이는 계기가 되어 18세기 후반부터 19세기 전반까지 뉴턴 역학은 한층 발전하였다.

그런데 가장 최근에 핼리 혜성이 회귀한 것은 1986년이다. 이때는 카메라를 탑재한 유럽우주기구(ESA)의 탐사기 지오토가 혜성의 핵에 670킬로미터까지 접근하여, 핵이 길이 약 15킬로미터의 감자 같은 형태를 하고 있음을 밝혀냈다(▶1986①). 핼리가 올려다보았던 긴 꼬리는 이 작은 핵에서 분사되는 것이었다.

1714

파렌하이트가 수은 온도계를 고안

1592년에 이미 갈릴레오가 열팽창을 이용한 온도계를 제작하였다. 그 후 여러 가지 타입의 온도계가 고안되었지만, 정밀도가 불충분하였을 뿐 아니라 온도 눈금에 객관성이 부족하여 정확한 온도를 측정하는 데는 무리가 있었다.

이 결점을 해결하고 과학 실험에도 사용할 수 있는 정밀도 높은 온도계를 고안해낸 사람이 독일의 파렌하이트이다.

1714년에 파렌하이트는 넓은 온도 범위에서 액체 상태를 유지하는 수은에 주목하고, 열팽창을 이용한 온도계를 만들었다. 그리고 1724년에 물, 얼음, 염화암모늄의 혼합 상태를 0도, 물과 얼음의 혼합 상태를 32도로 하는 온도 기준을 설정하고 객관성 있게 눈금을 정하였다.

또 1742년에는 스웨덴의 안데르스 셀시우스가 물이 어는점과 끓는점 사이를 100등분하는 온도 눈금을 도입하였다.

1724

부르하버가 칼로릭설을 제창

네덜란드의 헤르만 부르하버는 이해에 『화학의 기초(Elementa chemiae)』를 발표하여, 열의 정체는 '칼로릭(열소)'이라는 무게 없는 원소라는 설을 주장하였다. 물이 높은 곳에서 낮은 곳으로 흐르는 것처럼 칼로릭이 온도가 높은 곳에서 낮은 곳으로 흐르는 것은 다름 아닌 열전도라고 생각하였다. 또 열팽창은 물질 안으로 칼로릭이 들어감으로써 부피가 늘어나는 현상이라고 해석하였다.

플로지스톤설(◀1702)과 마찬가지로 칼로릭설도 현상론적으로는 열과 관련되는 문제를 꽤 광범위하게 설명하였기 때문에 18세기 열학 연구의 기초 개념으로서 수용되었다. 그리고 19세기에 들어 열이란 물질을 구성하는 입자의 운동이라는 것이 밝혀질 때까지 이 가상의 유체는 계속 생존하였다.

1727

뉴턴의 사망

이해의 3월 20일에 뉴턴은 런던에서 84세의 나이로 생애를 마감하였다. 1703년에 취임한 왕립협회 회장의 지위를 죽을 때까지 유지하였으며, 1705년에 수여 받은 기사 작위를 몸에 두른 영광 속에서 뉴턴은 천수를 다하였다. 이때 영국에 체재 중이던 프랑스의 계몽 사상가 볼테르는 『철학 서간(Lettres Philosophiques)』(▶1734)에 다음과 같이 기록하였다. '데카르트 철학 체계의 파괴자인 그 유명한 뉴턴이 1727년 3월에 사망하였다. 그는 생전에도 이 나라 사람들에게 존경받았고, 매장될 때도 마치 신하에게 은혜를 베푼 왕과 같았다.'

이 한 문장을 통하여 영국에서 뉴턴의 위광이 얼마나 절대적이었는지를 엿볼 수 있다.

1728

브래들리가 광행차를 발견

영국의 브래들리는 1725년경부터 항성의 연주시차 관측에 몰두하였다. 이 값은 지극히 작아서(▶1838) 당시의 망원경으로는 파악할 수 없었지만, 대신에 브래들리는 예기치 못하였던 현상을 목도하였다. 항성(용자리의 감마별)이 주기적으로 위치 변화하는 모습을 보인 것이다.

이 불가사의한 운동을 어떻게 해석하여야 하는가를 두고 브래들리는 처음에는 당혹하였지만, 이윽고 빛의 속도가 유한하다면 관측자(지구)가 운동할 경우 광원(항성)의 위치가 외견상 변화할 것이라고 생각하기에 이른다. 즉, 항성의 위치 측정에는 빛의 속도와 지구의 공전이 영향을 끼치는 셈이다. 이 효과를 '광행차'라고 명명하고 1728년에 발표하였다.

약 반세기 전에 뢰머가 목성 위성의 움직임을 이용하여 빛의 속도를 계산하였는데(◀1675), 광행차의 발견도 마찬가지로 빛은 결코 순간적으로 전달되지 않는다는 것을 시사해주었다.

1729

그레이가 전기의 전도성을 발견

호박(광물) 등을 재빠르게 문지르면 마찰에 의해 물건을 끌어당기는 힘(정전기력)이 발생한다는 것은 이미 고대부터 알려져 있었다. '마그데부르크의 반구' 실험으로 유명한 게리케(◀1654)가 이 성질을 이용하여 17세기 중반에 회전하는 유황구를 문질러 전기를 띠게 하는 기전기를 고안하였다. 또 18세기에 들고 얼마 지나지 않아서 영국의 헉스비가 유황을 유리구로 바꾼 장치를 만들었다.

이처럼 마찰이 정전기를 발생시킨다는 사실은 알려져 있었지만, 전기에 전도성이 있다는 것을 처음으로 알아낸 사람은 영국의 그레이이다. 그레이는 1729년에 전기를 띤 유리에 여러 가지 물질을 접속시켜 보고, 물질에 따라서는 이를 통과하여 정전기력이 전달되는 것을 발견하였다. 바꾸어 말해 물질은 전기 도체가 되는 것과 그렇지 않은 것으로 분류된다는 사실을 밝혀낸 것이다.

1733

뒤페가 두 가지 종류의 전기를 발견

이해에 프랑스의 뒤페는 유리와 수지를 마찰시켜 정전기를 일으켰고, 전기에 두 가지 종류가 있음을 발견하였다. 뒤페는 이를 유리 전기와 수지 전기라고 불렀는데, 전자가 오늘날의 양전기에 해당하고 후자가 음전기에 해당한다. 그리고 다른 전기끼리는 서로 잡아당기고, 같은 전기끼리는 밀어낸다는 것도 밝혀냈다.

1734

볼테르의 『철학 서간』

1726년부터 1729년까지 영국에 체재한 프랑스의 볼테르는 그 경험을 바탕으로 그 해에 『철학 서간』을 출판하였다. 이 책은 세태, 풍속, 문예, 과학, 종교 등 영국 사회의 현황을 폭넓게 소개하였는데, 뉴턴 역학을 프랑스에 퍼트리는 데도 중요한 역할을 하였다.

그중 한 구절에서 볼테르는 다음과 같이 표현하며 뉴턴과 데카르트를 대조하였다. '런던에 도착한 프랑스인은 여타 제반사와 마찬가지로 철학 또한 상당히 다르다는 것을 깨닫는다. 그는 충실한 세계를 떠나 이제는 그것이 공허하다고 보기 시작한다. 파리에서는 미소 물질의 회전운동으로 이루어진 우주가 관찰되는데, 런던에서는 그러한 것을 전혀 볼 수 없다. ……(중략)……파리에서 당신들은 지구가 멜론과 같은 형태를 하고 있다고 상상하지만, 런던에서는 상하가 평평하다.'

뉴턴 역학(◀1687)에 따르면 중력은 빈 공간에서도 전달되고 그 작용으로 행성은 태양의 주위를 공전한다. 반면, 데카르트의 자연학(◀1644)에서는 천체가 우주에 가득한 매질의 와동을 타고 움직인다고 생각하였다. 또 뉴턴은 『프린키피아』에서 지구는 자전의 원심력으로 인해 적도 방향으로 부푼 회전타원체를 한다고 주장하였다. 한편, 데카르트는 소용돌이치는 매질의 압박으로 지구는 극 방향으로 길쭉한 회전타원체가 된다고 보았다.

이처럼 두 개의 자연학은 기본적인 견해에 큰 차이가 있다고 강조한 다음, 볼테르는 뉴턴 역학을 지지하는 입장을 취하였다. 또 1732년에는 프랑스의 모페르튀이가 『천체형상론(Discours sur les Différentes Figure des Astres)』을 저술하고, 뉴턴이 예상한 지구의 형태(평평한 회전타원체)를 지지하는 논진을 펼쳤다.

이 무렵이 되면 데카르트의 주변에서도 점차로 뉴턴 역학이 우위를 점하기 시작한다. 그리고 최종적으로 양자의 논쟁에 매듭을 지은 것은 파리 왕립과학아케데미가 행한 지구 측량이었다(▶1735).

1735

파리 왕립과학아카데미가 지구 측량을 시작

지구의 형상에 대한 데카르트와 뉴턴의 결론이 완전히 상반되었다(◀1734). 전자에 따르면 우주에 소용돌이치는 매질에 눌려 지구는 극 방향으로 늘어난 세로로 길쭉한 모양이다. 반면, 후자에 따르면 자전에 의한 원심력으로 인해 지구는 적도 방향으로 부푼 납작한 모양이다.

이에 자웅을 가리기 위해 1735년에 파리 왕립과학아카데미는 지구 측량을 계획하고, 이해에 적도 직하의 남미(페루)로 관측대를 파견하였다. 또 이듬해에는 다른 관측대가 북극권(라플란드)을 향하여 출발하였다. 양 지역에서 자오선 1도의 거리를 측정한 후 프랑스의 그 값과 비교함으로써 지구의 형상을 구하고자 하였다.

그 결과 지구는 평평함이 실증되었고, 뉴턴이 승리를 거두었다. 이것이 하나의 계기가 되어서 대륙에서도 뉴턴 역학이 급속하게 수용되기 시작하였고, 데카르트의 자연학은 반대로 쇠퇴 일로를 걸었다.

1736

오일러가 뉴턴의 운동 방정식을 해석학적으로 표현

뉴턴은 스스로 미적분법을 발견하였지만(◀1671), 역학의 기초를 쌓은『프린키피아』(◀1687)는 주로 사람들에게 친숙한 기하학적 수법을 답습하여 저술하였다. 뉴턴이 당시 상황을 고려하여 이러한 표현 형식을 취한 것으로 추측되지만, 운동이라는 시간에 대한 변화를 기술할 경우에 종래의 기하학적 스타일은 다소 번잡하고 장황하다.

이에 1736년에 스위스의 오일러는 『역학 혹은 해석학적으로 설명한 운동 과학(Mechanica sive motus scientia analytice exposita)』을 저술하고, 뉴턴 역학을 기하학에서 미적분법(해석학)의 형식으로 바꾸어 수리화하였다. 운동 방정식도 이때 처음으로 미분 방정식으로 표현되었다. 18세기 후반에 뉴턴 역학은 적용 가능 범위를 급속하게 넓히며 눈에 띄게 발전하였는데, 이는 오일러가 도입한 이론의 해석화 덕택이 컸다.

오일러 본인도 이 분야에서 많은 업적을 남겼고——참고로 『이화학 사전』과 물리학 교과서를 펼치면 그의 이름이 붙은 용어가 수없이 등장하는 것을 통해서도 그의 공헌이 얼마나 위대하였는지를 알 수 있다——방대한 수의 서적과 논문을 발표하였다. 그 수는 생전에 간행된 것만도 500편을 넘으며, 1783년(76세)에 사망한 후에도 그가 남긴 300편 이상의 논문이 그 후 반세기에 걸쳐서 페테르부르크아카데미의 간행물에 계속하여 게재되었다.

얼마나 대단하였는지 후년에 프랑스의 프랑수아 아라고는 '사람이 호흡하는 것처럼, 독수리가 하늘을 나는 것처럼, 오일러는 어려움 없이 계산하였다'고 형용하며 대수학자의 모습을 '해석학의 화신'이라고 칭송하였다.

1738

다니엘 베르누이가 유체 역학의 기본 정리를 발표

스위스의 다니엘 베르누이는 이해에 『유체 역학 또는 유체의 힘과 운동에 관하여』를 저술하고, 유속과 압력의 관계를 나타내는 유체 역학의 기본 정리를 발표하였다. 이는 오늘날 '베르누이 정리'라고 부른다.

1743

달랑베르의 『역학론』과 파리의 살롱

달랑베르의 이름은 디드로와 함께 『백과전서(Encyclopedie)』(1751~1772년)의 편집자로 잘 알려져 있는데, 역학과 수학 분야에서도 뛰어난 업적을 남겼다. 그 대표작이 1743년에 출판된 『역학론(Traite de dynamique)』이다. 이 책에서 달랑베르는 뉴턴 역학을 질점계(질량을 보유하며 역학적으로 보았을 때 그 크기는 점으로 취급되는 물체의 복수로 구성된 대상)까지 확대하고자 시도하였다. 이 시도는 이윽고 라그랑주의 『해석 역학』(▶1788)으로 이어졌다.

그런데 달랑베르의 평전을 읽으면 반드시 언급되는 것이 그의 출생에 얽힌 에피소드이다. 달랑베르는 1717년에 파리에서 태어났다. 어머니는 아름다운 미모와 뛰어난 재능을 가졌으며 수많은 고관대작과 염문을 뿌린 탕생 후작 부인이고, 아버지는 그 상대 중의 한 사람이자 후일에 군인이 된 포병 장교 데투슈이다.

하지만 후작 부인은 출정 중이던 데투슈에게 아무런 언지도 없이 태어난 지 얼마 되지 않은 아이를 파리 노트르담 대성당 근처에 있는 교회 앞에 버렸다. 그래도 다행히 달랑베르는 유리 직공의 부부에게 맡겨졌고, 상냥한 양어머니 손에 소중하게 키워졌다(가난한 가정의 양자로 들어갔으므로 높은 수준의 학문을 익힐 만큼 교육받을 수 있었던 것은 친아버지 데투슈가 양육비를 건넸기 때문인 듯하다).

한편, 18세기 전반에 파리에서는 귀부인들이 주재하는 학예 살롱이 대단히 융성하였다. 학예 살롱은 또 하나의 아카데미라고 형용될 만큼 많은 학자와 예술가가 모인 화려한 지적 사교의 장으로서 성황을 이루었다. 특히 탕생 후작 부인의 살롱을 찾는 인사들의 멤버 구성이 특히 화려하였으며 그중에서는 퐁트넬(◀1686), 볼테르(◀1734) 등의 모습도 볼 수 있었다.

그리고 달랑베르의 명성이 높아지자 후작 부인은 그를 멤버에 추가하여 자신의 살롱을 더 호화스럽게 연출하고자 한 듯하다. 달랑베르를 자택에 초대하여 자신이 친어머니라고 밝혔다. 이때 달랑베르는 '내 어머니는 한 분뿐이오. 그 사람은 유리 직공의 아내요'라고 대답하였다는 살짝 감동적인 이야기가 전해진다.

1745

클라이스트가 라이덴 병을 발명

이 시기에 마찰로 정전기를 발생시키는 기전기는 이미 사용되고 있었는데, 1745년에 독일의 클라이스트가 발생시킨 전기를 비축하는 장치를 발명하였다. 유리병 안팎의 표면에 은박을 붙이고, 뚜껑을 통하여 병에 삽입한 금속봉 끝에 매단 쇠사슬을 병 바닥의 은박에 접촉시킨 축전기이다.

클라이스트에 이어서 네덜란드의 뮈스헨브루크도 독자적으로 동일한 장치를 고안하고 이를 이용하여 방전 실험을 하였다. 뮈스헨브루크가 레이던대학교의 교수인 데서 유래하여 이 축전지는 '레이던 병'이라고 불리게 되었다. 전지가 발명될 때까지(▶1799①) 레이던 병은 전기 실험에 필요한 주요 장치로서 널리 사용되었다.

1748

라 메트리의 『인간기계론』

데카르트는 『인간론(Traité de l'homme)』(1648년)에서 호흡, 소화, 배설, 각성, 수면 등 인간의 생리 기능을 모두 완전히 모방할 수 있는 '기계 인간' 이야기를 썼다. 데카르트는 인체는 기계로 바꿀 수 있으며, 생물과 무생물(물질) 간에는 본질적인 차이가 없다고 생각하였다. 그러므로 기계의 움직임에 적용되는 자연법칙은 그대로 인체의 기능에도 적용된다는 것이다.

단, 데카르트는 인간의 정신만큼은 기계론적인 구조에 끼워 넣을 수 없다고 주장하고, 이것이 또한 인간과 동물의 차이라고 보았다. 요컨대 데카르트는 인간을 신체와 정신으로 나누어 생각하는 이원론의 입장을 취한 것이다.

이와 달리, 1세기 후에 프랑스의 라 메트리는 『인간기계론(L'homme-machine)』을 저술하여 정신도 포함하여 인간은 완전한 자동 기계라는 설을 제창하였다(이 책은 1747년 말에 레이던의 서점에서 소량 발행되었는데, 널리 유포된 것은 그 이듬해에 발행된 베를린판이다). 그는 다음과 같이 썼다. '인체는 스스로 태엽을 감는 기계이며, 영구 운동하는 살아 있는 견본이다.'

뇌의 구조와 기능도 기본적으로는 인간과 동물에 차이가 없다고 라 메트리는 생각하였다. 단, 동물과 비교하였을 때 인간은 몸의 사이즈에 비하여 뇌의 비율이 커서 뇌 주름도 많다. 그만큼 인간은 정신 활동이 왕성하며 복잡하지만, 동물과의 차이는 양적인 것에 지나지 않는다. 그러므로 인간의 정신도 기계 작용으로 귀결된다는 논리이다. 이처럼 라 메트리는 당시로서는 상당히 위험시되었을 듯한 철저한 유물론적 생명관을 제시하였다.

그런데 18세기 중반에는 시계 기술의 발전 등과 더불어 각종 자동인형(꼭두각시)이 왕성하게 제작되었다. 이러한 작품은 생명과 기계의 유사점을 구체화한 것인데, 그중에서 특히 유명한 것은 라 메트리도 『인간기계론』에서 언급한 보캉송의 오리일 것이다.

1738년에 프랑스의 보캉송이 만든 오리는 먹이를 먹고, 물을 마시고, 울음소리를 내고, 날갯짓을 하고, 음식물을 소화시켜 배설까지 하는 정교한 자동인형이었다고 한다. 당시 사람들은 그에게서 조물주를 모방하려는 인간의 모습을 보았는지도 모르겠다.

1749①

샤틀레 후작 부인이 『프린키피아』 프랑스어 번역본을 완성

뉴턴 역학은 1730년대에 들어서자 대륙에서도 수용되어 급속하게 보급되기 시작하였지만(◀1734, 1735), 『프린키피아』(◀1687)가 프랑스어로 번역된 것은 1749년에 한 명의 프랑스 귀부인——샤틀레 후작 부인——에 의해서였다(『프린키피아』는 당시 학문의 '공용어'이던 라틴어로 쓰여 있었으며, 영어 번역판은 뉴턴이 사망하고 2년 후인 1729년에 출판되었다).

이는 오늘날에도 『프린키피아』의 유일한 프랑스어 완역본인데, 샤틀레 후작 부인은 단순히 라틴어를 모국어로 바꾸기만 했던 것이 아니었다. 기하학적 스타일로 저술된 원본에(◀1736) 미적분법에 근거한 독자적인 주석을 달아 뉴턴 역학을 이해하기 쉽게 만들었다. 번역이 완성된 해에 부인이 42세의 젊은 나이로 사망하였기 때문에 그녀가 남긴 원고는 프랑스의 수학자 클레로의 교열을 거쳐서 1759년에 출판되었다.

이때 볼테르는 부인의 위업을 칭송하며 서문에 다음과 같이 썼다. '경이로운 일이 두 가지 일어났다. 하나는 뉴턴이 『프린키피아』를 저술한 것이고, 다른 하나는 한 명의 여성이 이를 번역하고 주석을 추가하여 단 것이다.'

그런데 지혜롭고 아름다운 부인은 탕생 후작 부인(◀1743)과 마찬가지로 사랑이 넘치는 사람이기도 하였다(볼테르도 그 상대 중의 한 사람이었다). 그리고 마지막 정사는 41세 때 10살 연하인 생 랑베르 후작과 한 불놀이였다. 그리고 그녀는 젊은 애인의 아이를 임신하였다. 즉, 번역과 주석 작업을 무거운 몸으로 계속한 셈이다.

다행히 원고는 완성되었지만, 무리한 탓인지 여자아이를 출산하고 머지않아 샤틀레 후작 부인은 산욕열로 사망하였다. 격정적이고 드라마틱한 생애였다.

1749②

뷔퐁의 『박물지』

지구의 기원부터 시작하여 지구의 역사 속에서 동물, 식물, 광물을 포괄적으로 기술하겠다는 장대한 구상하에 프랑스의 뷔퐁이 계획한 뛰어난 저작 『박물지(Histoire naturelle)』의 최초의 3권이 1749년에 출판되었다. 그 반향이 대단하여 초판 1000부가 눈 깜짝

할 사이에 완판되고 잇달아서 재판에 재판이 거듭될 정도로 대단한 호평을 받았다.

그로부터 2년 후에 간행되기 시작한 『백과전서』의 서문에서 달랑베르는 선행한 대작에 대하여 다음과 같이 서술하였다. '『박물지』의 저자 뷔퐁은 날마다 명성이 높아지는 저작 속에 철학적인 주제에 몹시 잘 어울리는, 또 현자의 저작에서는, 그 저자의 마음의 초상이 되도록 고아하고 고귀한 문체를 쏟아부었다.'

달랑베르가 칭송한 것처럼 전아한 문체로 엮어낸 『박물지』는 뷔퐁이 사망한 1788년까지 36권이 제작되었고 사후에 간행된 8권(~1804년)을 더하면 총 44권이 되는 대작이다. 또 이 책에는 동물, 식물, 광물의 아름다운 도판이 다양하게 실려 있어 18세기 박물학이 집대성되어 있는 듯하다.

그런데 『박물지』의 간행이 이어지던 18세기 후반은 뉴턴 역학이 고도로 수리화되던 시대이며, 자연을 해명하고 기술하는 데는 수학이 만능이라고 보는 경향이 강하였다. 그리고 다양한 현상도 얼마 되지 않는 기본 방정식과 기본 법칙으로 환원할 수 있다고 생각하는 추세였다.

이와 달리 뷔퐁은 수학을 적용하여 일정한 성과를 거둘 수 있는 것은 뉴턴이 그랬던 것처럼 단순한 대상을 다루는 경우에 한정된다고 생각하였다. 따라서 복잡한 대상에까지 수학을 적용하고자 하면 이에 맞추기 위하여 대상에서 대상의 성질의 태반을 버리지 않을 수 없게 되므로 실재성이 손상될 위험이 있다고 『박물지』 제

1권에서 지적하였다. 수학을 과학의 방법으로 만능시하던 당시의 유행에 경종을 울린 것이다.

만물의 다양성에 주목한 『박물지』의 배경에는 뷔퐁의 이와 같은 자연관이 있었다.

1752

프랭클린이 번개의 정체를 해명

이해에 미국의 프랭클린은 유명한 연날리기 실험으로 번개가 다름 아닌 전기임을 증명하였다. 프랭클린은 천둥 번개가 치는 비 내리는 날에 철사를 단 연을 하늘 높이 날렸다. 그러자 철사는 뇌우에서 전기를 끌어당겼고, 그 결과 연실에 보풀이 일어나는 것이 관찰되었다. 또 연실 끝에 달아둔 열쇠를 통하여 레이던 병(◀1745)에 번개의 전기도 비축할 수 있었다. 이리하여 얻은 전기는 마찰로 발생시킨 전기와 완전히 동일한 작용과 현상을 보였다.

또한 『프랭클린 자서전(The Autobiography of Benjamin Franklin)』에 따르면 연날리기 실험은 프랑스의 달리바르와 드롤이 파리에서 추가 시험을 한 것이 계기가 되어 세상에 알려졌다고 한다. 그리고 이듬해 런던왕립협회는 매년 과학의 진보에 공헌한 학자 한 명을 선발하여 주는 코플리상을 프랭클린에게 수여하였다.

1753

영국박물관 창설

1727년에 뉴턴이 사망하고(◀1727) 그의 후임으로 런던왕립협회 회장에 선출된 사람은 왕실 의사로 근무한 의학자 슬론이다. 슬론은 본업을 수행하는 한편, 미술품부터 동식물, 광물 표본, 골동품, 희귀 서적에 이르는 갖가지 물품을 수집하는 데 막대한 에너지를 쏟았다. 평생 동안 모은 컬렉션 수는 8만 점에 달하였으며, 이들을 보관한 건물이 사설 박물관 수준에 이르렀을 정도였다. 그리고 슬론은 자신이 죽은 후에 사설이 아니라 국가가 컬렉션을 관리하고 일반에 공개하는 기관 설립을 요망하는 유서를 남겼다.

슬론은 92세까지 장수하고 1753년에 사망하였는데, 이해에 그의 희망대로 박물관 설립 법률이 제정되었고 6년 후인 1759년에 영국박물관이 공개되었다. 이처럼 반물의 선당이라고 할 수 있는 거대한 지적 시설도 개인 컬렉션이 계기와 바탕이 되어 탄생한 것이다.

그 후에 방대한 개인 컬렉션을 영국박물관에 유증한 사람 중에서는 역시 왕립협회회장을 역임한 뱅크스(▶1768)와 대부호 동물학자 월터 로스차일드 등이 유명하다.

1760①

블랙이 열용량의 개념에 도달

18세기 전반에는 객관성 있는 온도 눈금이 정해져(◀1714) 온도를 정확하게 측정하는 것이 가능해진 상태였다. 하지만 당시에는 아직 온도와 열의 구별이 모호하였다. 물질의 양이 같은 경우에는 일정한 열을 가하면 물질의 종류에 상관없이 동일하게 온도가 상승한다고 생각하였기 때문이다.

하지만 예를 들어 온도가 다른 동일한 양의 물과 수은을 섞더라도 혼합물은 물과 수은의 중간 온도가 되지 않는다. 이러한 사실을 통하여 1760년경 영국의 블랙은 물과 수은은 열을 받아들이는 능력(열용량)에 차이가 있다는 생각을 하게 되었고, 열과 온도를 구별하였다. 요컨대 동일한 양의 열을 가하여도 쉽게 데워지는 것과 그렇지 않은 것이 있다는 것이다.

단, 동시에 열의 정체는 칼로릭(열소)이라고 불리는 중량 없는 유체라고 해석하였다(◀1724). 즉, 열용량이란 물질의 칼로릭 용량이라고 본 것이다.

또 열평형(온도가 다른 물질을 접촉시켰을 때 전체 온도가 균일해지는 상태)도 물질 각각의 열용량에 따라서 칼로릭이 배분되어 결과적으로 더이상 열 이동이 발생하지 않는 상태라고 설명하였다.

1760②

오일러가 강체의 운동 방정식을 제창

뉴턴 역학은 기본적으로 질점을 대상으로 하는 이론이라고 할 수 있다. 즉, 형태와 크기는 무시하고, 물체를 중심에 전체 질량이 모여 있는 점으로 간주하고 그 운동을 기술하는 것이다. 예를 들어 지구의 공전 운동에 대하여 생각할 때 지구의 형상과 반경은 계산 요소로서 직접적으로 반영하지 않는다. 지구를 질량 있는 점으로 파악하는 것으로 충분하다.

그런데 대상이 언제나 이러한 식으로 단순화되는 것은 아니다. 형태와 크기를 고려하여야 하는 경우도 당연히 있을 수 있다. 1760년에 오일러(◀1736)는 『고체 또는 강체의 운동 이론(Theoria Motus Corporum Solidorum Seu Rigidorum)』을 저술하여 이러한 문제를 다룰 수 있도록 역학을 확장하였다.

이때 오일러는 힘을 가해도 변형을 무시할 수 있는 물체라고 강체를 정의하였다. 그리고 강체의 운동을 중심의 병진운동(이는 질점 운동으로 환원된다)과 중심 주변의 회전운동(여기에는 형태와 크기가 영향을 끼친다)으로 분리하여 계산할 수 있음을 제시하였다. 이 회전 운동을 결정하는 방정식은 오일러의 운동 방정식이라고 불린다. 이로써 뉴턴 역학의 적용 범위가 한층 넓어졌다.

1761

블랙이 잠열 현상을 발견

얼음에 열을 가하면 녹아서 물이 되지만 온도는 상승하지 않는다. 마찬가지로 물을 끓여서 수증기로 만들어도 온도는 100℃ 그대로 유지된다. 이처럼 가열해도 온도는 전혀 상승하지 않고 오로지 물질의 상태 변화(얼음→물, 물→수증기)에만 열이 소비되는 현상——이것을 잠열(숨은열)이라고 한다——을 이해에 영국의 블랙이 발견하였다. 이는 또한 열과 온도를 구별하는 중요한 사례가 되었다(◀1760①).

1766

캐번디시가 수소를 발견

영국의 헨리 캐번디시는 이해에 런던왕립협회의 『철학 회보』(◀1665①)에 「인공 공기실험에 관한 세 가지 논문」을 발표하였다. 여기에서 캐번디시는 아연, 철, 주석 등의 금속을 산으로 녹이면 가연성 '공기'가 발생하며 그 무게는 보통 공기의 11분의 1밖에 되지 않는다고 보고하였다. 즉, 논문 표제에 나오는 '인공 공기'란 이러한 인공적인 조작으로 인해 금속에서 방출된 기체를 지칭한다.

이 과정에서 캐번디시는 수소를 발견하였는데, 그는 이 가연성 기체를 '플로지스톤'(◀1702)이라고 상정하였다. 산과 반응하여 금속에서 플로지스톤이 빠져나왔다고 판단한 것이다. 참고로 나중에 플로지스톤의 존재를 부정하고 캐번디시가 발견한 인공 공기가 수소임을 밝혀낸 사람은 프랑스의 라부아지에이다.

그런데 캐번디시는 이 밖에도 산소와 수소에 의한 물의 합성(▶1784①)과 지구의 밀도를 측정하는 실험(1798년) 등 역사에 남은 업적을 『철학 회보』에 보고하였는데, 그가 생전에 직접 공표한 성과는 연구 전체의 극히 일부에 지나지 않는다. 태반은 미발표된 채로 방치되어 있었다.

그 가운데 화학과 열학에 관한 미발표 원고를 캐번디시 사망 후 29년째가 되는 1839년에 영국과학진흥협회 회합에서 협회 회장 하코트가 소개하였다. 또 전기에 관한 미발표 성과는 영국의 대물리학자 맥스웰에 의해 발굴되어 1879년에 케임브리지대학교 출판부에서 간행되었다. 그리고 놀랍게도 여기에는 역사를 선취하는 갖가지 대발견이 포함되어 있었다.

예를 들어 쿨롱(▶1785①)보다 먼저 캐번디시가 전기력의 역제곱 법칙을 발견하였다. 전기에 관한 옴의 법칙(▶1827①)도 미발표 원고 속에 기록되어 있었다. 또 블랙(◀1761)과는 무관하게 독자적으로 잠열을 발견하였으며, 기체의 팽창에 관한 게이뤼삭의 법칙(1802년)도 그보다 10년도 전에 실험하였을 정도이다.

일반적으로 과학자는 발견 선취권에 강렬한 집념을 불태우며 선취권을 확보하기 위하여 격렬한 선봉 싸움을 펼친다. 당연히 성과가 종합 정리되면 서둘러 발표하려고 하기 마련이다.

그런데 어째서인지 캐번디시에게는 이러한 과학자에게 있어야 마땅한 의식이 완전히 결여되어 있다. 그 모습에 대하여 앞서 소개한 맥스웰이 『캐번디시 전기학론 문집(The Electrical Researches of the Honourable Henry Cavendish)』(1879년)에서 다음과 같이 말한다. '캐번디시는 그 이외의 누구도 이해할 수 없는 혹은 그 존재를 깨닫지조차 못한 어려운 문제를 해결하기 위하여 가장 뼈 빠지는 연구에 몰두하였고, 결과가 잘 나오면 성과를 거둔 것만으로 만족하였음에 틀림없다. 보통의 과학자라면 결과를 발표하고 발견의 영예를 확보하고자 하였을 텐데 캐번디시는 이러한 것에는 전혀 관심이 없었다.'

18세기의 화학과 물리학에 남긴 업적이 위대함은 말할 것도 없고, 학계에 거리를 둔 사리사욕 없는 캐번디시의 삶의 방식은 과학자치고 무척 이질적이며, 생애 또한 다분히 미스터리에 감싸여 있다.

1768

'인데버호'가 금성의 태양면 통과를 관측하기 위해 출발

18세기 초에 혜성의 궤도를 계산한 핼리(◀1705)가 1769년에 금성이 태양면을 횡단하는 현상이 일어날 것이라고 예언하였다. 횡단 시간을 측정하면 태양의 시차를 정확하게 구할 수 있다고 하여 런던왕립협회는 관측 조건이 좋은 남태평양으로 원정대를 파견하기 위하여 계획하였고, 1768년 8월에 제임스 쿡(캡틴 쿡)이 지휘하는 원정대가 인데버호를 타고 영국의 플리머스 항구에서 만 3년에 달하는 세계 항해를 시작하였다. 영국 국왕의 승인하에 천문 관측이라는 학술 조사를 목적으로 하는 항해를 단행한 것이다.

원정대는 타히티에서 핼리의 예언대로 관측에 성공하고, 항해 중에 수많은 지리학적 성과도 거두고, 1771년 7월에 영국의 다운스로 귀항하였다,

또한 이때 후일에 런던왕립협회 회장이 되는 뱅크스가 식물을 채집하기 위한 팀을 편성하고 사비를 지불하여 '인데버호'에 승선하였다. 항해하다가 들른 남반구의 각 항구에서 뱅크스는 열성적으로 표본을 수집하였다. 그 결과 3만 점이 넘는 표본을 영국으로 가져왔고, 그중에는 신종 식물도 1400여 종이나 포함되어 있었다. 그 밖에도 포유류에서부터 고래에 이르는 1000종이 넘는 동물 표본을 모았다.

이것들은 나중에 '뱅크스 식물원'이라고 불리는 그의 대규모 컬렉션에 편입되었고, 뱅크스 사후에는 영국박물관(◀1753)에 수장되었다.

1770

라부아지에의 『물의 본질에 대하여』

연금술에 대한 환상이 아직까지 꼬리를 물고 연면히 이어지던 당시에는 만물을 구성하는 기본 요소는 네 원소(불, 공기, 물, 흙)이며, 화학적 처리를 하면 이들의 상호 변환이 가능하다고 널리 믿어졌다. 하나의 증거로 여겨졌던 것이 물을 끓여 증발시키면 용기 안에 흙 상태의 잔여물이 발생하는 현상이었다. 이는 물이 흙으로 변화하기 때문이라고 보았다.

이 문제를 처음으로 정량적 실험을 통하여 조사한 사람이 프랑스의 라부아지에이다. 라부아지에는 유리 용기에 물을 넣고 가열하면 용기 바닥에 남는 잔여물이 용기가 감소한 질량과 일치한다는 것을 정밀한 무게 측정을 통하여 밝혀냈다. 즉, 물이 흙으로 변화한 것이 아니라 장시간에 걸쳐서——라부아지에는 약 100일 동안 증류수를 계속 가열하였다——펄펄 끓여진 유리가 조금씩 녹아 나와서 바닥에 쌓인 것에 지나지 않았다. 이리하여 당시 사람들이 믿던 원소 변환의 근거는 부정되었다.

이 실험은 1768년부터 1769년에 걸쳐서 이루어졌으며, 1770년에 파리 왕립과학아카데미의 간행물에 「물의 본성에 대하여 및 물의 흙 변환을 증명하겠다고 칭한 실험에 대하여」라는 제목으로 발표하였다.

또한, 18세기 말은 화학이 연금술의 잔재를 잘라내 버리고 근대 과학으로 탈피하는 시대인데, 이는 라부아지에가 도입한 것과 같은 정량적 방법의 영향이 컸다(▶1789).

1772①

셸레가 산소를 발견

돋보기로 끈기 있게 검은 종이를 비추어 태양 빛을 모으면 결국 종이에 불이 붙는다는 것을 우리는 잘 안다. 돋보기 효과를 증폭시킨 집광 렌즈가 18세기에 화학 실험에서 자주 사용되었다.

스웨덴의 셸레는 이 집광렌즈를 이용하여 유리 용기 속에 담은 탄산은에 태양광을 비추어 가열하여 보았다. 그러자 탄산은 이산화탄소와 탄화은으로 분해되었다. 이산화탄소를 알칼리에 흡수시켜 제거하고 남은 탄화은을 재차 가열하자 탄소가 발생하였다. 단, 이는 현재의 화학 용어로 설명한 것일 뿐 셸레가 이러한 반응 프로세스를 이해하고 있던 것은 아니다.

이해하고 있던 것은 아니지만, 좌우간 이와 같은 조작으로 처음으로 순수한 탄소가 단독으로 추출되었다. 이 성과가 공표된 것은 1777년이지만, 실험은 1772년에 행해졌을 것으로 추정된다.

이리하여 추출한 기체(탄소) 중에서는 보통의 공기 중에서보다 불이 활활 잘 타올랐고 동물을 기체 속에 넣어도 죽지 않았다. 이에 셸레는 이 기체를 '불의 공기'라고 명명하였다.

영국의 프리스틀리도 셸레와 상관없이 독자적으로 실험하여 1774년에 탄소를 발견하였다(발표는 프리스틀리가 먼저 하였다). 프리스틀리는 이 기체를 '탈(脫) 플로지스톤 공기'라고 명명하였다. 이 기체 중에서 사물이 잘 탄다는 것은 플로지스톤(◀1702)이 빠져나와 공기가 되어 있어서 이를 잘 수용하기 때문이라고 생각하였다.

셸레가 말한 '불의 공기'와 프리스틀리가 말한 '탈 플로지스톤 공기'를 탄소라고 명명하고, 연소란 탄소와 물질의 격렬한 화합임을 증명한 사람은 프랑스의 라부아지에이다(▶1777).

1772②

대니얼 러더퍼드가 질소를 발견

1754년에 영국의 블랙(◀1760①, 1761)은 이산화탄소를 발견하였다(그는 이 기체를 '고정 공기'라고 불렀다). 이에 블랙은 그의 학생이던 대니얼 러더퍼드에게 다음과 같이 실험하도록 지시하였다. 밀폐된 용기 속에서 촛불이 꺼질 때까지 계속 태우고, 발생한 이산화탄소를 알칼리로 흡수시켜 제거한 후 남은 기체의 성질을 조사해보게 하였다.

그 결과 1772년에 러더퍼드는 이산화탄소와는 또 다른, 불을 꺼트리며 동물을 죽이는 기체가 존재함을 밝혀냈다. 그는 이를 플로지스톤(◀1702)으로 포화된 공기라고 생각하였는데, 러더퍼드 실험은 다름 아닌 질소를 발견한 실험이었다.

이리하여 1772년에 공기의 주성분인 두 원소(산소와 질소)가 모두 발견되었다. 그리고 이는 이윽고 공기는 원소가 아니라는 생각으로까지 이어졌다.

1777

라부아지에가 새로운 연소 이론을 확립

금속을 공기 중에서 가열하면 재와 같은 형태의 금속산화물이 발생한다. 당시에는 이 현상을 금속에서 플로지스톤이 빠져나온 후 그 빈 껍질이 재로 남은 것이라고 해석하였다(◀1702). 하지만 질량을 측정해보면 플로지스톤이 손실되었음에도 본래의 금속보다 금속재의 무게가 더 무거웠다. 그렇다 보니 플로지스톤이 음의 질량을 가지고 있다고 하지 않는 한 설명이 불가능해졌다.

1772년부터 연소 연구에 착수한 라부아지에(◀1770)는 이러한 무게 변화에 주목하고 정밀하게 계속 측정하였다. 그리고 연소에 의해 증가한 금속의 질량과 소비된 공기의 양이 일치하며, 또 환원에 의해 손실된 금속재의 질량과 방출된 공기의 양도 동일함을 밝혀냈다. 즉, 연소란 물질에서 플로지스톤이 빠져나오는 현상이 아니라 공기 중의 한 성분과 물질의 결합임을 알아낸 것이다.

그 성분이란 프리스틀리가 '탈 플로지스톤 공기'(산소)라고 명명한 기체(◀1772①)이며, 공기는 두 종류의 성분(산소와 질소)으로 나뉘어진다는 결론에 라부아지에는 1777년에 도달하였다. 그리고 공기는 홑원소물질이 아니라고 지적한다. 또한 산소라는 명칭은 1779년에 라부아지에가 명명한 것이다.

1780

갈바니가 동물 전기를 발견

과학적 발견 중에는 우연의 산물인 사례가 다수 있지만, 1780년에 이탈리아의 루이지 갈바니가 발견한 동물 전기도 그러한 좋은 예이다(단, 우연이라고는 하나 어떠한 경우든 우연히 발생한 현상을 간과하지 않고 적절한 실험을 하며 이를 추구한 자세는 높이 평가되어야 할 것이다).

해부학자인 갈바니는 1780년에 껍질을 벗긴 개구리의 다리 신경에 메스를 대며 기전기로 전기를 방출하자 개구리의 다리가 움찔거리는 기묘한 현상을 우연히 목격하였다.

이에 갈바니는 같은 효과가 번개(◀1752)에 의해서도 일어나지 않을까 하고 생각하고, 황동 갈고리를 개구리의 척추에 찔러 넣고 철 울타리에 걸어두자 예상대로 천둥 번개가 치는 비 오는 날 개구리의 다리가 경련을 일으켰다.

그런데 이야기는 의외의 전개를 보인다. 개구리 다리가 철 울타리에 닿은 상태에서 척추에 찔러넣은 황동 갈고리를 철 울타리에 대면 번개가 치지 않아도 저절로 개구리의 근육이 경련하는 것이, 이 또한 우연히 목격되었다.

이 현상에서 힌트를 얻은 갈바니는 시행착오 끝에, 일반적으로 두 종류의 서로 다른 금속을 접합한 갈고리를 신경과 근육에 접촉시키면 개구리의 다리가 움찔거린다는 것을 알아냈다. 즉, 기전기의 방전 및 번개와는 관계없이 개구리와 두 가지 금속을 조합한 것만으로 전기가 흘러 이러한 운동을 한 것이다. 갈바니는 일련의 실험 성과를 1791년에 「근육의 움직임에서 관찰되는 전기적 힘에 관하여」라는 제목의 논문으로 정리하여 발표하였다.

이때 갈바니는 개구리에서 자체적으로 전기가 발생한다고 생각하였다. 가오리와 메기 등 생물 중에는 발전기관을 지닌 존재가 있음이 고대부터 알려져 있었기 때문이다.

하지만 이러한 '동물 전기'적인 해석은 틀렸음이 결국 밝혀졌고, 이를 기점으로 이야기는 전지의 발명으로 발전해 나아갔다(▶1799 ①).

1781

허셜이 천왕성을 발견

항성의 분포를 조사해보기 위하여 관측을 하던 이탈리아의 윌리엄 허셜은 1781년에 우연히 태양계의 일곱 번째 행성인 천왕성을 발견하였다. 미지의 행성이 존재하리라고는 꿈에도 생각지 못한 허셜은 처음에 이 별을 혜성이라고 생각하였다. 하지만 혜성 특유의 꼬리가 관찰되지 않았고, 궤도 또한 혜성의 특징을 보이지 않았다.

이러한 관측을 거듭하며 이듬해 1782년에 허셜은 결국 이것이 제7행성이라는 결론에 도달하였다. 이로써 고대부터 행성 수는 여섯 개라고 믿어져 오던 고정관념이 붕괴되었다.

또한 제8행성인 해왕성이 발견되는 데도 천왕성이 큰 역할을 한다(▶1846).

1783

몽골피에 형제가 사람을 태운 열기구를 날리다

1782년에 프랑스의 몽골피에 형제(조제프 몽골피에와 자크 몽골피에)는 불을 피워 뜨거운 공기를 봉투에 가득 채우면 봉투가 떠오른다는 것을 알아냈다. 이듬해 1783년 9월에 몽골피에 형제는 이 효과를 이용하여 양 한 마리, 닭 한 마리, 오리 한 마리를 태운 바구니를 단 열기구를 루이 16세와 관중들이 지켜보는 가운데 베르사유 궁전에서 날려 올렸다. 기구는 약 3킬로미터를 비행하고 근처의 숲에 무사히 착륙하였다.

예비 시험 결과를 보고 자신감을 얻은 몽골피에 형제는 2개월 후에 파리에서 사람 두 명(필라트르 드 로지에와 다를랑드 후작)을 태운 열기구 비행에 도전하였고, 기구는 약 8킬로미터를 25분에 걸쳐서 비행하였다.

그 직후에 역시 프랑스의 샤를이 뜨거운 공기가 아니라 수소(쇠부스러기를 산으로 녹여 발생시켰다)를 모은 기구를 제작하였고, 사람을 태운 기구를 43킬로미터 비행시키는 데 성공한다. 수소의 발견(◀1766)을 비롯하여 18세기 후반은 기체의 화학적 연구가 진보한 시대인데, 하늘을 자유롭게 날고자 하는 인간의 꿈도 그 결과의 일환으로 달성되었다.

또한 수소 기구를 날린 샤를이 기체 팽창에 관한 법칙(보일-샤를의 법칙)을 발견하는 것은 이로부터 4년 후인 1787년이다.

1784①

캐번디시가 물의 합성을 발표

캐번디시는 밀폐된 용기 내에 보통의 공기와 수소를 넣고, 전기로 불꽃을 튀겼다. 그러자 소량의 물방울이 맺혔다. 캐번디시는 이 실험을 1781년에 행한 듯하지만, 발표는 1784년에 런던왕립협회의『철학 회보』를 통해서 한다.

이는 수소와 산소가 화합하여 물이 합성된 것이나, 자신이 발견한 수소(◀1766)를 당초에 플로지스톤(◀1702)이라고 생각했었던 캐번디시는 불꽃 실험을 통하여 수소를 물과 플로지스톤이 결합한 기체라고 판단한다. 즉 불꽃으로 연소시키면 이 기체에서 플로지스톤이 빠져나와 그 자리에 물이 남는다고 해석한 것이다.

또한 물이 수소와 산소의 화합물이라는 인식은 라부아지에에 의해 생겨난다(▶1785②).

1784②

라플라스가 태양계의 안정성을 증명

행성은 태양의 인력으로 인해 타원 궤도를 그린다는 것은 이미 알려진 사실이었다(◀1609, 1687). 하지만 엄밀하게 생각해보면 행성은 태양의 강력한 인력뿐 아니라 지극히 미약하나마 행성 간의 상호 인력도 받으며 운동한다. 그러므로 제아무리 미약하더라도 '티끌 모아 태산'이라는 말이 있는 것처럼 긴 세월 동안 이 힘의 영향을 계속 받아서 행성이 일정한 타원 궤도에서 조금씩 틀어질 가능성을 상정해볼 수 있다.

실제로 이미 과거의 관측 결과와 비교해보았을 때 목성의 궤도는 긴 세월에 걸쳐서 계속 수축되고 있고, 반대로 토성 궤도는 계속 확장되고 있다는 지적이 나온 상태였다. 이 말은 이대로 방치하면 나중에 가서 태양계가 붕괴될 위험에 노출되어 있음을 의미한다.

이 문제에 답을 구하기 위하여 착수한 사람은 프랑스의 라그랑주와 라플라스이다. 그들은 행성 상호의 미약한 인력을 태양의 강한 인력에 대한 보정항(이를 섭동이라고 한다)으로 포함시키고 축차 근사 계산을 반복함으로써 행성의 올바른 운동을 구하는 방법(이를 섭동론이라고 한다)을 확립하였다.

라플라스는 이 섭동론을 사용하여 목성과 토성의 운동을 계산하여 보고, 이들의 궤도는 오랜 시간에 걸쳐서 둘레의 평균 크기가 주기적으로 변동할 뿐 궤도가 일방적으로 계속 수축 또는 확대될 일은 없다고 결론 내렸다. 이리하여 라플라스는 1784년에 태양계는 안정성이 보장된다는 것을 역학적으로 증명하였다.

이 또한 고도로 수리화된 뉴턴 역학의 승리였다.

단, 역학적으로는 라플라스의 계산이 맞지만, 태양계가 미래 영구히 안정적인 것은 아니라는 것이 20세기에 들어 별 진화 연구가 진행됨에 따라서 밝혀졌다. 현대의 천문학은 약 50억 년 후에 태양이 수명을 다할 것으로 예측한다.

1785①

쿨롱이 전기력의 역제곱 법칙을 발견

프랑스의 쿨롱은 이해에 자신이 고안한 비틀림 저울(금속 실이 비틀린 각도를 이용하여 작용하는 힘을 측정하는 장치)을 이용하여 전기력을 측정하였다. 그 결과 동종의 전기를 띠고 있는 물체 간에 작용하는 밀어내는 힘 및 이종의 전기를 띠고 있는 물체 간에 작용하는 잡아당기는 힘은 전기량에 비례하고 거리의 제곱에 반비례함을 알아냈다. 또 자기에 있어서도 이 법칙이 동일하게 성립된다는 것을 알아냈다.

이리하여 전기력과 자기력도 중력과 마찬가지로 역제곱 법칙을 따른다는 것이 밝혀졌다.

1785②

라부아지에의 물 분해 실험

라부아지에는 1785년에 붉게 달아오른 쇠로 된 총신에 수증기를 통과시켜서 수소와 산소로 분해하였다. 산소는 철과 화합시켜 고정시켰고, 총신의 다른 한쪽 끝에서 나오는 수소는 포집하였다. 이리하여 캐번디시의 물 합성 실험(◀1784①)과 더불어 물은 홑원소물질이 아님을 증명하였다.

라부아지에의 실험을 두고 『주르날 드 파리(Le Journal de Paris)』 신문은 '물이 두 가지 종류의 공기로 이루어졌다는 것이 사실이라면 우리는 원소를 하나 잃은 것이다'라고 보도하였다(『물질 이론의 탐구物質理論の探求』, 시마오 나가야스, 이와나미신서).

또한 18세기의 마지막 해에는 완전히 새로운 방법(전기 분해)으로 물이 분해된다(▶1800②)

1788

라그랑주의 『해석 역학』

뉴턴이 『프린키피아』(◀1687)를 집필한 지 1세기 후——엄밀하게 말하면 101년 후——인 1788년에 프랑스의 라그랑주가 『해석 역학』을 저술하였다. 라그랑주의 저서는 기하학적인 도형에 의존하지 않고 해석학(미적분법)과 대수학적 연산만으로 역학을 논하였고, 뉴턴 역학을 보다 범용성 높은 이론 체계로 발전시켰다. 서문에서 라그랑주가 서술한 바와 같이 역학은 해석학이라는 수학의 한 분야에 편입되었다.

또 이 책에서 라그랑주는 처음으로 역학적 에너지 보존의 법칙을 도출해냈다(단, 에너지라는 개념이 생기고 용어가 정착된 것은 19세기 중엽 무렵이다. ▶1842②, 1843, 1847①)

1789

라부아지에의 『화학 원론』

1789년 7월 14일에 바스티유 감옥 습격을 계기로 프랑스 혁명의 불길이 피어올랐다. 이때로부터 4개월 전에 화학 세계에서도 혁명의 봉화를 올린 서적이 출판되었다. 정밀한 정량 실험을 거듭한 라부아지에(◀1770, 1777, 1785②)가 쓴 『화학 원론(Elementary Treatise of Chemistry)』이 그것이다.

이 책에서 라부아지에는 화학적 분석으로 궁극적으로 도달할 수 있는 물질 구성 요소를 '원소'라고 정의하고, 수소(◀1766), 산소(◀1772①), 질소(◀1772②)를 비롯하여 당시 알려져 있던 33종의 원소를 기재하였다. 빛과 칼로릭(◀1724)을 원소로 간주하고, 몇 가지 화합물을 원소 리스트에 잘못 리스트업 하는 등 불충분한 점이 있으나, 원소를 기본 단위로 하여 화학 반응을 정량적으로 파악하고자 하는 새로운 물질관이 이로 인해 탄생하였다. 또 오늘날 '질량 보존의 법칙'(화학 반응 전후에 반응에 관여한 물질 전체의 질량은 변화하지 않는다)이라는 명칭으로 알려져 있는 화학의 기본 법칙도『화학 원론』에 포함되어 있다.

이리하여 화학은 연금술에서 근대 과학으로 변신해 나아갔다.

그런데 라부아지에의 본업은 징세 청부인(국가를 대행하여 간접세를 징수하는 관직)이었다. 그 전력이 화가 되어 1794년에 라부아지에는 단두대에 올라갔다. 역사상 대과학자 중에서 처형되는 최후를 맞이한 인물은 극히 드물다. 이때 수학자 라그랑주(◀1788)가 '이 사람의 머리를 잘라내는 건 일순간에 가능하나, 이만한 두뇌를 얻기 위해서는 1세기로도 부족하다'라고 소리쳤다는 유명한 일화가 있다.

1794

에콜폴리테크니크 창설

프랑스 혁명이 진행 중이던 1794년에 파리에 기술자 양성을 목적으로 공공사업 중앙학교가 창설되었고, 이듬해에 에콜폴리테크니크라고 개칭되었다. 교장으로는 라그랑주(◀1788)가 취임하였고, 교수로는 라플라스(◀1784②, ▶1799②, 1814②), 몽주, 푸리에, 베르톨레, 푸르크루아 등 당시를 대표하는 과학자가 모두 모인 초호화 멤버 구성이었다.

1799년에 프랑스 혁명이 종결되고 나폴레옹이 실권을 쥐자 에콜폴리테크니크도 군사적인 색채가 강화되었고, 기술 장교 양성 기관으로서의 성격을 띠게 되었다. 나폴레옹이 황제가 되자 학생은 군복을 착용하는 것이 의무화되었고, 커리큘럼에는 군사 교련이 추가되었다. 졸업생 중의 한 명이자 열역학의 기초를 닦은 카르노(▶1824②)가 학생용 군복 차림을 한 초상화를 물리학 교과서와 과학사 책에서 쉽게 찾아볼 수 있다.

졸업생 이름을 살펴보면 카르노뿐 아니라 말뤼스, 프레넬, 코시, 푸아송, 아라고, 비오, 뒬롱, 프티, 게이뤼삭, 나비에……등 19세기 전반의 과학사에 이름을 새긴 인물들이 기라성처럼 등재되어 있다.

여러 말 할 것 없이 뛰어난 교수진과 엄격한 선발 시험을 통과한 수재들이 만났기 때문에 단기간에 이토록 많은 인재를 배출하는 성과를 거둔 것이지만, 빼놓을 수 없는 점이 한 가지 더 있다. 그것은 에콜폴리테크니크가 체계적으로 커리큘럼을 편성하여 조직적으로 이공계 인재를 육성한 교육기관의 효시라는 점이다. 그리고 이후 이 학교는 과학자 양성 시스템의 모델이 되었다.

1798

럼퍼드가 열 운동설을 제창

18세기에는 열의 본성을 칼로릭(열소)이라는 원소로 생각하였다(◀1724). 열의 흐름은 칼로릭의 이동이라고 설명하였고, 뜨거운 물체일수록 다량의 칼로릭을 포함한다고 해석하였다.

그런데 미국에서 유럽으로 건너온 럼퍼드가 뮌헨의 무기 공장에서 대포의 몸통을 도려내는 작업을 관찰하다가 칼로릭설에 의문을 품었다. 고속 회전하는 송곳으로 대포의 몸통 내부를 파내면 마찰로 다량의 열이 발생하기 때문에 끊임없이 대포의 몸통에 물을 뿌려 식혀주어야 한다. 즉, 도려내기 작업이 계속되는 한 계속해서 칼로릭이 대포의 몸통에서 솟아나는 셈이다.

하지만 원소가 무진장으로 포신에 포함되어 있다고 생각하기에는 무리가 있었다. 이에 럼퍼드는 도려내기 작업 모형을 제작하여 실험한 끝에 열의 정체는 칼로릭이 아니라 도려내는 기계적 작업에 의해 야기되는 물질 입자의 운동이라는 결론에 도달하였다. 이

설은 1798년에 「마찰에 의한 열 발생에 관하여」라는 제목의 논문으로 정리하여 런던왕립협회의 『철학 회보』를 통하여 발표하였다.

또 이듬해에 영국의 데이비가 열 운동설을 지지하는 실험을 발표하였다. 어는점 이하의 온도에서 보관하던 용기 내에서 얼음덩어리를 서로 문지르면 얼음이 녹는다는 것을 실험을 통하여 증명하였다.

한동안은 칼로릭설과 운동설이 병존한 채 시대가 흘렀고, 19세기 중반에 에너지 보존의 법칙이 발견되어 열역학이 확립되자 칼로릭설은 역사의 뒤안길로 사라졌다.

1799①

볼타가 전지를 발명

볼타는 갈바니의 동물 전기 연구(◀1780)를 보고 자극받은 인물 중의 한 명이다. 볼타도 처음에는 개구리의 체내에서 전기가 발생한다고 생각하고 실험하였지만, 이윽고 경련하는 개구리의 다리는 단순히 검출기 역할을 하는 것에 지나지 않으며, 전기 발생원은 접촉된 두 종류의 금속에 있음을 알아냈다.

다음과 같은 간단한 실험을 통해서도 동일한 현상을 확인할 수 있었다. 혓바닥 뒤쪽에 숟가락을 꽂아 넣고, 혀끝에 은박지를 올리고, 두 금속 사이에 혀가 끼도록 접촉시키면 혀끝에서 산과 같은 맛이 나고 찌릿찌릿하다. 또 두 금속을 활 모양으로 접촉시키고 그 양 끝을 뺨과 입속에 접촉시키자 빛이 감지되었다. 볼타는 이를 금속에서 발생한 전기 작용이며 인간의 몸이 개구리 다리 대신에 검출기로 기능하였다고 보았다.

이리하여 일반적으로 두 종류의 금속을 접촉시키면 전기가 흐르는 현상――양자 간에 전위차가 발생하기 때문이라는 것은 나중에 밝혀진다――에 주목한 볼타는 이 효과를 강화하는 방법을 개발하기 위하여 몰두하였다. 그리고 구리와 아연 원반을 겹겹이 쌓고 이들 사이에 적신 천을 끼우면 강한 전기를 얻을 수 있다는 것을 1799년에 발견하였다. 당초에는 이 장치를 '전퇴'라고 불렀는데, 이것이 바로 다름 아닌 전지의 발명이다. 이 성과는 이듬해에 런던왕립협회의『철학 회보』에 발표되었다.

그때까지는 기전기로 발생시킨 정전기를 레이던 병(◀1745)에 모아서 그것으로 전기 실험을 하였다. 하지만 레이던 병에 담긴 전기는 순식간에 방전되기 때문에 실험에 제약이 많았다.

이와 달리 전지는 일정 시간 동안 강한 전류를 안정적으로 공급해준다. 그 결과 실험 레퍼토리를 한 방에 확대하여 주었다. 이로써 19세기에 전자기학이 급속하게 발전하게 된다.

1799②

라플라스의 『천체 역학』

태양계의 안정성 증명(◀1784②)을 비롯하여 천체 운동에 관한 역학적 성과를 집대성한 라플라스의 대저 『천체 역학(Mécanique Céleste)』 제1~2권이 이해에 출판되었다(1825년에 제5권이 간행됨으로써 대저가 완결된다). 이 서적으로 인해 사람들은 역학이 눈부시게 발전하고 있다는 강렬한 인상을 받았고, 그 후 19세기에 들어서면 온갖 물리 현상은 모두 역학으로 환원할 수 있다는 '역학 지상주의'가 생겨난다.

나아가 삼라만상의 모든 것——여기에는 인간의 일생과 사회의 움직임도 포함된다——이 이론적으로는 역학으로 해명될 수 있다는 거대한 환상에 기초한 자연관(역학적 결정론)이 형성되기에 이른다(▶1814②, 1872). 이처럼 역학의 위력을 과시한 『천체 역학』은 그 성과를 통합 정리하였을 뿐 아니라 19세기 사상에도 지대한 영향을 끼쳤다.

그런데 이 대저를 헌정 받은 나폴레옹이 1802년에 라플라스에게 '귀하의 서적은 천체의 운동을 논하면서 신에 대해서는 쓰지 않지 않았는가'라는 날카로운 질문을 퍼붓자 라플라스는 태연하게 '저에게는 이제 그와 같은 가설(신의 존재)이 필요치 않습니다'라고 대답하였다는, 오늘날 누구나 다 아는 유명한 에피소드가 전해 내려온다. 천상계에서 신을 제거하고도 역학만으로 천체의 운동을 충분히 기술할 수 있다고 여긴 라플라스의 자신감을 엿볼 수 있다.

1799③

왕립연구소 창설

1799년에 럼퍼드(◀1798)는 '대영제국의 수도에 지식을 보급하고, 유용한 기계의 발명과 개량을 촉진하며, 학술 강연과 실험을 통하여 과학이 일상생활에 이바지하는 것을 목적으로 하는 공공기관을 기부금을 모아서 설립하자'는 취지의 제안을 하였다. 그의 제안을 듣고 런던왕립협회 회장 뱅크스가 호소하여 국왕 조지 3세를 후원자로 삼았고 많은 독지가의 기부금을 바탕으로 런던에 왕립연구소가 창설되었다.

이리하여 탄생한 왕립연구소에서 이윽고 19세기 과학에 위대한 발자취를 남긴 데이비와 패러데이 사제 콤비가 배출되었는데, 연구뿐 아니라 럼퍼드가 제안한 바와 같이 지식 보급에도 힘을 쏟은 것이 왕립연구소의 특징이었다. 일반 시민을 대상으로 실험을 실연하고 과학을 평이하게 해설하는 공개강좌를 열었다. 현대에 비해 오락거리가 적었던 당시에 이 행사는 런던 시민들에게 인기가 높아 매 회마다 연구소 강당은 많은 청중으로 가득 찼다.

그중에서도 유명한 것은 1825년에 시작된 '금요 강연'과 아이들을 대상으로 한 '크리스마스 강연'이다. 『양초의 과학(Lectures on the

Chemical History of a Candle)』으로 유명한 패러데이의 강연도 1860년 크리스마스 주간에 '양초의 화학사'라는 테마로 진행된 강연 내용을 기록한 것이다.

일반 대중도 과학을 친숙하게 느끼도록 지식을 보급하고자 하는 왕립연구소의 전통은 긴 역사 속에서 내내 계승되었고, 크리스마스 강연은 현재 BBC에서 TV로 방송된다. 강사는 당연히 매년 각 분야의 일인자가 맡는데, 연구 업적만 탁월하여서는 이 큰 역할을 맡을 수 없다. 강사가 되기 위해서는 뛰어난 강연 실력도 요구된다. 과학 엔터테이너가 아니면 강연 무대에 설 수 없다.

1800①

허셜이 적외선을 발견

태양광선은 굴절성 차이로 인해 빨간색에서부터 보라색에 이르는 무지개색 스펙트럼으로 나뉜다는 사실은 이미 알려져 있었다(◀1672). 이와 동시에 빛에는 열작용도 있다.

이에 1800년에 윌리엄 허셜(◀1781)이 빛을 스펙트럼으로 분해하고 색깔별로 열량 차이가 있는지를 측정해보고 의외의 사실을 알아냈다. 스펙트럼의 빨간색 바깥쪽——이 위치에는 빛이 도달하고 있지 않을 터인데——에 온도계를 두자 더욱 강렬한 열작용이 관찰된 것이었다. 이는 붉은색 바깥쪽에도 빛(적외선)이 존재함을 나타낸다. 이어서 이듬해인 1801년에는 독일의 리터가 빛에 의한 염화은의 변색 반응을 이용하여 스펙트럼의 반대 측에서 적외선을 발견하였다.

이리하여 눈에 보이지 않는 빛의 존재가 밝혀졌다.

1800②

칼라일과 니컬슨이 물을 전기 분해하다

볼타(◀1799①)의 발표 내용을 듣고 전지를 만든 영국의 칼라일이 금속과 철사를 더욱 잘 접촉시키기 위하여 물을 붓자 철사 주위에서 기포가 발생하였다. 이 현상에 주목한 칼라일은 니컬슨의 협력을 얻어 물을 채운 관 속에 백금 철사를 두 가닥 넣고 한쪽은 은판에 연결하고 다른 한쪽은 아연판에 연결하여 전기를 흐르게 하였다.

그러자 은에서는 수소가, 아연에서는 산소가 각각 발생하였다. 물 분해 자체는 이미 라부아지에가 하였지만(◀1785②), 칼라일과 니켈슨은 실험을 통하여 전류에는 화학 반응을 일으키는 능력이 있음을 보였고, 전기 분해라는 새로운 화학 분해 방법을 제시하였다.

이로 인해 19세기 초에 새로운 원소가 차례로 발견되었다(▶1807).

제3장
19세기 전반의 흐름

19세기 전반의 특징

우연한 사건이 세상의 흐름을 크게 좌우하는 일이 종종 있다. 역사가 재미있는 이유 중의 하나가 여기에 있다고 할 수 있는데, 19세기 전반에 과학의 발전을 촉진한 요소들이 바로 그러하다.

그것은 1780년에 갈바니가 예기치 않게 발견한 동물 전기였다. 하물며 흥미로운 점은 동물 전기는 갈바니의 착오의 소산임에도 불구하고 착오가 방아쇠가 되어서 1799년에 볼타가 전지를 발명하기에 이르렀다는 것이다. 메스를 댄 개구리 다리가 우연히 경련을 일으킨 기묘한 현상을 목격한 것이 전지 발명으로 이어진 셈이다. 그리고 19세기에 들어서면 전지의 존재가 과학의 발전을 순식간에 다채롭게 만들어준다. 다름이 아니라 인간이 처음으로 전류를 긴 시간 동안 안정적으로 얻게 되었기 때문이다.

그 성과는 먼저 1807년에 데이비가 전기 분해를 하여 새로운 원소를 발견하는 형태로 나타났다. 종래의 화학 실험과는 다른 완전히 새로운 방법으로 데이비는 원소 추출에 성공하였다. 이는 동시에 그때까지 독립적으로 보던 두 가지 현상, 즉 전기 작용과 화학 반응 사이에 깊은 상관이 있음을 드러낸 것이기도 하다.

비슷한 일이 1820년에 외르스테드가 발견한 전류의 자기 작용에서도 일어났다. 자석을 사용하지 않아도 도선에 전류를 통과시키면 자침이 흔들린다는 것을 발견한 것이다. 바꾸어 말해 전기 작용이 자기로 변환된 셈이다. 이 또한 전지의 발명 없이는 이루어낼 수 없었을 실험이다. 반대로 자기 작용에 의한 전류의 발생(전자 유도)은 1831년에 패러데이가 발견하였다.

이처럼 전지의 존재가 전기 분해와 전자기학이라는 새로운 영역을 개척하는 역할을 하였는데, 독립된 현상 간의 상관에 관한 발견은 이에 그치지 않았다. 1821년에 제베크, 1834년에 펠티에, 1840년에 줄의 연구 등에 의해 전기와 열의 변환 관계도 밝혀졌다. 나아가 줄의 유명한 실험으로 열역학적 일의 변환율(열의 일당량)이 정밀하게 측정되었다(1843년).

또 1845년에는 패러데이가 자기장을 작용시키면 빛의 편광면이 회전하는 현상을 발견하였다.

이와 같이 전지의 발명에서 발단된 19세기 전반의 과학은 그때까지 서로 관계가 없다고 여겨지던 제반 현상 간에 상호 변환성 그리고 높은 상관이 있음이 다양한 실험에 의해 차례로 실증되었다. 그러자 필연적으로 다양한 현상과 작용을 통일하여 파악할 수 있는 큰 틀과 개념이 요구되었다. 그 결과 1840년대 후반에 에너지 보존의 법칙이라는 중요한 기본 법칙이 탄생하였다.

그런데 에너지 보존의 법칙이 구축될 때의 키워드 중의 하나가 열인데, 당시는 실용 분야에서도 증기 기관이 주요한 원동력이었기 때문에 열을 어떻게 하면 효율적으로 이용할 수 있을까에 대한 관심이 높아졌다. 하지만 증기 기관의 개량은 전적으로 전문가의 감과 경험에 기반하여 시행착오를 반복하며 이루어지는 것이 실상이었다.

이러한 가운데 1824년에 열을 역학적 일로 변환하는 효율을 처음으로 이론적으로 고찰한 것이 카르노이다. 그로부터 2년 전에 발표된 푸리에의 열전도에 관한 저작과 함께 이 무렵부터 열에 관한 연구에서도 진척이 나타났다. 그리고 19세기 중반에 카르노의 이론과 에너지 보존의 법칙의 정합성이 요구되어 열역학이라는 새로운 학문이 확립되었다. 또 이와 함께 18세기 말부터 계속되던 열의 본성에 관한 논쟁에도 종지부가 찍혔다.

열의 본성에 관한 논쟁과 마찬가지로 빛 또한 이와 매우 흡사한 과정을 거쳤다. 19세기에 들어서자마자 그때까지 주류였던 입자설에 대항하여 영이 파동설을 제창하였다. 또 1818년에 프레넬이 파동론의 입장에서 굴절 현상을 기술하는 이론을 발표하였다. 이리하여 서서히 파동설이 우위로 올라서기 시작하였는데, 결정타로 작용한 것이 빛 속도의 정밀한 측정이다.

빛의 속도는 너무나도 빠르기 때문에 그때까지는 우주를 무대로 펼쳐지는 천문 현상을 이용하여 측정하였는데, 드디어 19세기 중반이 되면 지상의 실험실에서 빛의 속도를 구하는 것이 가능해진다. 그 효시가 된 것이 1849년에 피조가 실시한 측정이다. 그리고 이듬해인 1850년에는 푸코가 물속에서는 빛의 속도가 진공 상태와 비교하였을 때 어떻게 달라지는가를 조사하였다.

결과는 파동론에서 예측하는 바와 같이 물의 굴절률에 반비례하여 빛은 물속에서 속도가 줄어들었다. 이리하여 열과 함께 빛의 본성도 밝혀지게 되었다.

또한 빛에 관한 과학의 발전은 광속 측정 및 파동론의 확립에 그치지 않았다. 이는 기술 분야에 속하는데, 1830년대의 끝 무렵에 은판 사진이 발명되자 즉시 이를 이용하여 달을 촬영하였다. 스케치 또는 문장으로 표현하는 것밖에는 수단이 없던 천체 관측 기록 방법에 커다란 혁신을 가져온 것이다. 또 18세기 말에 발견된 적외선의 특성이 가시광과 일치함으로써 빛의 파장대가 확대된 것 또한 19세기 전반의 특징 중의 하나이다.

이처럼 열역학의 확립을 비롯하여 전자기학과 광학도 물리학의 한 분야로서 기초를 구축하였고, 나아가 새로운 원소의 발견이 잇달아 화학이 발전하는 등 19세기 전반은 근대 과학의 제반 영역을 다채롭게 꽃피운 시기이다.

이러한 '새로운 참가자'가 늘어나는 가운데서도 뉴턴 역학의 존재는 변함없이 컸고 근대 과학의 규범으로서 찬란하게 빛났다. 그 지위를 과시한 일례가 1846년에 이루어진 해왕성의 발견이다. 천왕성은 우연히 망원경에 포착되었지만, 이와 달리 해왕성은 역학 계산에 근거한 예측에 의해 발견되었다. 미지의 천체를 탐지해내는 높은 예지 능력은 역학적 결정론이라 불리는 자연관을 탄생시킨 초석이 되었다. 이는 또한 19세기 후반에 이윽고 고전 물리학이라고 총칭되는 체계가 형성되는 데 있어서 그 기반이 되었다.

그런데 19세기 전반은 과학 연구가 소위 도락적 색채가 짙은 취미 행위에서 직종으로서 사회에 정착되기 시작한 시기이며 이에 종사하는 전문가의 수가 늘어난 시대이다. 그 배경에는 프랑스 혁명 중에 창설된 에콜폴리테크니크로 대표되는 전문가 양성을 목적으로 하는 교육기관의 설립 및 발전이 있다. 또 이러한 사회 정세의 변화는 과학에 종사하는 사람을 나타내는 '사이언티스트(scientist)'라는 용어가 드디어 이 무렵에 만들어진 것을 통해서도 알 수 있다.

그때까지는 전적으로 일부의 호사가들의 지적 호기심 또는 오락거리의 범위에 대체로 머물러 있던 과학이 사회와 폭넓게 관계하며 일반인들 사이에 급속하게 퍼져나갔다. 19세기 전반은 개개의 분야가 개화함과 동시에 과학이 특정 인간의 전유물이었던 것에서 탈피하여 사회에 침투되어 나간 시대이다.

1801

영이 빛의 파동설을 주장

빛의 본성에 관하여 하위헌스가 파동설(◀1678)을 주장하였는데, 18세기에 들어서자 뉴턴에 의거한 입자설이 주류가 되었다. 뉴턴 본인이 '빛은 입자이다'라고 단정적으로 말하지는 않았지만, 『광학』(◀1704) 등에서 빛에 대하여 언급할 때 '미소한 물질'이라든가 '직선적으로 움직인다'라고 표현하였다. 그래서 뉴턴은 입자설을 주장한다고 해석되었고, 그의 위광이 절대적이었기 때문에 파동설은 어느 사이엔가 완전히 존재감이 흐릿해졌다.

그러한 파동설에 재차 스포트라이트를 비춘 사람은 왕립연구소(◀1799③)가 창립되고 머지않아 교수로 취임한 영국의 영이었다. 영은 1801년에 런던왕립협회에서 개최한 강연에서 빛의 간섭 현상에 주목하고 파동설을 주장하였다. 근접한 두 개의 슬랫에서 나온 빛이 간섭 작용으로 명암 줄무늬를 만드는 현상은 오늘날 물리학 교과서에서 흔히 볼 수 있는 내용인데, 이 실험은 영이 왕립연구소에서 개최한 일련의 강의 기록(1807년)에 소개된 내용이다.

1803

돌턴이 원자론을 제창

기원전 5세기에 그리스의 데모크리토스는 자연은 공허한 공간(진공)과 그 안에서 운동하는 분해 불가능한 원자(아톰)로 이루어져 있다고 생각하였다. 물질을 끝까지 세밀하게 분해하면 더이상 작게 쪼갤 수 없는 최소 단위에 도달하게 된다는 사고방식을 가지고 있었다. 하지만 데모크리토스 이후에 등장한 아리스토텔레스가 공허한 공간의 존재를 완전히 부정하였고 그의 자연학이 근대에 들어설 때까지 널리 지지되었기 때문에(◀1643) 데모크리토스의 원자론은 주류가 되지 못하였다. 단, 어느 쪽이든 간에 고대 원자론은 실험에 의거한 설이 아니라 다분히 사변적인 의론의 산물이었다.

이와 달리 기체의 압력과 물에 대한 용해도 실험을 한 영국의 돌턴은 물질은 더이상 분해할 수 없는 원자로 구성되며 원소의 종류에 따라서 원자의 질량이 다르다고 생각하였다. 그리고 1803년에 맨체스터학회에 제출한 「물 및 그 외의 액체에 의한 기체의 흡수성에 관하여」라는 제목의 보고를 통하여 원자의 상대적인 질량(원자량) 값을 발표하였다. 나아가 돌턴은 그의 저서 『화학 철학의 새로운 체계(A New System of Chemical Philosophy)』(제1권 1부는 1808년에, 2부는 1810년에, 제2권 1부는 1827년에 간행되었다)에서 자신만의 원자론을 펼쳤다.

돌턴이 구한 원자량 값은 후년에 차례로 수정되었지만, 이 책에서 처음으로 원자를 질량이 있는 실체로서 파악하고자 하는 사고 방식이 제창되었다.

1807

데이비가 칼륨과 나트륨을 발견

전지의 발견(◀1799①)은 19세기 과학에 큰 영향을 끼쳤는데, 전기 분해(◀1800②)에 의한 원소 발견도 그중의 하나였다.

영(◀1801) 이후에 왕립연구소 교수가 된 영국의 데이비는 1807년에 수산화칼륨을 전기 분해하여 음극에 칼륨을 석출하였다. 이리하여 알칼리 금속 원소가 처음으로 단독으로 분리되었다. 이어서 데이비는 같은 방법으로 탄산나트륨에서 나트륨을 석출하였다.

나아가 이듬해 1808년에 데이비는 마그네슘, 칼슘, 스트론튬, 바륨을 계속해서 발견하였다. 그 혼자서 찾아낸 원소는 총 6종에 달한다(그 밖에도 붕소와 요오드의 발견에도 관여하였다). 그만큼 화학 반응을 대신하여 전기를 이용하는 완전히 새로운 실험 방법이 얼마나 유효하였는지를 알 수 있다.

또한 이러한 연구가 높은 평가를 받아서 데이비는 1812년에 기사 작위를, 그리고 1818년에는 준남작의 작위를 받았다. 과학적 업적으로 기사 작위를 받은 사람은 뉴턴에 이어서 데이비가 두 번째이다.

1811

아보가드로가 아보가드로의 가설을 제창

1808년에 프랑스의 게이뤼삭은 기체가 화학 반응을 일으킬 때 같은 온도와 같은 압력에서 기체의 부피 간에 간단한 정수비가 성립한다는 관계(기체 반응의 법칙)를 발표하였다. 예를 들어 수소와 질소가 반응하여 암모니아를 생성할 때 이들의 부피 비는 3:1:2이다.

이에 기초하여 이탈리아의 아보가드로는 1811년에 같은 온도와 같은 압력에서 모든 기체는 동일한 부피 속에 같은 수의 구성 입자를 포함한다는 가설을 발표하였다. 하지만 당시에는 아직 원자가 결합하여 복합 입자를 만든다는 분자의 개념이 확립되지 않은 상태였다. 이러한 배경도 있어서 아보가드로의 가설은 거의 주목받지 못하였다.

그의 가설이 햇빛을 본 것은 19세기 후반이 되어서이다. 아보가드로 사망 후 4년째 되는 해인 1860년에 독일의 카를스루에에서 화학 분야 최초의 국제회의가 열렸다. 여기에서 마찬가지로 이탈리아의 카니차로가 반세기 동안 소위 땅속에 묻혀 있던 선진의 연구를 소개하고 그 중요성을 지적하였다. 화학계가 분자의 명확한 개념을 필요로 하게 된 이 시기까지 아보가드로의 선구적인 연구는 대기할 수밖에 없었다.

1813

베르셀리우스가 화학 기호를 제안

원자론을 제창한 돌턴(◀1803)은 화학 기호를 도입한 것으로도 유명하다. 그는 동그라미 안에 특정한 표식을 한 도형으로 원소(전자)를 나타내는 방법을 고안해냈다. 예를 들어 수소는 ⦿, 질소는 ⦶, 산소는 ○과 같은 식이었다.

이와 달리 스웨덴의 베르셀리우스는 1813년에 원소명의 머리글자를 기호로 사용하자고 제안하였다. 이에 따르면 수소는 H, 질소는 N, 산소는 O로 표기되며, 이는 오늘날 화학 기호의 기초가 되었다.

1814①

프라운호퍼가 태양 스펙트럼에서 암선을 발견

1802년에 영국의 울러스턴이 태양 빛 스펙트럼(◀1672, 1800①)에서 여러 개의 검은 선(암선)이 있는 것을 발견하였는데 크게 주목받지 못하였고 관측도 중단되었다. 그 후로 12년 후인 1814년에 이번에는 독일의 프라운호퍼가 암선을 재발견하였다.

광학 기계를 이용하여 뛰어난 품질의 유리를 만드는 작업을 하던 프라운호퍼가 빛의 파장과 유리 굴절률의 정밀한 관계를 측정하던 중에 태양 스펙트럼에 600개에 가까운 암선이 존재하는 것을 확인하였다. 이는 스펙트럼의 해당 위치에 도달하여야 하는 파장의 빛이 어떠한 현상으로 인해 흡수되어 오지 않은 것인데, 프라운호퍼는 그 이유를 설명하지 못하였다.

하지만 19세기 후반이 되어 화학 및 천문학에서 프라운호퍼 연구의 중요성에 주목하기 시작하였고, 원소의 발견과 존재의 확인에 이용되게 되었다. 여기에서 분광학이라는 새로운 학문이 탄생한다(▶1859②).

1814②

라플라스의 악마

태양계의 안정성을 역학적으로 증명하고(◀1784②) 『천체 역학』(◀1799②)를 저술한 라플라스는 1814년에 『확률에 대한 철학적 시론(Essai philosophique sur les probabilités)』에서 다음과 같이 썼다.

'사물은 그것을 생겨나게 하는 원인 없이는 존재할 수 없다는 명백한 법칙에 기초하여 생각하자면 현실에서 일어나는 현상은 그에 선행하는 현상과 연관성이 있다. (중략)

그러므로 우리는 우주의 현 상태를 그 이전 상태의 결과이자 잇따라 일어날 일의 원인으로 보아야 한다. 주어진 시점에서 자연을 움직이는 모든 힘과 자연을 구성하는 모든 실재의 각각의 상황을 아는 뛰어난 지성이 또한 이들 자료를 분석할 만큼 광대한 힘을 가지고 있다면 동일한 식(式) 속에 우주에서 가장 큰 천체의 운동과 가장 가벼운 원자의 운동을 모두 포괄시킬 수 있을 것이다. 이 뛰어난 지성에게는 불확실한 것이 아무것도 없으며, 과거와 마찬가지로 미래도 내다볼 수 있을 것이다.'

우주를 구성하는 모든 입자(실재)에 관한 운동 방정식을 풀 수 있는 능력을 지닌 '뛰어난 지성'을 지닌 존재가 있다고 상정한다면 그 '뛰어난 지성'한테는 우주에서 벌어지는 온갖 현상이, 과거에서 미래로 이어지는 모든 시간대의 일이 이미 모두 확정된 일일 것이라고 라플라스는 생각하였다. 즉, 이론적으로는 시간을 초월하여 역학은 삼라만상의 모든 것을 해명할 수 있다고 본 것이다.

이 '뛰어난 지성'은 이윽고 "라플라스의 악마"(▶1872)라고 불리게 된다. 지금에 와서 보면 "악마"는 역학의 성과를 과신한 인간의 환상과 자만의 산물이지만, 인간을 '뛰어난 지성의 미숙한 스케치'라고 표현한 라플라스와 그 자연관을 수용한 19세기 사람들의 눈에게는 천체 역학의 화려함이 그만큼 뛰어나며 매력적으로 비쳤던 것이다.

1818

프레넬이 빛의 횡파설을 발표

19세기에 들어서자 빛의 본성을 두고 영이 파동설 부활의 봉화를 올렸지만(◀1801), 과학계의 대세는 여전히 입자설이었다. 그러한 가운데 파리의 과학아카데미가 '빛의 회절을 설명하는 이론을 완성하라'라며 현상 논문을 공모하였다. 과학아카데미는 누군가가 입자설에 기초한 회절 이론을 제시하면 파동설이 부정되면서 이 논쟁에 결론이 날 것이라고 생각한 것이다.

그런데 의외의 전개가 펼쳐졌다. 아카데미의 예상과 달리 현상을 차지한 사람은 1818년에 파동설에 기초한 논문을 제출하였던 프랑스의 프레넬이었다. 빛을 횡파로 본 프레넬은 영의 간섭 이론을 수정하여 회절 현상을 일반적으로 기술하는 이론을 구축하였다. 나아가 실험을 통하여 이를 재현할 수 있음을 증명하였다.

이리하여 19세기 중반을 향하여 빛의 파동설은 크게 전진하였다(▶1850①)

1820

외르스테드가 전류의 자기 작용을 발견

전기 분해(◀1800②, 1807)에 의해 전기 현상이 화학 반응을 일으킨다는 것이 증명된 셈인데, 1820년에는 덴마크의 외르스테드가 전류의 자기 작용을 발견하였다. 자침에 평행하게 설치한 도선에 전류를 흘려보내자 자침이 움직이는 것을 외르스테드가 관찰한 것이다. 이때 자침과 도선의 거리를 넓히거나 전류의 강도를 낮추면 자침의 움직임이 약해진다고 지적하였다.

즉, 자침을 움직이는 현상에 있어서 전류는 자석과 동일한 작용을 한다는 것이 밝혀진 것이다.

외르스테드의 보고를 보고 자극을 받아서 실험에 착수한 프랑스의 앙페르는 동일한 방향으로 평행하게 흐르는 두 개의 전류 간에는 인력이, 반대 방향으로 흐르는 전류 간에는 반발력이 작용함을 같은 해에 발견하였다. 나아가 연구를 발전시킨 앙페르는 전류가 흐르는 도선의 요소(짧은 부분) 간에 작용하는 힘의 법칙을 도출하고, 이를 해석학적으로 표현하는 것에 성공하였다(이는 1827년에 출판한 논문에 게재하였다).

또 프랑스의 비오와 사바르도 1820년에 전류가 자석에 미치는 작용을 역시 해석학을 이용하여 표현하였다.

이리하여 외르스테드의 발견에서 발단된 전기와 자기의 상관 연구는 뉴턴 역학(해석 역학. ◀1788)과 유사한 수학적 형식을 갖춘 이론으로 발전해 나아갔다.

1821

제베크가 열전 효과를 발견

볼타가 두 종류의 금속과 젖은 천을 조합하여 전지를 발명해냈는데(◀1799①), 독일의 제베크는 1821년에 젖은 도체를 이용하지 않고도 전류를 발생시킬 수 있는 새로운 방법을 발견해냈다.

제베크는 비스무트와 구리의 한쪽 끝을 손으로 들어 접촉시키고 다른 한쪽 끝을 자침의 흔들림을 이용한 검출 장치에 접속시키면 전류가 흐른다는 것을 알아냈다. 이러한 효과가 나타난 것은 체온으로 인해 접촉점의 온도가 높아졌기 때문이라고 판단한 제베크는 그다음에는 접촉점을 냉각시켜보았다. 그런데 역시 동일한 현상이 관찰되었다.

결과적으로 서로 다른 금속의 양쪽 끝을 서로 연결하고 두 접촉점에 온도 차를 발생시키면 전류가 발생함을 알아냈다. 이 효과는 온도 차가 클수록 크게 나타났다.

또 1834년에는 프랑스의 펠티에가 이와는 반대되는 현상을 발견한다. 서로 다른 금속을 접촉시켜 전류를 흐르게 하면 전류 방향에 따라서 접촉면에서 열이 발생되거나 또는 흡수되었다.

이리하여 전류와 열은 서로 변환 가능함이 밝혀졌다.

1822

푸리에의 『열의 해석적 이론』

프랑스의 푸리에는 이해에 간행한 저서 『열의 해석적 이론(Théorie Analytique de la Chaleur)』에서 처음으로 열의 전도 현상을 해석적으로 기술하는 미분 방정식을 도출하였다. 당시에는 열의 본성에 대하여 칼로릭설(◀1724)와 운동설(◀1798)이 병존하였는데, 푸리에의 열전도 방정식은 이러한 논쟁과는 상관없이(즉, 열의 본성이 둘 중의 어느 쪽이든) 광범위하게 적용할 수 있는 수학에 의거한 이론이었다.

나중에 영국의 대 물리학자 켈빈이 이 방정식을 써서 지구의 나이를 계산함으로써(▶1863) 다윈의 진화론(▶1859①)의 앞을 막아서는 드라마가 발생한다.

1824①

리비히가 기센대학교에 화학 실험 교육을 도입

넓은 실험실에 다수의 학생이 모여 플라스크와 실험관을 손에 들고 수업에 참여하는 풍경을 오늘날의 대학에서는 당연하게 볼 수 있지만, 19세기 초반에는 유럽의 어느 대학교를 들여다보더라도 이러한 광경은 아직까지 볼 수 없었다. 당시에는 작은 사설 실험실에서 선생님이 지극히 적은 수의 학생에게 자신의 일을 보조시키면서 실험 기술과 지식을 조금씩 단편적으로 전수하는 관습이 계속 이어지고 있었다. 열린 교육이 아닌 폐쇄적인 도제 제도에 가까운 형태였다.

이러한 케케묵은 인습을 타파하고 화학 교육을 개혁하고자 나선 사람은 독일의 리비히였다. 기센대학교에서 근무하던 리비히는 1824년에 체계적인 커리큘럼에 따라서 다수의 학생을 동시에 지도할 수 있는 실험실을 대학교 내에 설치하였다. 그 덕분에 많은 학생이 개방적인 분위기 속에서 효율적으로 실험 기술을 익히고 필요한 지식을 습득하고 자립해나갈 수 있었다.

이러한 교수 방법은 독일의 각 대학교, 나아가서는 다른 유럽의 나라에도 보급되어 19세기의 화학 발전을 촉진하는 제도적인 기반이 차츰 구축되어 나갔다.

1824②

카르노의 『불의 동력에 관한 고찰』

1712년에 영국의 뉴커먼이 최초의 실용적인 증기 기관을 건설한 이후에 와트, 트레비식 등 주로 영국 기술자에 의해 증기 기관은 개량되었다. 단, 이는 기술자의 감과 경험에 의존한 다분히 시행착오적인 작업이었으며 우연에 의한 경우도 많았다.

이러한 상황하에서 1824년에 프랑스의 니콜라 사디 카르노는

『불의 동력에 관한 고찰(Reflections on the Motive Power of Fire)』을 저술하였고 효율적인 열기관(보급된 열을 역학적 일로 변환하는 기관)의 개발에 필요한 이론을 전개하고자 시도하였다. 감과 경험 세계에서 벗어나 열기관을 이론적으로 연구하고자 한 것이다. 그리고 열기관의 효율을 최대한으로 끌어올리는 과정(카르노 사이클)을 고안하였다. 그 내용은 후에 확립되는 열역학 제2법칙(▶1850②)으로 발전한다.

하지만 카르노의 저서는 간행될 당시에는 거의 주목을 받지 못하였다. 아보가드로(◀1811)가 그랬던 것처럼, 위대한 업적을 남겼음에도 생전에 정당한 평가를 받지 못한 채 사망하는 불운한 인물도 있는 법인데, 카르노도 저작을 인정받지 못한 채 1832년에 콜레라에 걸려 36살의 나이로 요절하였다.

묻혀 있던 카르노의 이론을 발굴하여 그 중요성을 학계에 널리 알린 사람은 영국의 켈빈이다. 또 1848년에 켈빈이 도입한 절대온도(그의 이름 앞 글자를 따서 K라고 표기한다)는 카르노 사이클에 기초하여 정의된 것이다.

1827①

옴이 옴의 법칙을 발표

1781년에 영국의 헨리 캐번디시는 전지(◀1799①)도 검류계도 발명되지 않았던 시대에 독자적으로 연구하여 전류와 저항의 관계를 측정하였다. 레이던 병(◀1745)에서 흘러나오는 전기를 소금 용액을 채운 유리관에 도선으로 유도하였고, 액주의 유효 길이(그 크기가 전기 저항의 그것에 대응한다)를 변화시켜 관 내부를 통과하는 전기의 양을 측정하였다.

단, 검류계가 없었기 때문에 캐번디시는 양손에 금속 조각을 쥐고, 한쪽은 레이던 병에 다른 한쪽은 용액에 담근 도선에 접촉시키고, 자신의 체내에 전류를 흐르게 하였다. 즉, 본인이 검류계가 되어 감전 쇼크의 강도로 전류를 측정하는 엄청난 장치였다. 무척 위험해 보이지만, 놀랍게도 이 방법으로 캐번디시는 전류와 저항의 관계를 도출해냈다.

하지만 캐번디시는 대부분의 연구 성과를 공표하지 않은 채 사망하였기 때문에 그가 남긴 원고를 조사한 맥스웰이 1879년에 그를 대신하여 발표하기까지 이 사실은 사람들에게 알려지지 않았다(◀1766). 캐번디시가 발견한 것은 다름 아닌 오늘날 '옴의 법칙'이라고 불리는 그것이었다.

독일의 옴이 자신의 이름을 붙인 법칙을 발견한 것은 캐번디시가 실험한 때로부터 약 반세기 후인 1826년이다. 이듬해 1827년에 옴은 실험 결과를 푸리에의 열전도 이론(◀1822)과의 아날로지로 파악하고 '옴의 법칙'을 발표하였다.

이리하여 약 반세기의 시간 손실은 있었으나, 역사는 옴의 손을 통하여 캐번디시의 '침묵'을 벌충하였다.

1827②

브라운이 브라운 운동을 발견

이해에 영국의 브라운은 물에 띄운 미립자가 현미경 속에서 불규칙한 지그재그 운동을 하는 것을 관찰하였다. 그리고 입자의 사이즈가 작을수록 불규칙 운동이 활발하다는 것을 깨달았다.

원인에 대해서는 브라운을 비롯하여 다양한 사람이 여러 가지 설을 내놓았는데, 19세기 말이 되면 액체 분자의 열운동으로 보는 설이 유력시된다. 이 관점에 기초하여 1905년에 아인슈타인이 입자 운동을 이론화하였다(이 연구는 아인슈타인의 박사 논문이 된다. ▶1905②). 아인슈타인의 이론이 옳다는 것은 1908년부터 시작된 프랑스의 페랭 실험으로 증명되었다. 그것은 또한 분자의 실재성을 확실시한 실험이기도 하다(1926년에 페랭은 이에 관한 일련의 업적으로 노벨 물리학상을 수상한다).

물리학자의 눈에 우연히 포착된 현상이 100년 후 물리학자들의 손을 빌려 원자와 분자의 실재성 논쟁에 마침표를 찍은 것이다.

1831①

패러데이가 전자 유도를 발견

외르스테드가 전류에 자기 작용이 있다는 것은 발견하였다(◀

1820). 반대로 1831년에 영국의 패러데이는 두 세트의 코일을 이용한 실험을 통하여 자기 작용으로 전류가 유도된다는 것을 발견하였다.

단, 코일에 전류가 흐르는 것은 다른 한쪽 코일의 전류가 변화하여 그 결과로 주위에 발생한 자기의 세기가 변화하는 순간뿐이다. 정상 전류를 흘려보내 일정한 자기를 발생시켜도 코일에는 전류가 발생하지 않았다. 패러데이는 이 순간적인 현상을 링 모양의 연철 고리에 두 세트의 코일을 감는 방법으로 멋지게 알아냈다.

이어서 패러데이는 나선 모양으로 감은 코일 안에 자석 막대기를 넣기도 하고 빼기도 함으로써 역시 그 순간에 코일에 연결한 검출계의 바늘이 움직인다는 것을 발견하였다. 자석과 코일의 상대운동에 의해 전류가 유도된 것이다. 이리하여 전기와 자기의 상호 변환성이 실증되었다.

또한 이 연구 중에 패러데이는 '자력선(magnetic line of force)'의 개념에 도달하였다. '자력선은 철 가루를 이용해서도 확인할 수 있고, 작은 자침의 움직임 변화를 통해서도 알 수 있다'고 『전기에 관한 실험적 연구(Experimental Researches in Electricity)』에 기록하였다.

시대를 쭉 거슬러 내려와서 1973년 런던왕립연구소(◀1799③)에 패러데이를 기념하는 작은 박물관이 개설되어 축하하는 기념 식전이 열렸다. 이때는 참석한 엘리자베스 여왕이 패러데이가 전자 유도 방법을 발견하였을 때 사용한 철 고리에 연결된 스위치를 누르자 전동식 커튼이 열리면서 박물관 명판이 나타나는 참신한 연출로 개막식이 열렸다.

1831②

다윈이 '비글호'를 타고 세계를 항해하기 위해 출항

영국의 다윈은 이해에 박물학자로서 군함 '비글호'를 타고 세계 항해에 나섰다. 후일에 간행된『비글호 항해기(The Voyage of the Beagle)』(1839년)의 모두에서 다윈은 출항 당시의 상황에 대하여 다음과 같이 기술하였다.

'맹렬한 남서풍으로 인해 두 번이나 제자리로 돌아온 후 열 개의 포 구멍을 가진 쌍돛대범선 형태의 군함 비글호는 해군 대좌 피츠로이의 지휘하에 1831년 12월 27일에 데번포트에서 출항하였다. 이 원양 항해의 목적은 1826년부터 1830년에 걸쳐서 킹 대좌가 착수하였던 파타고니아와 티에라델푸에고섬의 측량을 끝마치고, 칠레와 페루 해안 및 그 외 태평양 제도를 측량하고, 세계를 일주하며 시진의(크로노미터)의 측정 연쇄를 행하는 것에 있었다.'

5년에 걸친 '비글호' 항해는 남아메리카 연안 측량이라는 주목적을 달성하였을 뿐 아니라 진화론의 확립이라는 "부산물"도 낳았다 (▶1859①).

1833

패러데이가 전기 분해 법칙을 발견

이해에 패러데이는 마찰 전기(◀1729, 1745), 볼타 전지(◀1799①), 전자 유도(◀1831①), 발전 어류(가오리, 뱀장어 등) 등의 각종 전기 근원에서 얻은 전기의 자기 작용, 열작용, 전기 분해, 불꽃 방전 등을 조사하고 각각을 비교하였다. 그 결과 '전기의 근원이 무엇인가에 상관없이 전기의 성질은 모두 동일하다'는 결론에 도달하였다. 전기에는 그 어떤 차이도 없음이 확인된 것이다.

이러한 전기의 동일성을 증명하는 실험을 통하여 패러데이는 전기 분해(◀1800②, 1807)에 관한 정량적인 법칙을 발견하기에 이른다. 이에 따르면 '전기 분해 작용은 전기의 일정량에 대하여 언제나 일정하며, 전기의 근원, 전극의 크기, 전류를 통하는 도체의 성질 등의 조건과는 아무런 상관이 없다'는 것을 알아냈다. 또 '전기 분해에 의해 발생하는 물질의 양은 흐르는 전기량에 비례한다'는 것도 밝혀졌다.

나아가 패러데이는 각종 물질에 대하여 일정한 전기량에 의해 분해된 상대적인 양을 '전기화학당량(Electrochemical equivalent)'이라고 정의하고 그 값을 정하였다. 이 정의에 따르면 '전기 분해에 의해 생성되는 물질의 양은 그 정기화학당량에 비례한다.'

전기 분해(electrolysis)를 비롯하여 전극(electrode), 양극(anode), 음극(cathode), 전해질(electrolyte), 이온(ion), 양이온(cation), 음이온(anion) 등의 용어도 이때 패러데이가 제안한 것이다.

1835

코리올리가 코리올리의 힘을 제창

프랑스의 코리올리는 이해에 회전 좌표계에서의 물체의 운동에 관한 논문을 발표하여 오늘날 '코리올리의 힘'이라고 불리는 힘의 효과를 제창하였다. 이에 따르면 지구적 규모로 운동하는 물체에 대하여 북반구에서는 운동 방향을 오른쪽 방향으로, 남반구에서는 운동 방향을 왼쪽 방향으로 바꾸는 힘이 작용한다. 대기의 흐름과 해류, 장거리 물체의 탄도 등에서 코리올리의 힘의 효과가 현저하게 나타난다.

1838

베셀이 항성의 연주시차를 측정

이미 1세기 전에 브래들리(◀1728)가 항성의 연주시차(동일 항성을 지구와 태양에서 보았을 때 방향의 차이)를 관측하고자 시도하였지만, 그 값이 너무 작아서 당시의 망원경으로는 검출하지 못하였다.

연주시차가 관측 가능해진 것은 19세기에 들어서이다. 독일의 베셀은 프라운호퍼(◀1814①)가 개발한 뛰어난 광학 기계를 사용하여 1837년부터 1838년까지 백조자리 61번 별을 계속 관측하였다. 그 결과 61번 별의 연주시차는 0.31초각이라는 것을 산출해냈다. 이 관측값은 대략 지름이 1센티미터인 구슬을 10킬로미터 떨어진 곳에서 보았을 때의 시각에 상당하는 크기이다.

이로써 항성까지의 거리를 처음으로 확정할 수 있게 되었다. 또 연주시차의 검출은 천문관측으로써 한 번 더 지구의 공전 운동을 증명하는 증거가 되기도 하였다. 코페르니쿠스가 지동설을 주장한 시점으로부터 그야말로 300년 후의 이야기이다.

1839

다게르가 은판 사진을 발명

1837년에 프랑스의 다게르는 노광된 요오드화은판을 수은 증기로 현상하고 영상을 식염수로 정착시키는 방법을 발명하였다. 1839년 8월 15일에 프랑스의 천문학자 아라고가 파리의 과학아카데미와 미술아카데미의 합동 회의에서 다게르의 은판 사진을 소개하여 이날을 사진 탄생일로 기념하게 되었다.

프랑스의 화가 들라로슈가 은판 사진을 보고 "오늘부로 회화는 사망하였다!"고 소리쳤다고 전해지는데, 대상을 정확하게 베끼는 새로운 기술은 당시 사람들에게 이만큼 큰 놀람을 주었던 것이다

(물론, 회화가 소멸할 것이라는 우려는 기우에 지나지 않았지만).

다게르의 발명은 풍경 사진과 초상 사진뿐 아니라 과학 연구에도 이용되었다. 이해에 즉시 영국의 드레이퍼가 달을 촬영하였다. 갈릴레오가 『별세계의 보고』(◀1610)에 손으로 직접 그린 달 스케치를 남긴 때로부터 약 2세기 후에 처음으로 천체 사진이 촬영된 것이다.

1840①

줄이 전류의 열작용 법칙을 발견

전류가 흐르면 도선이 뜨거워진다는 것은 이미 잘 알려져 있었는데, 이 현상을 정밀하게 측정하여 정량적인 법칙을 처음으로 도출해낸 사람이 영국의 줄이다. 줄은 여러 가지 금속에 다양한 세기의 전류를 흐르게 하는 실험을 하였고, 발생하는 열량은 전류 세기의 제곱과 도선의 저항에 비례한다는 것을 발견하였다.

오늘날에는 이 작용으로 발생하는 열을 '줄열'이라고 하고, 상기의 법칙을 '줄의 법칙'이라고 부른다.

1840②

'사이언티스트'의 등장

다소 의외라는 생각이 들지만, '과학자'를 뜻하는 "사이언티스트(scientist)"라는 명칭은 19세기에 들어서면서 도입된 말이다. 영국의 휴얼이 1840년에 저술한 『귀납적 과학의 철학(The Philosophy of the Inductive Sciences)』에서 '일반적으로 과학 연구자를 칭하는 명칭이 필요해졌다'며 사이언티스트라는 조어를 사용하였다.

우리는 멋대로 갈릴레오와 뉴턴을 대과학자라고 칭하는데, 가령 그에게 "당신은 사이언티스트입니까?"라고 묻더라도 그들은 어리둥절한 표정을 지으며 고개를 갸웃거렸을 것이다. 이는 19세기 들어 생겨난 말을 그대로 일방적으로 과거에 강제하는 편의적 방식이기 때문이다.

18세기 말에서 19세기 초에 걸쳐서 서서히 유럽 각지에서 조직적 과학 교육으로 전문가를 양성하는 기관이 생겨났다(◀1794, 1824①). 또 그러한 교육을 받은 인재가 육성되자 그들은 과학 연구를 직업으로 삼는 전문가 집단을 형성하며 사회 속에 정착해 나갔다. 산업혁명을 거치며 성숙해 나가던 19세기 초반 사회가 과학에 종사하는 전문가 집단을 적극적으로 필요로 하였기 때문이다.

'사이언티스트'라는 말은 그야말로 이러한 사회 상황 속에서 나온 말이라고 하겠다.

1842①

도플러가 도플러 효과를 발견

오스트리아의 도플러는 이해에 천체에서 도달하는 빛의 색깔에 관한 논문을 발표하고, 파동의 진동수는 파동원과 관측자의 상대 운동에 따라서 변화한다는 학설을 제창하였다. 나아가 2년 후에는 이 학설이 빛뿐만 아니라 소리에도 적용될 수 있음이 증명되었다.

이에 따르면 파동원과 관측자가 가까이 있을 때는 진동수가 높고, 반대로 양자의 거리를 떨어트리면 진동수가 낮아진다. 그 결과, 빛은 전자의 경우에는 빛 스펙트럼선의 위치가 파란색 쪽으로 편이하고, 후자의 경우에는 붉은색 쪽으로 편이한다. 오늘날에는 이 현상을 '도플러 효과'라고 부른다.

1868년에는 영국의 허긴스가 도플러 효과를 이용하여 처음으로 항성이 우리한테서 멀어져 가는 속도(후퇴 속도)를 관측하였다. 또 20세기에 들면 미국의 허블이 적색 편이를 관측하여 성운의 후퇴 속도와 거리가 비례함을 발견하고 우주가 팽창하는 증거를 제시한다(▶1929②).

1842②

마이어가 열의 일당량을 산정

18세기 말, 에너지라는 용어도 개념도 아직 확립되지 않았던 시대에 라그랑주는 실질적으로 '역학적 에너지의 보존'에 해당하는 법칙을 해석 역학적 계산으로 도출해냈다(◀1788). 그 후 열의 운동설의 제창(◀1798), 적외선과 자외선의 발견(◀1800①), 전기 분해(◀1800②, 1807, 1833), 전기와 자기의 상관(◀1820, 1831①), 열전 효과(◀1821), 전류의 열작용(◀1840①)의 연구 등이 잇달아 이루어지자 이러한 다양한 현상과 작용 간의 연관성이 주목을 받기 시작하였다. 즉, 전기, 자기, 열, 기계적인 일, 화학 반응, 빛 등 그때까지 독립적인 현상 또는 작용이라고 여긴 대상 간에 상호 변환성이 관찰되는 것이 많은 실험을 통하여 밝혀졌기 때문이다.

그러자 이들을 통일적으로 파악할 기본적인 틀이 요구되었다. 일하는 능력으로서 모든 현상과 작용에 공통하여 정의할 수 있는 에너지라는 개념과, 변환이 일어나더라도 그 총량은 변하지 않는다는 '에너지 보존의 법칙'이 탄생하였다. 그 선구적인 연구가 된 것이 1842년에 독일의 마이어가 저술한 논문 「무생물계의 힘에 대한 소견」이다.

이 논문에서 마이어는 상술한 여러 작용의 상호 변환성과 '힘'의 보존을 주창하고('에너지'라는 용어는 아직 사용되지 않았다), 열의 일당량(열과 일량의 변환율)을 산정하였다. 그 값은 지금에 와서 보면 상당히 부정확하지만, 마이어의 논문은 물리학의 기본 법칙이 확립되는 데 중요한 이정표가 되었다.

그런데 마이어는 중증 조울증을 앓고 있어서 종종 심한 정신병 발작을 일으킨 것으로 알려져 있다. 1850년에는 발가벗은 채 2층 창문에서 거리로 뛰어내려 중상을 입었다. 이러한 마이어의 모습을 독일의 정신의학자 크레치머는 『천재의 심리학(Geniale Menschen)』에 다음과 같이 기술하였다.

'때마침 하늘에서 터진 불꽃이 짧은 순간 동안 교교하게 어둠을 밝히는 것처럼 정신병자가 비틀거리며 걸어가는 순간에 이 훌륭한 대사상이 떠오른 것이다. 그리고 그는 그 이전에는 이름 없는 선비였으며, 이 이후에는 번뜩이는 천재적 발자취 없이 사라진 정신적 잔해였다.'

1843

줄이 열의 일당량을 측정

마이어가 열의 일당량에 관한 선구적인 연구를 하였는데, 그 값은 정밀도가 부족하였다(◀1842②). 정밀한 실험을 반복하여 정확한 열의 일당량을 결정한 것은 영국의 줄이다.

전류의 열작용(줄의 법칙. ◀1840①) 연구를 하며 화학 반응, 전기, 열의 변환 현상에 주목한 줄은 1843년에 전자 유도(◀1831①)를 이용한 실험으로 역학적인 일과 열의 변환율을 측정하였다. 이 이후 1849년까지 줄은 다양한 방법으로 정확도 높은 열의 일당량을 구하기 위하여 계속 노력하였다. 그중에서도 유명한 것은 여러 개의 날개가 달린 것처럼 생긴 원판 로터를 수조에 넣고 물을 회전시켜서 상승된 물의 온도로 열의 일당량을 측정한 1845년의 실험일 것이다. 이러한 정밀한 변환율 측정은 에너지 보존의 법칙이 확립되기 위한 중요한 포석이 되었다.

그런데 '사이언티스트'라는 말(◀1840②)이 이 시대가 되어서야 겨우 생겨날 수 있었던 사회적 배경을 통해서도 알 수 있듯이, 이 무렵에는 아직 프로 전문가가 아니라 적지 않은 아마추어 지적 애호가가 과학 연구를 하였다. 그들에게 이것은 직업의 일환이 아니라 이른바 취미나 도락에 상당하는 행위였다. 다윈(◀1831②, ▶1859①)도 그런 사람 중의 한 명이었으며, 줄도 마찬가지였다. 줄은 맨체스터 근교의 유복한 양조장의 아들로 태어나 뛰어난 업적을 남겼지만, 평생 아마추어로서 과학 연구에 종사하였다.

1845

패러데이가 패러데이 효과와 반자성을 발견

굴절율이 큰 유리를 개발한 패러데이는 1845년에 유리를 자기장 안에 두고 빛을 통과시키면 편광면(광파의 진동면)이 회전하는 현상

——오늘날에는 이를 '패러데이 효과'라고 부른다——이 나타난다는 것을 발견하였다. 회전각의 크기는 빛이 통과한 유리의 길이에 비례하며, 자석의 극을 반대로 하면 회전 방향도 반전된다는 것이 밝혀졌다. 또 빛이 나아가는 방향에 자기장을 작용시켰을 때 회전각은 최대가 되었고, 둘이 직각으로 교차할 때는 회전하지 않았다.

이리하여 패러데이는 전기와 자기의 상관(◀1831①)에 이어서 자기와 빛도 상호 작용을 한다는 것을 밝혀냈다. 또 빛에 대한 전기 효과는 1875년에 영국의 커가 발견하였다. 전기장 안에 둔 등방성의 투명 물질에 빛을 통과시키면 복굴절(굴절광이 둘로 나뉘는 현상)이 일어난다는 것을 밝혀냈다.

패러데이 효과를 발견한 것을 계기로 패러데이는 유리에도 자기력이 작용한다는 것을 알아냈다. 유리를 강한 자기장 안에 매달자 유리가 자석에 반발하여 N극와 S극을 잇는 직선과 직각을 이루는 위치에서 정지한 것이다. 이에 패러데이는 이 유리가 보인 것과 같은 자기적 성질을 반자성(diamagnetism), 철과 같이 자기에 이끌리는 성질을 상자성(paramagnetism)이라고 구별하여 불렀다.

1846

애덤스와 르베리에가 해왕성의 존재를 예언하고 갈레가 발견

천왕성이 발견(◀1781)되고 약 반세기가 경과한 이 시기에 천왕성의 관측되는 궤도가 태양의 인력만을 고려하여 계산한 역학 결과와 일치하지 않는다는 사실이 지적되었다. 이에 천왕성의 운동에 영향을 끼치는 미지의 제8행성이 존재하는 것이 아닐까 하는 예측이 나왔다. 행성에는 태양의 강한 인력 외에 행성 간의 약한 인력도 작용하기 때문이다.

일반적으로 세 개 이상의 물체가 서로에게 힘을 작용할 경우에는 그 운동을 수학으로 정확하게 구할 수 없다. 하지만 행성 간의 인력은 태양의 인력과 비교하면 매우 작기 때문에 섭동론(◀1784②)을 이용하면 정밀도 높은 행성 궤도의 근사해를 얻을 수 있다.

이에 섭동론을 역으로 이용하여 천왕성의 계산된 궤도와 실제 궤도의 차이로 그 원인이 되는 미지의 행성을 탐색하려는 시도가 시작되었다.

이 문제에 독자적으로 도전한 영국의 존 애덤스와 프랑스의 르베리에는 1846년에 거의 동시에 미지 행성의 궤도 요소(타원 궤도에서 긴 지름, 이심률, 근일점, 공전 주기 등)를 산출해냈다. 그리고 르베리에의 보고를 접한 독일의 갈레(베를린 천문대)가 이해 9월에 계산상 예측되는 위치에서 별자리 지도에 없는 8등성이 반짝이는 것을 포착하였다.

이리하여 해왕성이 발견되었다(◀1612). 이는 또한 뉴턴 역학의 높은 '예지 능력'을 방증하는 좋은 예가 되었다(◀1814②, ▶1872).

또 이해 말에 영국의 윌리엄 러셀이 해왕성의 위성 트리톤을 발견하였다.

1847①

헬름홀츠가 에너지 보존의 개념을 제창

열의 일당량은 마이어가 산정하고(◀1842②), 줄이 정밀한 실험을 해서 정확한 값을 구하였다(◀1843). 이어서 독일의 헬름홀츠가 1847년에 『힘의 보존에 대하여(Über die Erhaltung des Kraft)』를 저술하였다. 이 책에서 헬름홀츠는 어떤 방법으로도 무(無)에서 동력을 계속 만들어낼 수는 없다는 원리를 세우고, 역학, 열, 전기, 자기, 화학 반응 등 다양한 형태의 '힘'(에너지)이 일하는 능력에 있어서는 등가임을 수학을 써서 논하였다(헬름홀츠도 마찬가지로 '에너지'라는 용어는 도입하지 않았다. 에너지라는 말이 오늘날과 같은 의미로 사용되기 시작한 것은 1850년대부터이다).

또 이윽고 열역학이 확립되자 헬름홀츠에 의해 정식화된 에너지 보존의 법칙이 열역학 제1법칙으로 수용되었다(▶1850②)

1847 ②

배비지가 자동 계산기를 설계

당연히 전자 공학 등이 존재하지 않던 1820년 초에 영국의 배비지는 차분 기관(difference engine)이라고 불리는 기계 장치 계산기의 제작에 착수하였다. 이는 유한차분법이라는 수학 원리에 따라서 수치를 계산하여 그 결과를 자동으로 인쇄해내는 당시로서는 획기적인 장치였다.

처음에는 영국 정부도 이 장대한 프로젝트에 거액의 자금을 제공하였다. 하지만 계획이 진행되면서 예산이 늘어났고, 이윽고 정부의 원조가 끊어졌다. 결국 자금난으로 차분 기관은 완성되지 못하였지만, 소형화된 샘플 기기가 전시용으로 제작되어 배비지의 아이디어가 옳았음이 실증되었다.

이에 배비지는 1847년에 부품을 줄여 그만큼 비용을 억제하면서도 계산 정확도를 높일 수 있는 차분 기관 2호의 설계도를 그렸다. 하지만 이제 와서는 전철을 밟지 않겠다고 결심한 영국 정부로부터 원조를 받을 수 없었기 때문에 19세기 컴퓨터는 환상으로 끝나고 말았다(▶1991).

1849

피조가 실험을 통하여 최초로 빛의 속도를 측정

뢰머(◀1675)와 브래들리(◀1728)의 천체 관측으로 빛은 순간적으로 전달되지 않고 유한한 속도를 지닌다는 것이 알려졌다. 하지만 그 값이 너무나도 커서 지상의 실험실에서는 빛의 속도를 구하는 측정이 19세기 중엽까지 이루어지지 않았다. 광속 측정에 처음으로 성공한 사람은 1849년, 프랑스의 피조이다.

피조는 고속으로 회전하는 톱니바퀴를 써서 빛의 진로를 여닫는 방법으로 빛의 속도는 초속 약 31만 5000킬로미터라고 산출해냈다. 측정 정밀도는 아직 충분하다고 할 수 없지만, 피조의 실험으로 천체 현상에 의존하지 않고 빛의 속도를 특정할 수 있는 길이 열렸다.

1850①

푸코가 빛의 속도를 측정하여 빛의 파동설을 증명

19세기에 들어서자 빛의 본성에 관한 논쟁은 파동설이 입자설보다 우위에 섰는데(◀1801, 1818), 여기에 결정적인 증거를 제공한 것이 1850년에 프랑스의 푸코가 실시한 빛의 속도 측정이다.

반사, 굴절, 회절, 간섭 등의 빛과 관련된 제반 현상은 어느 쪽 설의 입장에서든 일단 그 나름대로 설명할 수는 있었으므로 어느 쪽이 더 합당한 설명을 하는가로는 논쟁에 결론을 내기 힘들었다. 그런데 양측에서 상반된 결론을 도출하는 문제가 한 가지 있었다. 그것은 매질(예를 들어 물) 속에서 빛의 속도가 어떻게 변화하는가 하는 문제였다.

파동설에 따르면 빛은 물에 들어가면 진공 환경에서보다 느려지지만(속도는 매질의 굴절율——물은 1.34——에 반비례하므로 그만큼 속도가 줄어든다), 입자설에서는 반대로 빨라질 것으로 예측하였다. 따라서 물속에서 광속이 어떻게 변화하는지를 정밀하게 측정하면 어느 쪽 가설이 맞는지가 분명해진다.

실험실에서 빛의 속도를 구하려는 시도가 전년도에 피조에 의해 막 시행된 후였다(◀1849). 이에 이어서 푸코는 수조에 가득 채운 물을 통과하는 빛을 고속으로 회전하는 거울로 반사시키는 방법을 이용하여 광속 변화를 조사하였다. 결과는 파동설의 예측대로 빛은 물속에서 느려지는 것으로 관찰되었다.

이로써 빛의 본성에 관한 논쟁은 일단락이 났다. 하지만 이 문제는 20세기에 들어 다시 한번 새로운 전개를 보인다(▶1905②).

1850②

클라우지우스가 열역학 제2법칙을 발표

여러 현상의 상호 변환 연구를 통하여 에너지는 다양하게 그 형태가 변화하지만, 총량은 보존된다는 것이 밝혀졌다(◀1847①). 또 열과 일의 변환률(일당량)도 마이어(◀1842②)와 줄(◀1843)이 구하였다.

한편, 그렇기는 하나 열——이것도 에너지의 한 가지 형태——이 모두 일당량에 따라서 일로 바뀌는 것은 아니다. 카르노(◀1824②)가 논한 바와 같이 열기관에는 최대 효율이라는 상한이 존재하며, 이를 넘어서 열을 일로 치환시키는 것은 불가능하다.

이러한 문제에 주목한 독일의 클라우지우스는 1850년에 논문 「열의 운동력 및 거기에서 도출되는 열 이론 법칙에 관하여」를 발표하였다. 그 논문에서 클라우지우스는 고온 물체에서 저온 물체로 열이 이동할 때 손실되는 열만큼 일을 한다고 지적하였다(손실되지 않은 열은 일을 하지 않고 저온 물체로 흘러들 뿐이다). '아무런 변화 없이 열이 자연히 저온 물체에서 고온 물체로 이동하지는 않는다'는 경험적 사실을 에너지 보존의 법칙과 어깨를 나란히 하는 기본 법칙으로 자리매김시켰다. 이 두 가지가 열역학 제1법칙과 제2법칙이라고 불리게 된다.

또한 영국의 켈빈도 이듬해에 같은 내용을 다른 형태로 표현하였다.

그 후 클라우지우스는 '엔트로피'의 개념을 도입하여 열역학 제2법칙을 정식화하였다(▶1865②).

1850③

멜로니가 적외선과 가시광의 동일성을 증명

태양광선의 스펙트럼을 분해하여 붉은색 바깥 측의 눈에 보이지 않는 위치에 열작용이 강한 광선(적외선)이 도달한다는 것을 18세기 말에 허셜이 발견하였다(◀1800①). 이탈리아의 멜로니는 1850년에 적외선에는 반사와 굴절뿐 아니라 편광, 간섭, 회절 등의 제

현상도 관찰되며 그 특성은 가시광과 같음을 실험을 통하여 증명하였다.

가시광에서는 파장 차이가 색으로 나타난다. 가시광보다도 파장이 긴 적외선은 인간의 눈으로 감지할 수 없지만, 역시 파장의 차이가 있기 때문에 멜로니는 이를 '열의 색깔(테르모크로스)'라고 불렀다. 이러한 식으로 우리가 인식하는 빛의 파장 영역이 확대되어 나갔다.

제4장
19세기 후반의 흐름

19세기 후반의 특징

자연 과학은 범용성 높은 실험 방법과 해석 방법이 확립되면 그 적용 대상이 되는 분야가 한 번에 발전하는 경향이 있다. 그러한 의미에서 방법이란 금의 광맥을 찾아내는 곡괭이라고 할 수 있다. 19세기 전반에 새로운 원소를 차례로 발견해낸 전기 분해가 그 대표적인 예이다.

19세기 후반에 다시 한 번 같은 일이 벌어졌다. 이번에는 분광학이 확립된 것이다. 각 원소는 고유한 빛 스펙트럼을 지니기 때문에 시료를 열에 가하여 발광시킨 후 분광기를 통과시키면 시료에 포함되어 있는 원소를 식별해낼 수 있다는 것이 밝혀졌다. 이 방법으로 1860년대에 미지의 원소가 잇따라서 발견되었다.

게다가 분광학에는 전기 분해에는 없는 이점이 있다. 조사하고자 하는 대상이 손안에 없고 멀리 떨어져 있어도 빛만 포착하면 분석할 수 있다는 점이다. 그 이점이 위력을 발휘하는 것은 천문학 분야이다. 별에서 도달하는 빛을 분광기를 통하여 스펙트럼으로 분해하기만 하면 지구에 있으면서 그 별이 어떤 원소로 구성되어 있는지 단박에 알 수 있다. 우주여행——특히 태양계 이외로의 여행——은 21세기를 맞이한 오늘날에도 쉽지 않지만, 19세기에는 그야말로 꿈 중에서도 꿈이었다. 그만큼 현지에 직접 가지 않고도 먼 별에 존재하는 원소를 검출할 수 있는 수단이라는 것은 경이로운 발명이었다. 이로써 화학과 천문학이 융합되었다.

이처럼 분광학이 발전함에 따라서 발견된 원소의 수도 늘어나서 1860년대에는 60종을 넘기에 이르렀다. 이에 멘델레예프가 화학적 성질에 근거하여 분류한 주기율표(1869년)를 작성하였다. 그리고 이 표는 단순하게 기지의 원소를 정리하는 데 사용되었을 뿐 아니라 미지의 원소를 발견하기 위한 새로운 단서로서도 쓰였다.

19세기 후반은 생물학이 근대 과학으로 편입된 시대이기도 하다. 다윈의 『종의 기원(On the Origin of Species)』 간행(1859년)과 멘델의 유전 법칙의 발견(1865년. 단, 널리 보급된 것은 1900년에 재발견되고부터이다) 등이 대표적인 업적이다.

그런데 진화론이라는 말을 들으면 종교계의 공격이 제일 먼저 떠오르는데, 동시에 저명한 물리학자 켈빈으로부터도 맹공격을 받았다. 켈빈은 1863년부터 발표하기 시작한 지구의 나이 계산에서 그 값을 진화론이 성립할 수 없을 정도로 지극히 짧다고 결론 내렸다. 다양한 생물은 모두 조물주가 디자인한 것이라고 믿던 켈빈은 물리학으로 『종의 기원』을 분쇄하고자 하였다. 19세기 후반을 대표하는 대물리학자의 논문은 다윈에게 골칫거리였다.

그나저나 근대 과학의 여명기라면 모를까 19세기 후반이 되어서도 여전히, 하물며 켈빈과 같은 인물이 그러한 자연관을 계속 가지고 있었다는 사실에 놀라지 않을 수 없지만, 이것이 역사의 일면이다.

물론 『종의 기원』을 적극적으로 지지하는 물리학자도 있었다. 그 대표적인 인물이 틴들이다. 1874년에 틴들은 영국과학진흥협회의 회합에서 다윈의 학설을 거론하며 종교보다 과학이 우위에 있어야 한다고 그 우위성을 어필하였다. 이는 켈빈의 논문과는 반대로 종교에 대한 맹공격이었다.

지금에 와서 뒤돌아보면 켈빈도 틴들도 다소 양극단으로 지나치게 내달렸다는 인상을 지울 수 없지만, 두 사람의 논조에서는 의심의 여지없이 근대 과학이 그리스도교 문화권이라는 토양에서 탄생하였음을 엿볼 수 있다.

물리학의 본류로 눈을 돌리면, 1865년에 맥스웰이 전자기학의 기초 방정식을 도출하고 체계화하였다. 이로 인해 빛의 정체가 전자파일 것으로 예측되었고, 1888년에 하인리히 헤르츠가 전자파를 검출해내기에 이르렀다. 이와 동시에 이를 빛을 전달하는 매질인 에테르가 존재한다는 실증 증명으로 받아들이는 물리학자도 있었다. 일반적으로 파동을 검출했다는 것은 그것을 전달하는 매질을 파악하였다는 것과 같은 뜻이라고 생각하였기 때문이다.

하지만 그 전년도에 마이컬슨과 몰리가 빛의 속도 변화를 측정함으로써 에테르에 대한 지구의 운동을 알아보고자 한 실험이 실패로 끝난 상태였다. 즉, 빛을 전달하는 매질이라는 것이 포착되지 않은 것이다. 이 기묘한 불일치에 대한 해명은 20세기 초까지 미루어졌다.

이 시대의 중요한 불일치가 한 가지 더 있다. 가열된 물체는 그 온도에 따른 파장 분포(스펙트럼 분포)의 빛을 방사하는데, 측정되는 스펙트럼 분포와 이론 계산으로 얻은 스펙트럼 분포가 일치하지 않았다. 바꾸어 말해 19세기 후반의 물리학자는 열방사라는 일견 단순하게 여겨지는 현상을 설명하지 못해 애먹고 있었던 것이다.

19세기를 마감하는 1900년에 런던의 왕립연구소에서 개최된 강연에서 켈빈이 이 에테르와 열방사 문제에 대하여 다음과 같이 언급하였다. "열과 빛을 운동의 한 형태로 설명하고자 하는 역학 이론의 아름다움과 명석함 위로 지금 19세기의 두 가지 먹구름이 끼려 하고 있습니다." '두 개의 먹구름'이라고 묘사한 난제가 20세기에 들어 이윽고 태풍을 불러들여 물리학 혁명을 맞이한다.

이 전조 중의 하나는 1895년에 이루어진 뢴트겐의 X선 발견에서부터 시작되었다. 이것이 방아쇠가 되어서 이듬해 1896년에 베크렐이 방사능을 발견하였고, 이어서 1898년에 퀴리 부인이 라듐과 폴로늄을 발견하였다. 나아가 1899년부터 1900년에 걸쳐서 방사성 원소는 세 종류의 방사선(알파선, 베타선, 감마선)을 방출한다는 것이 밝혀졌다.

이러한 X선의 발견에서 시작된 일련의 흐름과 병행하여 1896년에는 제이만이 자기장으로 원자 스펙트럼선의 분기를 발견하여 간접적으로 전자의 존재를 시사하였다. 또 이듬해인 1897년에 조지프 존 톰슨이 음극선(방전관의 음극에서 방출되는 방사선)의 정체가 전자임을 밝혀냈다.

이와 같이 19세기 말, 불과 5년 사이에 대발견이 줄줄이 이루어져 물리학은 한 방에 전자, 원자, 방사선 등의 마이크로 세계에 발을 들여놓게 되었다. 그런데 실험 성과가 축적됨에 따라서 마이크로 대상의 특성과 움직임은 19세기까지 확립된 물리학——이는 오늘날 고전 물리학이라고 불린다——으로는 감당할 수 없음이 서서히 드러났다. 즉, 뉴턴 역학과 전자기학, 열역학 등 이미 확립된 이론 체계에는 적용 한계가 존재한다는 예상 밖의 사실을 사람들이 깨닫기 시작한 것이다. 직접 볼 수도 만질 수도 없는 인간의 오감을 넘어선 대상은 종래의 물리학이 제대로 실력을 발휘할 수 없는 불가사의한 세계였다.

그러면 불가사의한 세계를 기술할 수 있는 새로운 이론 체계의 구축이 필요해지는데, 그것은 예상치 못한 것을 계기로 탄생하였다. 바로 플랑크가 1900년에 제창한 양자 가설이다. 앞서 언급한 열방사 시에 측정되는 스펙트럼 분포를 설명할 수 있는 식을 플랑크가 도출하였는데, 이때 당시의 물리학 상식과는 양립할 수 없는 가설을 주장하였다.

이때 제창한 플랑크 본인도 가설이 비상식적이라서 곤혹스러워하였을 정도였으며, 하물며 그것이 이윽고 마이크로 세계의 새로운 이론 체계로 발전해 나갈 것이라는 예상은 티끌만큼도 하지 못하였다. 그런데 20세기가 되면 플랑크의 가설이 제창자의 의도를 넘어선 곳에서 스스로 걸어 나가기 시작하였고 고전 물리학을 대신할 양자 역학을 탄생시켰다.

이와 같이 19세기에서 20세기로 넘어가는 전환점은 물리학이 큰 변혁을 이룬 시기와 겹친다.

1851

푸코가 진자 실험으로 지구의 자전을 실증

19세기에 들어서면 과학 세계에서 천동설은 완전히 자취를 감추지만, 지구가 태양 주위를 확실히 공전한다는 사실이 천문관측을 통하여 실증된 것은 코페르니쿠스가 지동설을 주장한 때로부터 그야말로 300년이 지난 후이다(◀1838). 한편, 지구가 자전한다는 것이 물리학적으로 증명된 것은 1851년 푸코의 진자 실험을 통해서였다.

지구의 북극점 또는 남극점에 서서 진자를 진동시키면 지구의 자전으로 인해 관측자(지면에 고정된 좌표계)가 보았을 때 진동면의 방향은 24시간에 한 번 회전한다. 극에서 적도 쪽으로 관측점을 이동시키면 위도가 낮아질수록 진동면의 회전이 완만해지고, 적도에서는 자전의 영향이 제로가 된다. 진동면이 이와 같이 운동하는 것은 코리올리의 힘(◀1835)이 작용하기 때문이다.

이에 푸코는 파리의 판테온 천장에 28킬로그램의 추를 67미터 와이어로 매달고 흔들어, 계산한 그대로의 속도로 진동면의 방향이 회전한다는 것을 입증하여 보였다. 이 실험은 많은 사람들 앞에서 지구의 자전을 이해하기 쉽게 보여주는 훌륭한 시연이 되었고, 1855년에 행해진 파리만국박람회에서도 실시되었다.

참고로 푸코가 진자 실험을 한 해에 런던에서 최초로 만국박람회가 열렸다. 이때 하이드 파크에 30만 장의 유리판으로 된 높이 32미터, 폭 120미터, 전체 길이 550미터에 달하는 거대한 전시장——이 전시장은 매거진 『펀치(Punch)』가 붙인 '수정궁(크리스털 팰리스)'이라는 애칭으로 불리게 된다——이 등장하여 사람들 사이에서 화제가 되었다.

1852

줄과 톰슨이 기체가 팽창할 때 온도가 하강된다는 것을 발견

아마추어 연구자였던 줄이 측정한 '열의 일당량'(◀1843)을 제일 먼저 높이 평가한 사람은 글래스고대학교의 교수였던 켈빈이었다. 1847년에 옥스퍼드에서 개최된 영국과학진흥협회 총회에서 줄의 발표를 들은 켈빈은 이 실험의 중요성을 학계에 강력하게 호소하였다.

이후 두 사람은 깊은 교류를 하며 공동 연구를 진행하였다. 그 성과 중의 하나가 1852년에 발표한 '줄-톰슨 효과'이다(켈빈의 '본명'이 윌리엄 톰슨이다. 1892년에 위대한 과학 연구 업적을 인정받아서 귀족 반열에 올라 켈빈 남작이 되었다). 이 효과는 기체를 액화시키는 데 응용된다.

1853

패러데이가 역학 실험으로 심령 현상을 부정

이 무렵 영국에서는 심령주의가 대두하였다. 영능력을 가졌다는 사람을 둘러싸고 앉아서 불가사의한 현상을 체험하는 교령회가 각지에서 열렸다. 과학 발전이 가속됨에 따라서 역으로 과학으로는 설명할 수 없는 신비로운 일에 관심을 가지는 사람들이 늘어났다.

심령 현상 중에서 가장 유명한 현상은 '테이블 터닝'이었다. 여러 명이 테이블 주변에 둘러앉아 테이블 위에 손을 올려놓고 있으면 영적인 힘에 의해 테이블이 저절로 움직이는 현상이다.

이를 속임수라고 생각한 패러데이는 이 현상에 과학이라는 메스를 댔다. 그는 지레를 이용하여 힘의 작용을 표시할 수 있는 장치를 고안해냈고 이를 테이블 위에 설치하였다. 그 결과 참가자의 무의식적인 손 움직임이 테이블에 작용하여 이러한 현상이 일어난 것에 불과하다는 것을 밝혀냈다. 패러데이는 이를 1853년에 영국의 문예 주간지 『애디니엄(The Athenaeum)』을 통하여 발표하였다.

하지만 패러데이가 이러한 보고를 한 후에도 심령주의는 쇠퇴할 기미를 보이지 않았다. 초현실적인 현상을 믿고 교령회에 참가하는 사람 중에는 월리스(다윈과는 별도로 독자적으로 자연 선택설을 주장한 박물학자. ▶1859①)와 크룩스(탈륨 원소 발견자. ▶1859②) 등의 저명한 과학자도 있었다.

1856

맥스웰이 역선 개념을 수학으로 표현

패러데이는 전자 유도에 관한 연구 중에 자력선 개념에 도달하였다(◀1831①). 하지만 집안이 가난하여 제본 일을 하며 생계를 꾸려나갔던 패러데이는 고등교육을 받을 기회가 없어서 수학 지식을 가지고 있지 못했다. 실제로 그가 쓴 방대한 논문을 보더라도 초보적인 삼각함수가 드물게 사용되었을 뿐 수식이 거의 없다는 것을 알 수 있다. 그럼에도 불구하고 물리학과 화학에 갖가지 위대한 발자취를 남길 수 있었던 것은 '진리를 탐지해낼 줄 안다'고 평가되는 뛰어난 실험 기술과 자연의 본질을 꿰뚫는 날카로운 직감 덕분이었을 것으로 짐작된다. 자력선 개념도 그 산물이었다.

그러나 19세기 중엽이 되면 물리학이 고도로 수리화되어 패러데이의 연구도 수학적으로 표현될 필요가 있었다. 이를 실행한 사람이 영국의 맥스웰이다. 1856년에 맥스웰은 케임브리지 철학협회지에 「패러데이의 역선에 관하여」라는 제목의 논문을 발표하였고 직관적으로 패러데이가 도출한 역선의 특성을 수학적 언어로 치환하였다.

이 논문을 발표한 것을 계기로 맥스웰은 전자기 현상의 수리화에 착수하였고 이윽고 체계화하는 데 성공하였다(▶1865①).

1858

플뤼커가 음극선을 발견

1855년에 독일의 가이슬러가 성능 높은 수은 펌프를 개발하여 진공도 높은 방전관(저압 기체를 봉입하고 전극 간에 방전을 일으키는 유리관)을 제작하였다. 1858년에 독일의 플뤼커는 이 방전관을 이용한 진공 방전 실험을 실시하다가 음극에 가까운 유리벽이 녹색 형광을 발하며 빛나는 것을 보게 되었다. 또 자기를 작용시키자 형광을 발하는 장소가 이동하였다. 이를 본 플뤼커는 음극에서 일종의 방사선이 발생한다고 생각하였다.

1876년에 독일의 골트슈타인은 이 방사선을 '음극선'이라고 명명하였다. 그는 음극에 사용되는 물질을 바꾸어도 거기에서 발생하는 방사선의 성질은 동일함을 확인하였다.

그리고 19세기 말에 음극선의 정체를 밝히려는 연구 중에 X선(▶1895)과 전자(▶1897)가 발견됨으로써 물리학은 마이크로의 세계에 발을 들여놓게 된다.

1859①

다윈의 『종의 기원』

'비글호'를 타고 세계 항해(◀1831②)를 하고 돌아온 때로부터 23

년 후인 1859년에 다윈은 『종의 기원』을 출판하였다. 그는 책의 서문에 다음과 같이 썼다.

'나는 군함 비글호에 박물학자로서 승선하여 항해하는 동안 남아메리카의 생물 분포, 또 이 대륙의 현재 생물과 과거 생물의 지질학적 관계에서 관찰되는 제반 사실에 무척 감동하였다. 이들 사실은 우리나라의 가장 위대한 철학자 중의 한 사람이 말한 대로 그야말로 신비 중의 신비인 종의 기원에 약간의 빛을 비추는 것처럼 느껴졌다. 나는 귀국 후 1837년에 이 의문과 관련된다고 여겨지는 온갖 종류의 사실을 끈기 있게 모아서 검토하면 아마도 무언가를 알 수 있게 될 것이라고 생각하였다.'

이리하여 자료 수집과 사색에 전념한 다윈은 '자연 선택설'을 세상에 발표하고 그에 대한 평가를 구하였다. 그런데 당초에 다윈은 이 대단한 저서를 집필하는 데 시간을 더 들일 계획이었던 듯하다. 하지만 느긋하게 글을 쓰고 있을 수 없는 사태가 갑자기 발생하였다. 1858년에 말레이 제도에서 조사를 행한 월리스라는 무명의 인물이 다윈의 학설과 기본적으로 동일한 진화론을 주장하는 논문의 초고를 다윈에서 보내온 것이다(이에 대해서는 『종의 기원』의 서문에서 언급하고 있다). 이에 다윈은 서둘러 구상하고 있던 대저서의 소위 다이제스트판으로서 『종의 기원』을 발표하였다. 그리고 이 책은 종교계와 과학계에 큰 파문을 일으켰다(▶1863).

1859②

분젠과 키르히호프가 분광학의 기초를 다지다

독일의 분젠과 키르히호프는 이해에 불꽃에 넣은 시료가 발하는 빛을 프리즘으로 스펙트럼 분해하고 망원경으로 살펴보는 분광기를 고안하였다. 각 원소는 각각 고유의 스펙트럼을 가진다는 것이 이 무렵에 서서히 알려지면서 분광기는 화학 분석의 수단으로서뿐 아니라 새로운 원소를 발견하기 위한 유력한 방법으로서도 주목받았다.

실제로 분광기를 이용하여 그들은 세슘(1860년)과 루비듐(1861년)을, 또 영국의 크룩스는 탈륨(1861년)을, 독일의 라이히와 히에로니무스 리히터는 인듐(1863년)을 발견하였다. 이리하여 분광학이라는 새로운 분야의 기초가 다져졌다.

분광학은 나아가 천문학에도 이용되었다. 키르히호프는 불꽃에 넣은 나트륨(소금)이 발하는 스펙트럼의 휘선 위치가 프라운호퍼가 발견한 태양광 스펙트럼의 암선(◀1814①)과 일치한다는 것을 발견하였다. 이를 보고 키르히호프는 태양의 바깥쪽에 비교적 온도가 낮은 나트륨이 존재하며 이것이 휘선과 같은 파장의 빛을 흡수하기 때문에 암선이 생기는 것이라고 생각하였다.

즉, 먼 천체까지 일부러 발걸음하여 현지에서 화학 분석하지 않고――물론 현지에서 그런 시도를 하는 것은 불가능하지만――지구에서 별에서 도달하는 빛의 스펙트럼을 살펴보는 것만으로도 그곳에 어떤 원소가 존재하는지를 알 수 있게 된 셈이다. 이리하여 분광학은 천문학에도 큰 진보를 가져왔다.

1860

맥스웰이 기체 분자의 속도 분포 법칙을 발표

열역학이 확립(◀1850②)되어 18세기 말부터 계속되어온 열의 본성에 관한 논쟁에 결판이 남으로써 열의 운동설이 정착되게 되었다. 그러자 기체의 다양한 성질을 기체를 구성하는 여러 분자의 운동에 기초하여 설명하고자 하는 시도가 이루어졌다. 그중에서 중요한 역할을 수행한 것이 1860년에 맥스웰이 『필로소피컬 매거진(The Philosophical Magazine)』에 발표한 논문이다.

맥스웰은 기체를 완전 탄성구인 여러 개의 분자가 서로 충돌하는 집단으로 보고, 분자의 운동을 확률적으로 계산하였다. 그리고 분자의 속도는 기체의 온도에 의존하는 종형 분포를 보인다는 것을 밝혀냈다(이를 '맥스웰 분포'라고 한다).

19세기 후반에 구성 입자의 운동을 확률적으로 다루고 그 집대성으로서 나타난 매크로한 제반 성질을 설명하는 통계 역학이 탄생하였는데, 맥스웰의 연구가 하나의 방아쇠 역할을 하였다.

1861

시조새 화석의 발견

이해에 독일 바이에른주에 있는 채석장(약 1억 5000만 년 전의 지층)에서 불가사의한 생물체의 화석이 발굴되었다. 골격은 소형 공룡(파충류)이었지만, 날개와 꼬리에 깃털이 있었다. 파충류와 조류의 특징을 모두 가지고 있는 이 생물은 '시조새'라고 명명되었다. 공룡 연구는 20세기 후반에 들어서면서 급속한 발전을 보였는데, 새는 소형 육식성 공룡(수각류)에서 진화한 것으로 여겨졌다.

그런데 시조새의 화석이 발견된 때가 기묘하게도 다윈의 『종의 기원』(◀1859①)이 출판되고 불과 2년밖에 지나지 않은 시점이었다. 충격을 준 새로운 생물학 가설을 마치 지지라도 하듯 절묘한 타이밍에 증거가 나온 셈이다.

1986년에 영국의 저명한 천문학자 포일과 위크라마싱은 『원시조류, 시조새(Archaeopteryx, the primordial bird: a case of fossil forgery)』를 발표하여 화석이 가짜가 아니냐는 의문을 제기하였다. 그들은 이 책에 다음과 같이 썼다.

'1859년에 발간된 다윈의 『종의 기원』은 화석 위조자에게 특허장을 수여하는 전혀 예상치 못한 부차적인 효과를 낳았다. 기지의 화석 생물의 틈새를 메꿀 중간적 형태를 지닌 생물이 존재할 것이라는 이 책의 예언이 위조자에게 꽤 괜찮은 목표를 제공한 것이다.'

포일과 위크라마싱의 지적은 학계에서 인정되고 있지 않지만,

아무튼 역사는 때때로 우연이라는 재미있는 드라마를 쓰곤 한다.

1863

켈빈이 지구의 나이를 계산

이해에 켈빈은 「영속하는 지구의 냉각에 관하여」라는 제목의 논문을 통하여 지구의 나이를 약 1억 년으로 추정한다고 발표하였다. 켈빈은 용해 상태이던 고온의 지구가 우주 공간으로 열을 방출하며 냉각되어서 현재의 모습이 되었다고 여겼다. 냉각이 지구 표면에서부터 진행되기 때문에 먼저 땅의 표면부는 굳었지만, 지구의 내부는 아직도 용해된 상태 그대로 남아 있다고 하였다. 이에 그는 암석의 녹는점과 열전도율, 지구의 온도 구배 등의 데이터를 바탕으로 열전도 방정식(◀1822)을 풀어 계속 냉각되어왔을 것으로 가정한 지구의 나이를 산출해냈다.

그 후에도 장기간에 걸쳐 실험 및 관측 데이터를 갱신하며 켈빈은 해당 연구를 계속하였다. 그리고 해를 거듭할수록 지구의 나이가 어려져 1881년에 실시한 계산에서는 상한이 5000만 년까지, 하한이 2000만 년까지 내려갔다.

애당초 지구의 나이가 이렇게 적을 리 없다(현재의 추정치는 약 46억 년). 방사성 물질이 다량의 열을 내뿜고 있으므로 지구는 결코 일방적으로 냉각만 되지 않고 내부에는 열원을 가지고 있다. 따라서 켈빈이 계산의 전제로 삼은 모델 자체가 잘못되었다고 할 수 있다. 하지만 이러한 사실이 분명하게 드러난 것은 20세기에 들어선 이후이다. 당시로써는 켈빈의 추정치도 물리학적으로 나름대로 근거가 있었다.

그런데 켈빈이 이 연구에 착수한 것은 의도가 하나 있었기 때문이었다. 만약 지구의 나이가 1억 년밖에 되지 않는다면 이는 단순한 생물이 진화하여 인류가 되기에는 턱없이 부족한 시간이다. 생물은 모두 신의 창조물이며 진화론은 틀렸다고 믿은 켈빈이 물리학의 입장에서 다윈의 학설(◀1859①)을 말살하려고 시작한 연구였던 것이다. 종교계의 비판보다 위대한 물리학자의 공격이 다윈에게는 더 큰 골칫거리였다.

1865①

맥스웰이 전자기학의 기본 방정식을 발표

외르스테드의 전류 자기 작용의 발견(◀1820)과 패러데이의 전자유도의 발견(◀1831①) 등 19세기에 들어서면서 전기와 자기의 상관을 보여주는 실험 사실이 축적되었다. 이것들을 수학을 써서 이론화하여 전자기학의 기초를 다진 사람이 맥스웰이다.

1865년에 맥스웰은 『철학 회보』(런던왕립협회)에 게재한 「전자기장의 동력학적 이론」이라는 제목의 논문을 통하여 전기와 자기의 작용을 통일하여 나타낸 일련의 미분 방정식(맥스웰 방정식)을 발표하였다. 전자기학에 있어서 맥스웰 방정식은 역학에 있어서 뉴턴의 운동 방정식에 상당하는 것이 되었다.

그리고 맥스웰 방정식을 풀자 전기장(전기가 작용하는 공간)과 자기장(자기가 작용하는 공간)에 관한 파동 방정식이 도출되었다. 전기장과 자기장이 번갈아 서로를 발생시키면서 공간 내에서 물결파가 되어 퍼져나가는 것이 관찰되었다. 이것이 '전자파(또는 전자기파)'이다. 이때 전자파의 속도(진공일 때)는 빛의 속도와 일치하였다. 이는 우연의 일치가 아니었다. 파동설(◀1850①)에서 설명한 빛의 정체가 다름 아닌 전자파임을 맥스웰이 논리적으로 증명한 것이다(이 논증은 1871년부터 1873년에 걸쳐서 출판된 『전자기론A Treatise on Electricity and Magnetism』에 실려 있다).

나중에 독일의 하인리히 헤르츠가 맥스웰의 예언대로 전자파를 실제로 검출해냈다(▶1888②).

1865②

클라우지우스가 엔트로피의 개념을 도입

이해에 클라우지우스는 '엔트로피'의 양을 정의하고 이를 써서 열역학 제2법칙(◀1850②)을 수학적으로 표현하였다. 이에 따르면 열역학 제2법칙은 '독립계(외계와 에너지 및 물질의 교환이 없는 세계)에서 엔트로피는 계속해서 증가한다'고 표현된다.

우리가 눈으로 보는 매크로한 현상은 대부분 불가역(되돌릴 수 없는 일방통행)적인 과정이다. 예를 들어 뜨거운 물에 얼음을 넣으면 얼음은 녹고 물은 온도가 떨어져서 열평형 상태에 도달한다. 열역학 제1법칙(에너지 보존의 법칙)만 놓고 보면 물이 재차 원래의 뜨거운 물과 얼음으로 분리되는 것이 금지된 일은 아니지만(열의 총량에는 변화가 없으므로), 제2법칙이 설명하는 바와 같이 현실에서는 그러한 가역성이 관찰되지 않는다. 이러한 불가역성을 클라우지우스는 '엔트로피 증대의 법칙'으로서 정량적으로 나타냈다.

나아가 이 법칙을 통계 역학의 발전 속에서 정식화한 것이 오스트리아의 볼츠만이다(1877년). 앞서 예로 든 열 현상뿐 아니라 불가역 현상이란 일반적으로 계(系)가 통계적으로 확률이 적은 상태에서 큰 상태로 변해가는 과정이다. 이에 볼츠만은 확률론을 이용하여 엔트로피를 간결한 수식으로 재표현하였다. 이 아름다운 수식은 빈에 잠들어 있는 볼츠만의 묘비에 새겨져 있다.

1869①

『네이처』 창간

1869년 11월 4일에 과학 저널리즘의 선두주자가 된 주간 과학 잡지 『네이처』가 영국에서 간행되었다. 19세기 후반에 다양한 분야에서 발전을 이룩한 자연 과학의 최전선을 신속하게 전달하는 것을 목적으로 출판되었다. 창간호 표지에는 영국의 시인 워즈워스가 쓴 자연을 찬미하는 글이 실렸고, 그리고 권두에는 과학 사상의 보급에 힘쓴 생물학자 헉슬리의 에세이가 게재되었다.

20세기에는 졸리오퀴리 부인의 인공방사능 연구(▶1934①), 왓슨과 크릭의 DNA 구조 해석(▶1953①) 등 노벨상 수상으로 이어진 논문도 다수 발표되었다. 이러한 실적과 역사 위에서 『네이처』는 오늘날 엄격한 논문 심사를 하는 권위 있는 잡지로서 높은 평가를 받고 있다.

1869②

멘델레예프가 원소의 주기율을 발견

근대 화학 역사에서 처음으로 원소의 리스트를 작성한 사람은 라부아지에였다(◀1789). 단, 그의 경우에는 당시에 알려져 있던 33종의 원소(그중에는 나중에 원소가 아니라고 판명된 것도 일부 포함되어 있었다)를 일람표로 정리하는 데 그쳤다.

그 후 19세기에 들어서 전기 분해(◀1807)와 빛의 스펙트럼 분석(◀1859②) 등 새로운 실험 기술이 확립되자 새로운 원소가 차례로 발견되었다. 그 결과 1860년대에는 원소의 종류가 60개 이상으로 늘어났다. 이리되자 단순히 원소 일람표를 작성하는 것이 아니라 어떤 화학적 기준에 따라서 원소를 정리 분류할 필요성이 생겼다.

1869년에 러시아의 멘델레예프는 기지의 원소를 원자량 값에 따라서 정렬하여 보고 화학적으로 비슷한 성질이 주기적으로 나타난다는 사실을 발견하였다. 이해에 멘델레예프는 이를 러시아 화학회에 보고하였으며, 나아가 2년 후에는 보다 상세한 내용을 논문으로 정리하였고 독일의 화학 약학 잡지를 통하여 63종의 원소를 8행 12단으로 배열한 주기율표를 발표하였다.

이때 멘델레예프는 해당하는 화학적 성질의 원소가 발견되지 않은 경우에는 표의 해당란을 공란으로 비워두었다. 즉, 그곳에 들어갈 미발견 원소가 존재하리라고 예견한 것이다. 그리고 과연 예언대로 1875년에 갈륨, 1879년에 스칸듐, 1886년에 게르마늄이 발견되었다.

1870

맥스웰의 악마

이해에 맥스웰은 『열 이론(Theory of Heat)』을 저술해서 클라우지우스가 제시한 '엔트로피 증대의 법칙'(열역학 제2법칙, ◀1865②)에 대하여 다음과 같은 패러독스(역설)를 던졌다.

기체를 넣은 용기 중앙에 개폐 가능한 작은 문이 달린 칸막이를 설치하고, 그 옆에 온갖 분자의 운동을 기민하게 식별하는 능력을 지닌 '존재'――이것은 "맥스웰의 악마"라고 불리게 된다――를 세워놓는다. 용기 내 기체의 온도를 일정하게 설정하더라도 맥스웰 분포에 따르자면 개개 분자의 속도는 일정하지 않다(◀1860). 즉, 모두 같은 속도로 날아다니지 않는다. 빠른 분자가 있는가 하면 느린 분자도 있다.

이에 악마가 일정 속도보다 빠른 분자가 용기의 오른쪽에서 칸막이로 접근하면 문을 열어 분자를 왼편으로 보낸다. 느린 분자가 왼쪽에서 칸막이로 접근했을 때도 마찬가지로 문을 열어 오른편으로 보낸다. 반대로 느린 분자가 오른쪽에서 또는 빠른 분자가 왼쪽에서 칸막이로 접근할 경우에는 문을 닫아 분자가 건너편으로 이동하지 못하게 한다. 이와 같은 조작을 반복하면 결국 용기의 왼쪽 절반에는 빠른 분자만 모이고 오른쪽 절반에는 느린 분자만 모이게 된다. 그 결과 처음에는 전체적으로 동일한 온도였던 용기가 왼쪽 절반은 뜨겁고 오른쪽 절반은 차가운 상태로 분명하게 나뉘게 된다. 엔트로피가 감소한 것이다.

여기에서 악마는 분자에 대해서는 아무런 일도 하지 않는다. 그저 문만 여닫을 뿐이다. 일을 하지 않고도(에너지를 외부에서 용기 내부로 투입하지 않고) 엔트로피를 감소시킨 것이 맞다면 열역학 제2법칙이 깨지고 마는 역설이다.

개개 분자의 운동을 식별할 수 없는 인간은 통계적 계산으로 분자 집단(기체)을 다룰 수밖에 없으므로 이것이 열역학 제2법칙으로 나타나는 것이지만, 가령 이론적으로 이러한 악마가 존재할 수 있다면 엔트로피 증대의 법칙은 어떻게 될까? 이에 대한 해설은 20세기 이후에 이루어진다(▶1929①).

1872

에밀 뒤부아 레몽의 강연, '자연 인식의 한계에 대하여'

라플라스는 『확률에 대한 철학적 시론』에서 역학으로 과거부터 미래까지 삼라만상의 모든 것을 결정할 수 있는 능력을 지닌 '뛰어난 지성'의 존재에 대하여 고찰하였다(◀1814②). 그리고 인간을 이 뛰어난 지성이 그린 미숙한 스케치라고 표현하였다. 그 후로도 해왕성이 발견(◀1846)되는 데 있어서 뛰어난 예지 능력을 보이는 등 역학은 점점 위신이 높아져 갔다. 또 19세기에 들어 구축된 물리학의 다른 분야도 수리화된 역학 체계를 모범으로 삼아서 발전하였다. 온갖 의미에서 역학은 제 과학의 기반으로 여겨졌다.

당시의 그러한 풍조를 단적으로 보여주는 것이 1872년에 독일 자연 과학자의학자대회에서 에밀 뒤부아 레몽이 한 '자연 인식의 한계에 대하여'라는 제목의 강연이다. 이때 레몽은 라플라스가 상정한 '뛰어난 지성'을 "라플라스의 악마"라고 명명하고 『확률에 대한 철학적 시론』에서 전개한 자연관(역학적 결정론)을 발전시켰다. 그는 다음과 같이 말하였다.

"참새 한 마리도 라플라스의 악마가 모르게 땅에 떨어질 수 없으며, 과거와 미래를 꿰뚫어 보는 악마에게 전 우주는 유일한 사실, 하나의 커다란 현실에 지나지 않는다."

이와 같이 현재는 아직 미숙한 스케치에 지나지 않는 인간도 과학의 진보됨에 따라서 한 걸음씩 악마에 다가갈 수 있다고 레몽은 생각하였다. 바꾸어 말해 인간이 도달할 수 있는 자연 인식의 한계에 악마가 있다고 본 것이다.

1873

판데르발스가 기체의 상태 방정식을 제창

기체의 압력과 체적의 곱은 온도(절대 온도)에 비례한다는 것이 그 유명한 보일-샤를의 법칙이다. 하지만 현실의 기체 상태는 이 단순한 관계에서 벗어나 있다(그래서 보일-샤를의 법칙을 엄밀하게 따르는 기체를 '이상 기체'라고 부른다). 분자에는 유한한 크기가 있고 또 분자 간에는 힘이 작용하기 때문이다.

1873년에 네덜란드의 판데르발스는 이러한 점을 고려하여 실험결과에 근거한 현실 기체의 압력, 체적, 온도의 관계를 나타내는 식을 제시하였다. 이것이 오늘날 판데르발스의 상태 방정식이라고 부르는 보일-샤를의 법칙의 수정판이다.

19세기 후반에는 그때까지 해내지 못하고 있던 산소, 질소(1877년에 프랑스의 카유테와 스위스의 픽테가 각각 독자적으로), 수소(1898년에 영국의 듀어)의 액화에 차례로 성공하였는데, 판데르발스의 방정식은 기체에서 액체로 전이되는 방식도 설명해주었다.

1874①

캐번디시연구소의 창설

1869년에 영국의 케임브리지대학교에서 약체였던 실험 물리학 교육과 연구를 강화하기 위하여 새로운 연구소를 설립하겠다는 취지의 의견서가 올라왔다. 필요성을 통감하고 있던 케임브리지 대학교 총장 윌리엄 캐번디시는 의견서를 받은 후 대학에 거액을 기부하고 이를 추진시켰다. 먼저 1871년에 실험 물리학 강좌를 설치하고 맥스웰 (◀1856, 1860, 1865①, 1870)을 교수로 취임시켰다. 그리고 건물이 완공되기를 기다렸다가 3년 후인 1874년에 캐번디시 연구소를 개설하였다(18세기 후반에 화학과 물리학 분야에서 많은 업적은 남긴 헨리 캐번디시는 윌리엄의 조부의 사촌이다. ◀1766, 1784①). 초대 소장은 맥스웰이 맡았다.

20세기에 들어 캐번디시연구소는 눈부신 발전을 보였다. 1930년대에는 어니스트 러더퍼드의 지휘하에 원자핵 물리학의 메카가 되었고, 채드윅이 중성자를 발견하였다(▶1932①). 1950년대에 DNA의 구조가 해명된 것도 이 연구소에서이다(▶1953①). 또 1960년대에는 전파천문학의 기반이 구축되었고, 고체 물리학과 생화학 분야에서도 노벨상 수상으로 이어진 연구가 이루어졌다. 이리하여 1874년에 케임브리지 지역에 창설된 연구소는 이윽고 세계 과학의 연구 거점으로 성장하게 되었다.

1874②

틴들의 벨파스트 강연

영국과학진흥협회 회장 틴들은 1874년에 아일랜드 벨파스트에서 개최된 영국과학진흥협회 회합에서 강연을 하였다. 이때 에너지 보존의 법칙(◀1847①)과 다윈의 『종의 기원』(◀1859①)을 인용하며 종교 및 신학에 비해 과학이 압도적으로 우월하다며 다음과 같이 주장하였다.

"난공불락인 과학의 지위에 대해서는 많은 말이 필요치 않을 것이다. 우리는 우주론적 이론의 전 분야를 요구할 것이고 이를 신학에서 떼어낼 것이다. 과학 분야를 이와 같이 침해하는 일체의 계획과 조직은, 이들이 침해하는 한 과학의 지배에 굴복시켜야 하고, 동시에 과학을 지배하려는 일체의 사상은 이를 철회하여야 한다."(『과학과 공상科学と空想』, John Tyndall 저, 히라타 유타카 역, 소겐샤)

동시대에, 생물을 신의 창조물이라 믿으며 진화론을 부정한 켈빈(◀1863)과 같은 거물 과학자가 있었는가 하면, 틴들처럼 과학의 우위성을 방패 삼아서 종교를 맹렬한 논조로 공격한 인물도 있었다. 지금 보면 양측 모두 지나치게 극단적으로 보이지만, 그만큼 19세기 후반까지는 여전히 사람들의 자연관 속에 과학과 종교의 역할이 혼재되어 있었음을 엿볼 수 있다.

1877

스키아파렐리가 화성의 지도를 제작

화성은 약 2년 2개월에 한 번씩 지구에서 보았을 때 태양과 정반대의 위치(이를 충이라고 한다)에 있게 되는데, 이때 지구에 접근한다. 즉, 지구와 거리가 가까워진다. 또 15~17년마다 양자의 거리가 최소한이 되는 대접근이 일어난다. 1877년은 그야말로 그런 해였다.

최적의 관측 조건이 되는 이해에 망원경으로 화성을 들여다보던 이탈리아의 스키아파렐리는 붉은 행성의 표면에 그물코 모양의 줄무늬가 있는 것을 보고 그 모습을 그림으로 그려 화성 지도를 제작하였다. 스키아파렐리는 1879년과 1882년의 충(opposition) 때도 화성을 관측하여 더욱 상세한 기록을 남겼다.

그 후 이 그물코 모양은 기묘하게도 혼자서 걸어 나가기 시작하였다. 먼저 1892년에 프랑스의 플라마리옹이 이것은 자연 현상이 아니라 인공적 건축물이라고 주장하였다. 지적 생명체(화성인)가 만든 운하가 그물코 모양으로 건설되어 있는 것이라고 생각한 것이다. 당시에는 지구를 포함한 모든 행성은 고온의 불구슬이 서서히 냉각되어서 형성된다고 여겼다(◀1863). 이에 지구보다 부피가 작은 화성은 그만큼 냉각이 빨리 진행되어서 지구보다 문명이 먼저 발생되었을 것이라고 추측한 것이다.

미국의 로웰은 이 가설에 완전히 홀려버렸다. 그는 1894년에 아리조나에 사설 천문대를 건설하고 지구보다 높은 수준의 문명을 지닌 화성인이 존재한다고 일평생 믿으며 '운하' 관측을 필생의 사업으로 삼았다.

달세계 사람의 모습을 상상한 케플러의 『꿈』, 모든 항성 주변에는 생명체가 사는 행성이 존재한다고 주장한 퐁트넬의 『세계의 다수성에 관한 대화』(◀1686) 등 지구 밖 문명을 상상하는 저술이 옛날부터 집필되었다. 또 칸트도 『천계의 일반자연사와 이론(Allgemeine Naturgeschichte und Theorie des Himmels)』(1755년)에서 동일한 주장을 하였다.

소위 이러한 연장선상에서 스키아파렐리가 한 보고가 방아쇠가 되어 화성인 가설이 나온 것이다. 물론 환상으로 끝났지만.

1879①

슈테판이 열방사의 법칙을 발표

물체는 온도에 따라서 열에너지를 빛(전자파)으로 방출한다. 이 현상을 열방사라고 한다. 1879년에 오스트리아의 슈테판이 고온 물체의 열방사를 측정한 결과, 방사되는 모든 에너지는 절대 온도의 4제곱에 비례한다는 것을 알아냈다. 그 후 1884년에 볼츠만이 열역학을 이용하여 슈테판의 실험 결과를 이론적으로 설명하였다(슈테판-볼츠만의 법칙).

그런데 이 무렵에 열방사는 철강업이라는 실용적인 측면에서도 관심을 모으고 있었다(▶1888①). 이에 이론적 연구가 활발하게 이루어져 이윽고 플랑크의 양자 가설(▶1900③)이 나왔고 20세기에 들어서자 양자 역학이 형성되기에 이른다.

1879②

아인슈타인 탄생

만년에 아인슈타인은 16살이던 소년 시절에 다음과 같은 패러독스에 빠졌었다고 회상한다.

'그 패러독스는 광선 빔을 빛의 속도 c로 쫓아가면 광선 빔은 정지된, 공간적으로 진동하는 자기장으로 보일 거라는 것이었다. 하지만 경험적으로도, 맥스웰의 이론상으로도 그런 일이 일어나리라곤 생각할 수 없다. (중략) 이 패러독스 속에 특수 상대성 이론의 싹이 이미 들어 있었음을 알 수 있다.'(『자전 노트自伝ノート』, Albert Einstein 저, 나카무라 세이타로·이가라시 마사타카 역, 도쿄도서)

맥스웰(전자기학의 기본 방정식을 도출하고 빛이 전자파임을 밝혀낸 물리학

자. ◀1865①)가 케임브리지에서 사망하고, 겨우 16살에 이와 같은 패러독스를 생각해낸 아인슈타인이 울름(남독일)에서 태어난 것이 1879년이다. 그리고 이 패러독스에 빠진 때로부터 10년 후에 특수 상대성 이론을 발표하였다(▶1905①).

1880

피에르 퀴리가 압전 효과를 발견

프랑스의 피에르 퀴리는 1880년에 형 퀴리 자크와 함께 결정에 압력을 가하면 유전 분극이 일어나 전하가 발생한다는 것을 발견하였다. 이를 압전 효과라고 한다.

피에르는 1895년에 마리아 스크워도프스카(퀴리 부인)와 결혼하였다. 머지않아 두 사람은 라듐과 폴로늄을 발견(▶1898)하고 방사성 원소 연구에 착수하였는데, 압전 효과는 방사선 강도의 정량적인 측정에 사용되었다.

1881

마이컬슨이 정밀한 간섭계를 발명

미국의 마이컬슨은 이해에 그의 이름이 붙게 된 '마이컬슨 간섭계'를 발명하였다. 이는 두 개의 광선을 겹치고, 발생한 간섭 줄무늬 차이로 빛의 파장을 정밀하게 측정하는 장치이다. 또 이를 이용하면 짧은 거리를 높은 정밀도로 측정할 수 있어서 미터원기의 오차 측정 등에도 사용된다.

이러한 업적을 평가받아서 1907년에 마이컬슨은 '정밀 간섭계 고안과 분광학 및 미터원기에 관한 연구'로 미국인 최초로 노벨 물리학상을 수상하였다.

그런데 마이컬슨이 정밀한 간섭계를 제작한 데에는 실은 한 가지 더 중요한 의도가 있었다. 그것은 '지구의 절대 운동(에테르에 대한 운동)'을 검출하기 위함이었다. 하지만 의도와 달리 당시의 물리학으로는 설명할 수 없는 기묘한 결과만을 낳았다(▶1887②).

1884

아레니우스가 전리설을 제창

전기 분해(◀1800②, 1807, 1833)는 수용액 내에서 해리된 전기를 띤 입자(이온)가 전극 쪽으로 이동하는 현상이라고 여겨졌다. 이 설에 기초하여 독일의 히토르프와 콜라우슈는 전해질 용액 내의 전기전도율을 측정하였다.

이러한 연구의 뒤를 이어서 스웨덴의 아레니우스는 1884년에 전기장을 작용시키지 않더라도 전해질은 용액에 녹이기만 하면 일정한 비율로 전리된다는 설을 제창하였다. 그로부터 3년 후에 아레니우스는 독일의 『물리 화학 잡지』에 「물에 용해한 물질의 전리에 관하여」라는 제목의 논문을 발표하고, 전리설(이온화설)을 이용하여 전해질 용액의 응고점 강하(용액의 어는점이 전해질 용해에 의해 물의 어는점보다 낮아지는 현상)를 설명하였다. 나아가 전리설은 삼투압(▶1887①)을 설명하는 데도 이용되었다.

이러한 일련의 연구를 평가받아서 1903년에 아레니우스는 노벨 화학상을 수상하였다.

1885

발머가 수소 원자 스펙트럼의 계열을 발견

이해에 스위스의 발머는 수소 스펙트럼에서 관찰되는 네 개의 휘선 파장에는 규칙성이 있으며 그 크기는 간단한 공식으로 표현될 수 있다는 것을 알아냈다. 이를 오늘날에는 발머 계열이라고 부른다. 그 후 수소뿐 아니라 다른 원소의 스펙트럼선 파장에도 적용할 수 있는 일반적인 공식이 존재함을 알아냈다.

이 공식은 분광학 실험에 기초하여 경험적으로 도출한 것이며, 이론적 설명은 20세기에 들어 원자의 구조가 밝혀진 이후에 가능해진다.

1887①

반트호프가 묽은 용액의 삼투압을 정식화

이상 기체의 압력, 체적(밀도), 절대 온도 사이에는 보일-샤를의 법칙에 따른 관계가 성립한다(◀1873). 1887년에 네덜란드의 반트호프는 독일의 『물리 화학 잡지』에 발표한 논문에서 묽은 용액의 삼투압, 농도, 절대 온도 사이에도 보일-샤를의 법칙과 유사한 관계가 성립함을 열역학을 이용하여 증명하고 이를 정식화하였다. 그 후 이 연구는 특정 물질의 분자량 측정에도 이용되었다.

1901년에 반트호프는 '화학 열역학의 법칙과 용액의 삼투압을 발견'한 공로로 제1회 노벨 화학상을 받았다.

1887②

마이컬슨-몰리 실험

19세기 중반에 빛의 파동설이 확립되었고(◀1850①), 나아가 맥스웰이 빛의 정체가 전자파임을 이론적으로 설명하였다(◀1865①).

그런데 당시에 파동에는 반드시 그것을 전달하는 매질이 존재한다고 생각하였다. 예를 들어 소리의 매질은 공기이고, 해변으로 밀려드는 물결파의 매질은 바닷물인 것처럼, 우주 공간에는 '에테르'라는 매질이 가득 차 있어서 그 진동이 빛(전자파)이 되어 광속 c

로 전달된다고 가정하였다. 그리고 에테르는 절대 정지하고 있다고 간주하였다. 절대 정지란 우주에서 일어나는 모든 운동의 궁극적 기준이 되는 좌표계를 말한다.

그렇게 생각하면, 예를 들어 에테르에 대한 지구의 운동과 빛이 나아가는 방향이 일치하면 빛은 외견상 느려 보이지만, 둘의 방향이 반대가 되면 빛은 빨라 보일 것이다. 자동차가 동일한 속도로 주행하더라도 이 자동차를 쫓아갈 때와 반대 방향으로 스쳐 지나갈 때는 자동차의 속도가 다르게 느껴지는 것처럼 말이다.

이에 1887년에 미국의 마이컬슨과 몰리는 여러 방향으로 뻗어 나가는 빛의 속도 차이를 간섭 현상을 이용하여 측정하고(◀1881), 이를 바탕으로 지구의 절대 운동(에테르에 대한 운동)을 결정하고자 시도하였다. 그런데 의외의 실험 결과가 나왔다. 어느 방향으로 빛을 쏘든 빛의 속도는 언제나 c(초속 약 30만 킬로미터)로 일정하였다. 즉, 예상과 달리 빛의 속도 변화는 전혀 관찰되지 않았다.

이를 단순하게 해석하면 지구는 에테르 속에서 움직이지 않는다고 할 수 있다. 바꾸어 말해 지구 자체가 우주 공간 속에서 절대 정지하고 있다는 이야기가 된다. 하지만 19세기 말에 이르러 재차 '천동설'이 부활하리라고는 이제 와서 도저히 생각할 수 없었다. 중세로 되돌아갈 수 없었던 물리학자는 난처한 나머지 마이컬슨-몰리의 실험 결과에 억지스러운 설명을 갖다 붙였지만, 지금에 와서 보면 그것은 그야말로 얼토당토않은 끼워맞추기에 지나지 않는다.

이리하여 19세기 말에 물리학은 뜻밖에 커다란 난제에 부딪히게 된다(▶1900①).

1888①

물리공학국립연구소의 설립

이해에 에르스트 베르너 폰 지멘스(전기 공업 회사 지멘스를 창립한 기업가)의 자금을 바탕으로 기술 발전과 기초 과학의 부흥을 목적으로 베를린에 물리공학국립연구소가 설립되었다. 초대 소장으로는 헬름홀츠(◀1847①)가 취임하였다. 그리고 개설 당초에 연구소가 가장 힘을 쏟은 테마는 열방사(◀1879①) 연구였다.

일반적으로 온도에 따라서 물체의 색이 변화하는 것은 방사되는 빛의 스펙트럼(파장별 강도 분포)이 온도에 의존하여 변하기 때문이다. 온도가 그렇게까지 높지 않을 때는 적외선이 많이 방사되지만, 점점 온도가 높아질수록 붉은색에서 보라색으로 변하며 짧은 파장의 빛이 더 많이 방출된다.

19세기 후반이 되면 열방사 현상은 실용적인 관점에서도 주목받기 시작한다. 대표적인 예가 철강업이다. 철강 공정에서는 다양한 고온 작업과 가열 처리를 하기 때문에 정확하게 온도를 측정할 필요가 있었고 그 수단으로서 열방사가 부상하였다. 즉, 열방사 스펙트럼을 분광기로 측정함으로써 온도를 구하고자 한 것이다.

그런데 전자기학과 열역학을 써서 스펙트럼을 계산하여도 어째서인지 측정 결과와 일치하지 않았다. 이에 수정을 가한 여러 가지 식이 제안되었지만, 하나같이 실제 스펙트럼을 기술하지 못하였다. 가장 많이 쓰인 것은 물리공학국립연구소에 있던 빈이 1896년에 도출해낸 스펙트럼 분포식이었는데, 이것도 결국 파장이 긴 영역에서는 실험과 일치하지 않는다는 지적을 받았다.

이리하여 열방사 문제는 점점 더 혼란스러운 미궁으로 빠져들게 되었다(▶1900③).

1888②

하인리히 헤르츠가 전자파를 검출

맥스웰이 이론적으로 예언한 전자파(◀1865①)를 1888년에 독일의 하인리히 헤르츠가 실험으로 검출하는 데 성공하였다. 헤르츠는 불꽃 방전을 일으켜 전자파를 발생시키고 이것이 유한 시간에 전달되는 횡파임을 밝혀냈다. 또 전자파가 반사, 굴절, 치우침 등 빛과 일치하는 성질을 가지고 있음을 알아냈다.

그런데 전자파가 검출되자 이는 동시에 그것을 전달하는 매질로 여겨지던 에테르(◀1887②)의 실재를 증명한 것으로 받아들여졌다. 『네이처』(1888년 9월 6일호)에 영국과학진흥협회에서 피츠제럴드가 강연한 내용이 소개되었는데, 그 강연에서 그는 다음과 같이 선언하였다.

"1888년은 독일의 헤르츠가 전자 작용은 매질을 매개로 일어난다는 것을 실험으로 입증해 보인 기념비적인 해입니다."

또 아인슈타인도 만년에 일본에서 한 강연(1922년)에서 학창 시절(1890년대 후반)을 회고하며 다음과 같이 말하였다.

"에테르 바닷속을 투과하여 빛은 전달됩니다. 그리고 에테르 속에서 지구도 마찬가지로 움직입니다. 만약 지구에서 본다면 에테르는 지구로 흘러드는 것처럼 보일 것입니다. 하지만 저는 에테르의 흐름을 분명하게 우리에게 실증해줄 수 있는 사실을 물리학 문헌에서 전혀 발견할 수 없었습니다.

저는 이에 어떻게 해서든 지구에 대한 에테르의 흐름, 즉 지구의 운동을 실증하고 싶었습니다. 저는 당시에 마음속으로 이와 같은 문제의식을 일으켰을 때 에테르의 존재와 지구의 운동을 결코 의심하지 않았습니다."(『아인슈타인 강연록アインシュタイン講演録』, 이시하라 준, 도쿄도서)

하지만 실재하는 것은 전자파(빛)뿐이며 에테르는 환상에 불과하다는 것이 이윽고 밝혀졌다(▶1905②).

1890

레베데프가 빛의 압력을 측정

전자파가 물체에 부딪치면 흡수 또는 반사될 때 압력을 가한다는 것이 맥스웰의 전자기학 계산으로 밝혀졌다. 이것을 방사압(빛의 압력)이라고 한다. 또 열역학 계산으로도 방사압에 대하여 정량적으로 전자기학과 동일한 결론을 얻었다. 단, 압력의 크기가 미약하여 측정하는 데 많은 어려움이 있었다. 1873년에는 영국의 크룩스가 실험에 도전하였는데, 라디오메터 효과(빛에 의해 데워진 기체의 분자가 물체에 충돌하여 압력을 가하는 효과)가 방사압보다 10만 배나 커서 측정하는 데 성공하지 못하였다.

이에 기체의 영향을 어떻게 제거할 것인가가 실험의 성패를 가르는 큰 열쇠가 되었다. 러시아의 레베데프는 1890년부터 이 문제에 착수하였고 진공도 높은 공간에서 측정하였다. 그 성과를 1901년 독일의 물리학 잡지에 발표하였는데, 이 논문에서 그는 실험 오차 범위 내에서 전자기학과 열역학을 바탕으로 추정하였던 예상과 일치하는 방사압을 얻었다고 결론지었다.

하지만 미국의 니콜스와 헐은 레베데프의 실험을 통하여 확실히 방사압 효과를 검출하긴 하였으나 측정 오차에 대한 고찰이 불충분하며 정량적으로 올바른 결과를 제시하지 않았다고 지적하였다. 그리고 두 사람은 1901년부터 1903년까지 독자적으로 고안한 실험 방법으로 정략적으로 신뢰도 높은 방사압을 측정하였다.

참고로 나쓰메 소세키의 소설 『산시로(三四郎)』를 보면 물리학자인 노노미야 군이 '광선의 압력 측정'을 하는 장면이 나오는데, 그 모델이 된 것이 니콜스와 헐의 실험이다.

1894

레일리와 램지가 아르곤을 발견

기체의 밀도를 측정하던 영국의 레일리는 질소(◀1772②)와 관련하여 설명할 수 없는 결론에 도달하고 곤혹스러워하였다. 대기에서 추출한 질소와 암모니아에서 분리한 질소의 밀도가 달랐던 것이다. 틀림없이 동일한 질소인데 전자보다 후자가 0.5% 더 가벼웠다.

이 보고를 들은 영국의 램지는 레일리에게 자신이 그 수수께끼를 풀어보고 싶다고 제안하였다. 램지가 대기에서 추출한 질소를 빨갛게 달구어진 마그네슘과 반응시키자 그중 일부가 마그네슘과 반응하지 않고 그대로 남았다. 그리고 잔존 기체의 밀도는 질소의 밀도보다 조금 더 무거웠다. 또 분광 실험(◀1859②)을 하자 잔존 기체에는 질소와는 다른 스펙트럼선이 포함되어 있었다.

1894년에 레일리와 램지는 각각 이 기체를 순수하게 추출해냈고 공동으로 새로운 원소를 발견하였다고 발표하였다. 새로운 원소가 화학 반응을 하지 않는 점에서 착안하여 원소명을 '아르곤'이라고 붙였다. 그리스어로 '게으름뱅이'라는 뜻이다. 처음으로 발견된 '불활성 원소'이다.

또한 불활성 원소 중에서 가장 가벼운 헬륨은 이미 1868년에 프랑스의 장센과 영국의 로키어가 태양광 스펙트럼 속에서 발견하였지만, 1895년에 이것들이 지구상에도 존재함을 증명한 사람은 램지이다. 또 네온, 크립톤, 크세논은 1898년에 램지와 트래버스가 발견하였다.

1895

뢴트겐이 X선을 발견

당시에는 음극선(◀1858)의 정체와 관련하여 두 가지 가설이 병존하고 있었다. 하나는 음극선을 입자의 흐름으로 보는 설이고, 다른 하나는 에테르(◀1887②, 1888②)의 진동으로 보는 설이었다. 독일의 물리학자 뢴트겐이 이 문제에 착수하였다.

뢴트겐은 음극선을 방전관 밖으로 끄집어내면 그 성질을 더욱 상세하게 조사할 수 있지 않을까 하고 생각하였다. 방전관의 유리벽 일부를 미크론 단위의 얇은 알루미늄 포일 창문으로 교체하면 음극선이 이를 통과하여 밖으로 나온다는 것을 이미 독일의 레나르트가 밝혀내 놓은 상태였다. 단, 방전관에서는 가시광선도 방사되므로 이를 차단하기 위하여 뢴트겐은 관을 검은 종이로 감쌌다. 이와 같이 준비를 끝내고 1895년 11월 8일에 컴컴한 실험실에서 뢴트겐은 방전관 스위치를 눌렀다.

그러자 갑자기 관에서 2미터도 넘게 떨어진 곳에 때마침 있던 형광 스크린이 빛나기 시작하였다. 스위치를 내리면 스크린도 더 이상 빛나지 않는 것으로 미루어 보아 형광 물질을 자극하는 무언가가 방전관에서 나오는 것이 틀림없었다. 음극선은 공기 중을 기껏해야 몇 센티미터밖에 통과하지 못하므로 이는 미지의 방사선일 것이라고 생각하였다.

이에 뢴트겐은 방전관과 스크린 사이에 책, 알루미늄판, 고무, 나무판, 유리 등 근처에 있던 다양한 물건을 설치하여 보았다. 형광빛에 다소 변화가 있었으나 미지의 방사선은 이들 물질을 통과하는 놀라운 성질을 가지고 있었다. X선이 발견된 순간이다.

1896①

베크렐이 방사능을 발견

방사능이라고 하면 제일 먼저 퀴리 부인(마리 퀴리)이 떠오르는데, 방사능을 발견한 사람은 그녀가 아니라 프랑스의 베크렐이다(방사능이라는 말을 처음으로 쓴 사람은 퀴리 부인이다). X선이 발견(◀1895)되었다는 소식을 듣고 자극을 받은 베크렐은 형광 물질에 빛을 쪼이면 X선도 방사되지 않을까 하고 예상하였다. 이에 1896년에 베크렐은 형광 물질로 우라늄 화합물을 선택하고 이것을 검은 종이로 감싼 사진 건판 위에 올려놓은 뒤 햇빛에 노출시켰다. 사진 건판에는 예상대로 검은 그림자가 비쳤다.

그런데 그 후 예상치 못한 사태가 벌어졌다. 베크렐은 우라늄 화합물과 검은 종이로 감싼 사진 건판을 함께 실험실의 책상 서랍에 넣어두었다. 며칠 후에 이것을 꺼내, 혹시 몰라서 건판을 현상해 보고 베크렐은 깜짝 놀랐다. 우라늄 화합물을 햇빛에 노출시켰을 때보다 훨씬 강렬하게 건판이 감광되어 있었다. 그렇다는 것은 이러한 현상이 일어나는 데 햇빛은 아무런 상관이 없다는 이야기가 된다. 빛을 쏘이지 않고도 우라늄 화합물은 자발적으로 X선과는 다른 모종의 방사선을 내뿜은 것이다.

이리하여 특정 물질에는 방사선을 내뿜는 능력(방사능)이 있다는 것이 발견되었다.

1896②

제이만이 자기장 내에서 스펙트럼선이 분열된다는 것을 발견

1896년에 네덜란드의 제이만은 나트륨 원자를 자기장 내에서 발광시키면 노란색 스펙트럼선이 여러 개로 갈라진다는 것을 발견하였다(제이만 효과).

이 보고를 들은 네덜란드의 헨드릭 안톤 로렌츠는 발광 현상은 원자 내의 하전 입자——이윽고 이는 전자인 것으로 판명되지만

——가 운동하기 때문에 일어난다고 생각하였다. 하전 입자에 자기장을 작용시키면 그 운동에 영향이 생긴다. 이에 로렌츠는 자기장의 작용을 고려하여 제이만이 관측한 스펙트럼선의 변화를 계산하였다. 또 이를 바탕으로 하전 입자의 '비전하(전하 e와 질량 m의 비율, e/m)'도 구하였다.

이리하여 제이만의 실험과 로렌츠의 이론으로 인해 간접적이나마 원자의 내부에 더 작은 구성 요소(전자)가 포함되어 있음이 드러났다.

1896③

노벨 사망

1896년 12월 10일에 다이너마이트를 발명한 것으로 유명한 스웨덴의 노벨이 이탈리아의 산레모에서 사망하였다. 당시 나이는 63살이었다.

사망하기 일 년 전에 노벨은 파리에서 후일에 노벨상 창설의 계기가 된 유언장을 작성하였다. 그는 자신의 재산으로 기금을 조성하고 그 이자를 물리학, 화학, 의학생리학, 문학, 평화 운동의 다섯 분야에서 가장 뜻깊은 공헌을 한 사람들에게 매년 상의 형태로 나누어주라고 적었다. 또 수상 시에는 국적도, 스칸디나비아 출신인가 그렇지 않은가도 일절 묻지 말라고 명기하였다. 민족주의와 국가주의가 판치던 19세기 말에 넓은 국제적 시야에서 뛰어난 업적을 세운 인물을 표창하려고 한 그의 자세는 높이 평가 받아 마땅하다.

노벨상 수상이 시작된 것은 노벨 사후 5년째 되는 해인 20세기 원년이다(▶1901).

1897

J.J. 톰슨이 전자를 발견

음극선(◀1858, 1895)의 정체가 무엇인지에 대하여 오랜 시간 논쟁이 계속되었는데, 1897년에 드디어 결판이 났다. 이해에 영국의 J.J. 톰슨이 진공도를 높인 방전관 내에서 음극선에 전기장과 자기장을 작용시키는 실험을 한 결과 음극선이 굴곡되는 현상이 확인되었다. 전자기장을 통과할 때 힘을 받는다는 것은 음극선이 전기를 띤 입자(전자)일 가능성을 암시한다.

전자기장의 작용을 받아서 굴곡되는 정도는 입자의 전하와 질량에 의해 좌우된다. 이에 그 값을 바탕으로 톰슨이 음극선의 비전하(전하와 질량의 비)를 계산한 결과, 제이만 효과(◀1896②)로 로렌츠가 구한 값하고 일치하였다. 또 톰슨은 음극선이 방사되는 전극물질을 다양하게 변경하여 보았는데 비전하 값은 물질의 종류에 상관없이 늘 일정하였다.

이로써 원자 속에는 전자라는 모든 물질에 공통되는 기본 구성 요소가 포함되어 있으며, 이것이 어떤 이유로 인해 밖으로 흘러나온 흐름이 음극선임이 밝혀졌다.

또한 '일렉트론(electron)'이라는 용어는 1874년에 아일랜드의 스토니가 전기 분해에서 이온의 전기량을 계산하면서 처음으로 사용하였다. 음극선 실험을 하였을 당시에 톰슨은 아직까지 '입자'라는 표현을 사용하였다. 오늘날과 같은 의미로 전자라는 용어가 정착된 것은 20세기 이후이다.

1898

퀴리 부인이 라듐과 폴로늄을 발견

베크렐이 방사능을 발견(◀1896①)한 후에 방사선의 강도를 정밀하게 정량적으로 측정한 사람은 퀴리 부인이다. 그녀는 남편 피에르가 발견한 압전 효과(◀1880)를 이용한 장치를 사용하여 여러 가지 우라늄 화합물의 방사선 강도를 조사하였다. 그 결과 강도는 화합물의 종류가 아니라 들어 있는 우라늄의 양에 비례한다는 것을 알아냈다. 이것은 의심의 여지 없이 방사능이 우라늄 원자에서 나온다는 것을 시사한다.

이에 퀴리 부인은 우라늄 이외에도 방사능을 지닌 원소가 존재하지 않을까 하고 추측하였다. 그리고 1898년에 남편의 협력을 얻어서 퀴리 부인은 두 가지 방사성 원소 라듐과 폴로늄을 발견해냈다. 폴로늄은 그녀의 조국 폴란드에서 딴 이름이다.

1899

러더퍼드가 방사선을 알파선과 베타선으로 구분

영국의 어니스트 러더퍼드는 1899년에 방사성 원소에서 나오는 방사선은 투과력의 차이에 따라서 두 종류로 나눌 수 있음을 발견하고, 투과력이 작은 쪽을 알파선, 큰 쪽을 베타선이라고 명명하였다. 또 이듬해에는 프랑스의 빌라드가 베타선보다 더 투과력이 좋은 방사선을 검출하고 감마선이라고 이름 붙였다. 이리하여 방사성 원소에서 세 종류의 방사선이 나온다는 것이 밝혀졌다.

방사선의 정체는, 먼저 1900년에 베크렐이 베타선의 비전하(◀1896①, 1897)를 측정하여 이것이 고속으로 움직이는 전자의 흐름임을 증명하였다. 20세기에 들어 러더퍼드와 그의 동료들의 실험으로 알파선은 헬륨 원자핵(1908년), 감마선은 높은 에너지의 전자파(1914년)라는 것이 판명되었다.

1900①

켈빈의 강연, '열과 빛의 동력학 이론을 뒤덮은 19세기의 암운'

19세기 마지막 해의 4월 27일, 런던의 왕립연구소에서 역사에 남을 강연이 열렸다. 영국 과학계의 거물 켈빈이 19세기 물리학이 걸어온 길을 회고하며 이에 대하여 총괄적으로 설명하였다.

뉴턴 역학에 더하여 19세기는 열역학, 전자기학, 통계 역학 등이 확립되고 고전 물리학——단, 당시 사람들에게 이것은 아직 '고전'이 아니었지만——의 체계가 완성된 시대였다. 그리고 19세기 말이 되면 고전 물리학은 자연계를 규정하는 기본 법칙(예를 들어 뉴턴의 운동 법칙과 에너지 보존의 법칙, 전자기학에서는 맥스웰 방정식 등)을 모두 손에 넣어서 이것들을 잘 구사하기만 하면 이론적으로는 자연(우주)을 모두 해명할 수 있다는 사상이 퍼지고 있었다. 극단적으로 말하자면 물리학에는 이제 본질적으로 중요한 미해결 문제가 아무것도 남아 있지 않으며, 앞으로 할 일은 이미 확립된 체계 안에서 개별적인 구체적 사례를 처리할 뿐이라고 생각하였다.

켈빈은 물리학이 번영하고 있는 당시 상황을 칭송하였지만, 최근에 물리학을 애먹이고 있는 다소 성가신 문제가 두 가지 있다고 언급하였다. 그것을 그는 강연에서 '19세기의 암운'이라고 형용하였다. 한 가지 암운은 에테르에 대한 지구의 운동(◀1887②)이고, 다른 한 가지 암운은 열방사 스펙트럼에 관한 문제(◀1888①)였다. 두 가지 모두 언뜻 보기에는 암운이라고 할 것까지는 없어 보이지만, 실험 결과를 기존의 이론으로 설명할 수 없었다.

그래도 고전 물리학의 만능성을 확신하였던 켈빈은 두 가지 난문도 이미 손에 넣은 기본 법칙의 틀 안에서 해결될 것이라고 낙관하였다. 고전 물리학이 눈에 거슬리는 먹구름을 날려버리면 청명한 푸른 하늘이 펼쳐질 것이라고 믿었다.

하지만 역사는 켈빈이 기대한 방향으로 흘러가지 않았다. 두 가지 암운은 날아가기는커녕 20세기에 들어서면서 더더욱 커졌다. 그리고 물리학은 근대 과학이 탄생한 이래 가장 강력한 태풍을 맞이하게 된다. 여기에서 상대성 이론과 양자 역학이 탄생한다.

1900②

더프리스, 코렌스, 체르마크가 멘델의 유전 법칙을 재발견

오스트리아의 사제였던 멘델은 1865년에 브루노의 자연연구회에서 「잡종 식물의 연구」라는 제목으로 발표하였고, 이듬해에 해당 논문을 자연연구회 잡지에 게재하였다. 이것이 나중에 유명해지는 완두콩 교배 실험에서 도출해낸 유전 법칙이다.

하지만 멘델의 선구적인 연구는 당시에 전문가로부터 높은 평가를 받지 못하였고, 발표한 자리도 지방의 작은 학회여서 다윈의 『종의 기원』(◀1859①)처럼 널리 보급되어 주목받지 못하였다. 그의 연구 결과가 햇빛을 본 것은 35년 후인 1900년이었다.

이해에 네덜란드의 더프리스, 독일의 코렌스, 오스트리아의 체르마크가 각각 독자적으로 멘델과 같은 법칙을 발견하였다. 이때 그들은 옛 연구들을 조사해보고 멘델의 선행 논문이 있음을 알게 되었다. 멘델이 사망한 때로부터 16년째 되던 해였다.

1900③

플랑크가 양자 가설을 제창

이 시기에는 측정된 열방사 스펙트럼 분포를 고전 물리학 이론으로 설명할 수 없는 것이 문제가 되고 있었다(◀1888①). 이러한 혼란 속에서 1900년 12월 14일에 독일 물리학회에서 플랑크가 모든 파장 영역에 걸쳐서 측정 결과와 일치하는 분포식을 제창하였다.

이로써 오랜 시간 동안 문제였던 실험과 이론의 불일치가 해소되었지만, 플랑크의 식에는 어떤 기묘한 조건이 포함되어 있었다. 그것은 열방사 에너지는 연속적으로 변화하지 않고 불연속적인 값을 가진다는 전제였다. 이와 같은 전제를 설정하지 않으면 계산 도중에 식이 무한대로 발산해버리는 문제가 발생하기 때문에 이를 피하기 위하여 플랑크는 방사 에너지값에 앞서 말한 제한을 두었다. 이것이 '양자 가설'이다(일반적으로 물리량이 있는 단위를 하나의 덩어리로 하여 그 정수배마다 변화할 때 이를 양자라고 부른다).

그럼 '에너지가 띄엄띄엄의 값만을 가지는 것은 어째서일까? 바꾸어 말해 중간에 금지된 에너지 영역이 있는 것은 어째서일까?' 하는 의문이 자연히 들게 된다. 고전 물리학으로는 이 기묘한 가설을 이해할 수 없었다. 그때까지의 물리학 상식으로 보자면 에너지는 당연히 연속적으로 변화하여야 하기 때문이었다. 제창자조차 이 기묘한 현상에 당혹감을 느끼는 상황하에서 양자 가설이 등장하였다. 이 수수께끼에 대한 답을 알기 위하여 사람들은 아인슈타인이 등장하기를 기다려야만 하였다(▶1905②).

제5장
20세기 전반의 흐름

20세기 전반의 특징

19세기 말은 X선, 방사능, 전자, 각종 방사선이 잇따라 발견되며 물리학자의 관심이 급속하게 마이크로 세계로 향하기 시작한 시대였다. 이러한 분위기는 20세기에 들어서면 더욱 가속된다. 만고불변의 진리라고 믿었던 원소의 붕괴 현상이 발견되었고, 방사선 각각의 정체와 원자의 구조도 밝혀졌다. 또 파동으로 파악하고 있던 빛(전자파)에서 입자성이 관찰되었고, 반대로 입자로 파악하고 있던 전자에서는 파동성이 관찰되는 '이중성'의 문제도 생겨났다.

이에 이러한 실험 사실의 축적과 병행하여 고전 물리학으로는 감당할 수 없게 된 마이크로 대상을 기술할 새로운 이론 체계를 신속하게 구축할 필요성이 생겼다. 그 기반이 된 것은 플랑크의 양자 가설(1900년)에 물리적 의미를 부여한 아인슈타인의 광양자 가설이다. 아인슈타인은 파동인 빛(전자파)에는 에너지 덩어리로서의 속성도 있다고 판단하고 '파동과 입자의 이중성'이라는 새로운 개념을 제창하였다. 광양자 가설이 옳다는 것은 당시 잘 알려져 있던 광전 효과(빛을 비춘 물질에서 전자가 튀어나오는 현상)와 1922년에 발견된 컴튼 효과(물질 내 전자와 충돌할 때 나타나는 X선의 입자성) 등을 통하여 실증되었다. 결국, 고전 물리학에서는 인정되지 않던 파동과 입자의 이중성이 마이크로 세계의 수수께끼를 푸는 열쇠가 된 것이다.

1920년대에 들어서면 드브로이가 광양자 가설과는 반대로 전자 등의 입자에도 파동성이 있다는 물질파 개념을 제창하였고, 이는 머지않아 전자선 회절 실험으로 증명되었다. 그리고 물질파를 다루는 일반적인 파동 방정식을 슈뢰딩거가 도출하였다. 또 하이젠베르크는 파동과 입자의 이중성으로 인해 위치와 운동량 또는 시간과 에너지 사이에는 '불확정성 원리'라는 관계가 성립되며, 마이크로 세계에서는 뉴턴 역학처럼 어떤 물리량을 100%의 정밀도로 결정할 수 없다는 것을 알아냈다. 바꾸어 말해 결정론 자연관은 종말을 고하고, 불확정성을 동반하는 확률적 해석 자연관이 탄생한 것이다.

이리하여 1920년대 후반에 인간의 소박한 실감과는 거리가 먼 마이크로 대상을 기술하는 양자 역학이 확립되었다.

한 가지 더, 양자 역학과 함께 20세기 물리학의 기초를 이룬 상대성 이론이 1905년에 등장하였다. 아인슈타인은 이해에 특수 상대론을, 그리고 1916년에 일반 상대론을 발표하여 시간, 공간, 질량의 개념을 근본적으로 바꾸어놓았다. 1910년에 유럽으로 건너간 나가오카 한타로는 현지에서 많은 구미의 물리학자와 접촉하였으며, 상대론의 등장을 두고 그들이 이구동성으로 "혁명이다! 혁명!"이라며 야단법석을 떨고 있다고 일본 물리학계에 보고하였다.

마이크로 세계가 고전 물리학이 건드릴 수 없는 영역이었던 것과 마찬가지로, 상대론의 효과가 현저하게 나타나는 광속처럼 빠르게 움직이는 운동과 중력장이 강한 공간도 마찬가지로, 뉴턴 역학에서 크게 벗어난 영역임이 판명되었다.

1928년에 디랙은 양자 역학과 특수 상대론을 융합한 이론을 만들고 이를 바탕으로 반입자가 존재할 것이라고 예언하였다. 1932년에 디랙이 예언했던 대로 앤더슨에 의해 양전자가 발견되자 물질에 대한 개념도 순식간에 확대되었다.

그런데 양전자가 발견된 1932년에는 그 밖에도 중성자(채드윅이 발견)와 중수소(유리가 발견)가 발견되는 등 중요한 새로운 입자가 연달아 발견되었다. 또 코크로프트와 월턴이 가속 장치를 이용하여 원자핵을 파괴하는 실험을 한 해이기도 하다. 이리하여 1930년대에는 원자핵 물리학이 황금기를 맞이하였다.

황금기의 중핵을 이룬 것은 중성자였다. 중성자가 발견됨으로써 양자와 중성자가 핵의 구성 요소임이 밝혀졌다. 이리되면 양자와 중성자를 좁은 핵 내부에 강하게 결합시키는 힘의 작용이 큰 문제가 되는데, 이것을 해명해준 것이 1935년에 유카와 히데키가 발표한 중간자론이다. 이 업적이 인정되어서 1949년에 일본인 최초로 노벨상을 수상하였다.

한편, 자연계에는 천연 방사성 원소가 존재하고 이것은 스스로 계속 붕괴되면서 다른 원소로 변환되어가는데, 1934년에 졸리오 퀴리 부인이 알루미늄 포일에 알파선을 조사하면 인공적으로 방사성 물질을 만들어낼 수 있다는 것을 발견하였다. 이 소식을 들은 페르미는 알파선 대신에 중성자를 많은 물질에 조사하여 37종에 달하는 인공 방사성 원소를 생성하였다.

그로부터 4년 후인 1938년에 중성자는 더욱 중대한 발견을 가져왔다. 한과 슈트라스만이 우라늄에 중성자를 충돌시키자 우라늄 핵이 둘로 분열된 것이다. 이때 아인슈타인이 도출한 에너지와 질량의 등가성을 나타낸 식에 따라서 핵 내에 갇혀 있던 에너지가 해방된다. 또 핵이 분열될 때 발생하는 중성자가 다른 우라늄 핵에 충돌하면 이 현상이 연쇄반응적으로 진행되어 막대한 에너지가 방출된다. 원자 폭탄이 개발 및 투하된 것은 이로부터 불과 6년 후였다.

20세기는 노벨상 수상과 함께 시작된 세기이기도 하다. 노벨이 유서를 남긴 19세기 말은 아직까지 서구가 압도적인 지배권을 가지고 있던 민족주의와 국가주의가 팽배하던 시대였다. 그럼에도 불구하고 노벨은 선고할 때 업적만 보고 국적은 일절 묻지 말라고 명기하였다. 지금으로부터 백 년도 전에 당시 국가 간의 우위성과 거기에서 파생되는 편협한 사고방식에 사로잡히지 않고 넓은 국제적 시야에서 어떻게 수여할 것인가를 생각한 노벨의 자세와 식견은 높이 평가할 만하다.

오늘날 노벨상은 수많은 학술 표창 제도 중에서 최고로 평가를 받으며 그 어떤 상도 노벨상에 비견되지 않는데, 그러한 배경에는 창설 당시에 노벨이 보인 이러한 선견성이 있다.

덧붙여서 앞서 개관한 것과 같이 노벨상 수상이 개시된 시기는 물리학을 중심으로 이루어진 과학 변혁기와 겹쳐 대발견이 연쇄반응처럼 잇따라 보고되었다. 그리고 과학 변혁기를 이끈 천재 대물리학자가 집중적으로 등장한 시기이기도 하다. 지금 보더라도 그 번뜩임과 눈부심에 넋을 잃고 반해버릴 지경이다. 따라서 수상하기에 적합한 인물에는 부족함이 없었고, 수상한 슈퍼스타들이 초창기 노벨상에 권위를 부여하였다.

새로운 시대가 시작되는 20세기 원년에 과학 변혁기와 호응하듯이 노벨상 수상이 시작된 것은 물론 역사적 우연에 지나지 않지만, 방금 말한 것과 같이 이것이 노벨상이 오늘날처럼 권위 있는 상으로 발전하는 데 소위 순풍으로 작용하였다. 이리하여 20세기 과학의 발자취는 노벨상의 계보 속에 각인되어 나갔다.

1901

노벨상 수상 스타트

노벨의 유언(◀1896③)에 근거하여 노벨상 수상이 시작된 것은 때마침 새로운 세기를 맞이한 20세기 원년, 1901년이다. 과학 세 부문에서 제1회 노벨상을 수상한 사람은 물리학상은 뢴트겐(◀1895), 화학상은 판트호프(◀1887①), 의학생리학상은 독일의 폰 베링 등 첫해부터 하나같이 쟁쟁한 거물이었다. 이후로 노벨상 계보는 그대로 20세기 과학 발전의 윤곽을 새겨나갔다.

1902①

러더퍼드와 소디가 원소 변환을 발견

캐나다의 맥길대학교에서 연구하던 영국의 어니스트 러더퍼드와 소디는 토륨이 방사선을 방출하며 다른 원소(이것은 나중에 라돈인 것으로 판명된다)로 변환된다는 것을 알아냈다. 원소는 변하지 않고 원자는 파괴되지 않는다는 종래의 화학 상식을 재검토해야 하는 상황에 봉착하였다.

또 이 실험을 통하여 러더퍼드와 소디는 방사능을 동반하는 현상에서는 화학 반응과는 비교되지 않는 막대한 에너지가 방출된다는 것을 깨달았다. 에너지양의 어림셈 값은 1903년에 발표한 논문 「방사능 변화」에 게재하였다. 같은 해에 프랑스의 피에르 퀴리와 라보르드도 라듐에서 방출된 열량을 측정하여 이것이 에너지값이 높다는 것을 밝혀냈다.

원소 변환의 메커니즘이 해명된 것은 시간이 조금 더 흐른 후인데, 화학 반응으로는 불가능하던 원소 변환이 이와 같이 진행된 데에는 차원이 다른 높은 에너지가 깊이 관련되어 있었다. 그러한 의미에서 러더퍼드와 소디는 20세기에 새로운 '연금술'의 문을 열었다고 하겠다.

1902②

기무라 히사시가 지구의 위도 변화에 관한 z항을 발견

지구는 자전축을 중심으로 1일 주기로 회전하는데, 자전축의 방향은 엄밀하게는 일정하지 않다. 시간과 함께 미묘하게 변화한다. 이를 지구의 천구에 대한 위도 변화라고 한다. 이러한 지구의 불안정한 운동을 계산으로 처음 예언한 사람은 18세기의 수학자 오일러(◀1760②)였다. 반면, 자전축의 변화를 나타내는 신뢰할 만한 관측 데이터는 19세기 말 이후에 겨우 보고되기 시작하였다.

이에 1898년에 독일의 슈투트가르트에서 열린 만국측지학협회 총회에서 북위 39도 8분에 위치하는 여섯 곳에 관측소를 설치하고 조직적으로 관측을 실시하기로 결정하였다. 그리고 미국, 이탈리아, 러시아의 각 지점, 그리고 추가적으로 지리상의 이유로 일본의 미즈사와(이와테현)도 거점으로 선정되었다. 이리하여 이해 12월부터 자전축 변동을 추적하는 국제적 천문관측이 시작되었다.

그런데 1901년에 여섯 곳의 관측 데이터가 모여 독일의 포츠담에 위치하는 만국측지학협회 중앙국에서 자전축의 변동에 기초하여 위도 변화를 계산하자 미즈사와에서 관측한 값에 큰 오차가 있는 것으로 드러났다. 포츠담 중앙국에서 일본의 데이터는 신뢰할 수 없다는 취지의 우편물을 보냈다. 당시는 1901년. 일본의 과학이 아직 발전 도상 단계에 머물러 있던 시대였으므로 서구 제국과 공동 관측 사업을 진행하며 일본의 미숙함이 드러난 듯 보였다.

그러던 중에 사태는 예상 밖의 전개를 보였다. 미즈사와에서 관측을 진두지휘한 기무라 히사시가 위도 변화를 구하는 종래의 식에 새로운 보정항(z항)을 추가하자, 여섯 곳의 관측 데이터와 계산값의 차이가 모두 이전보다 작아졌으며 각 지점 데이터 간의 정합성도 높아졌다. 또한 Z항을 고려하자 오차가 크다는 비판을 받았던 미즈사와 데이터의 정밀도가 가장 높은 것으로 드러났다.

즉, 일본의 관측 기술과 장치에 결함이 있었던 것이 아니라 사용한 계산식에 문제가 있었던 것이다. z항 발견에 관한 기무라의 논문은 1902년에 독일과 미국의 천문학 잡지에 실렸다. 이때부터 국제적으로 높은 평가를 받는 일본인의 업적이 조금씩 생겨나기 시작하였으며, 기무라의 z항이 그 대표적인 사례 중의 하나가 되었다.

1903

퀴리 부부가 노벨상을 수상

이해의 노벨 물리학상은 방사능을 발견한 베크렐(◀1896①)과 방사능 연구를 발전시킨 피에르 퀴리와 마리 퀴리(◀1898)의 세 사람이 받았다. 부부가 함께 상을 받은 것이다. 이때 스웨덴왕립과학아케데미의 토네블라드 총재는 수상 인사에서 다음과 같이 말하였다.

"퀴리 교수와 부인의 위대한 업적은 '화합은 힘이다'라는 오래된 속담의 좋은 예입니다. 이는 '남성이 혼자 사는 것은 옳지 않다. 그에게 그를 도울 자를 내려주노라'라는 하나님의 말씀에 완전히 새로운 스포트라이트를 비춘 것과 같습니다."(『노벨상 강연 물리학(1) 1901~1907ノーベル賞講演物理学(1) 1901~1907』, 나카무라 세이타로·고누마 미치지 편저, 고단샤)

이로부터 32년 후인 1935년에 이번에는 퀴리 부부의 딸 이렌 졸리오퀴리와 남편 프레데리크 졸리오퀴리가 인공 방사능 연구(▶1934①)로 역시 부부가 함께 노벨 화학상을 수상하였다. 2대에 걸친 쾌거였다.

1904

러더퍼드가 지구의 나이 문제를 언급

이해에 첫 저서 『방사능(Radio-Activity)』(케임브리지대학교 출판)을 간행한 러더퍼드는 런던왕립협회에서 이 주제로 강연을 하였다. 강연 중에 러더퍼드는 일찍이 켈빈이 무척 젊게 약 1억 년으로 추정한 지구의 나이 문제(◀1863)에 대하여 언급하였다.

러더퍼드는 소디와 공동 연구하여 방사능을 동반하는 현상에서는 막대한 에너지가 방출된다는 것을 알아냈다(◀1902①). 또한 이때 발생하는 다량의 열을 피에르 퀴리와 라보르드가 측정하였다. 그리고 라보르드는 지구는 내부에 방사성 물질로 된 열원을 가지고 있으며, 켈빈이 가정한 것과 같이 오로지 냉각만 하지 않는다고 지적하였다. 열원이 있으면 냉각 속도가 느려지기 때문에 지구의 나이가 늘어나게 된다.

런던의 대중지는 '최후의 심판의 날이 연기되었다'는 제목으로 러더퍼드의 강연을 소개하였다.

1905①

아인슈타인이 특수 상대성 이론을 발표

이해에 독일의 『물리학 연보(Annalen der Physik)』에 인용 문헌이

하나도 없는 매우 희귀한 논문이 게재되었다. 겨우 26살인 무명의 젊은이였던 아인슈타인이 쓴 특수 상대성 이론에 관한 논문이다. 이 천재는 선행 연구가 단 하나도 없는 황량한 미개척지에 세계적인 대이론이라는 깃발을 꽂았다.

한 가지 더 주목하여야 할 점은 상대론은 처음부터 완성된 형태로 발표되었다는 점이다. 일반적으로 대발견이라는 것은 왕왕 발견자 본인조차 그 안에 내포된 과학적 중요성을 완벽하게 파악하지 못한 채 발표하는 경우가 많다. 하지만 상대론은 뉴턴 역학과 결별하고, 시간과 공간의 개념을 근본적으로 전복시키는 명확한 아인슈타인의 자각하에 발표되었다.

그런데 상대론의 기반이 된 것은 광속의 특수성이다. 결론만 말하자면 관측자의 운동 상태에 상관없이 빛의 속도 c는 항상 일정하며, 이것이 모든 속도의 상한이라고 지적하였다(광속 불변의 원리). 즉, 빛의 속도 c는 물리학의 보편 상수가 된 것이다. 그러면 필연적으로 시간과 공간은 관측자의 운동 상태에 따라서 변하는 상대적인 물리량이 된다. 바꾸어 말해 상대성 이론은 빛의 속도에 관한 절대성 이론이라고 할 수 있다. 이러한 관점에서 보면 마이컬슨-몰리 실험(◀1887②)도 빛을 전달하는 매질로서 에테르의 존재(◀1888②)를 가정하는 것도 의미가 없어진다.

또 같은 해에 발표된 상대론의 두 번째 논문에서 아인슈타인은 에너지 E와 질량 m이 등가임을 나타내는 유명한 식 $E=mc^2$을 도출하였다. 우주의 진리가 중학생도 이해할 수 있는 간결한 식으로 표현된 것이다.

1905②

아인슈타인의 천재성으로 빛난 해

1905년에 아인슈타인은 앞의 1905①항에서 언급한 특수 상대성 이론 외에도 광양자 가설과 브라운 운동에 관한 논문을 『물리학 연보』에 발표하였다.

전자는 플랑크가 제창한 양자 가설(◀1900③)을 발전시켜 빛의 입자성을 도출한 것이다. 아인슈타인은 빛은 그 진동수에 대응하는 에너지를 가진 입자——이것을 광양자 또는 단순히 광자라고 한다——로서도 운동한다고 간주하고, 플랑크가 끝내 해내지 못한 양자 가설의 물리학적 의미를 분명하게 밝혔다. 또 광양자 가설을 이용하면 당시에 관심을 모으던 광전 효과(금속에 빛을 비추면 표면에서 전자가 튀어나오는 현상)를 이론적으로 설명하는 것도 가능하다.

그런데 19세기 중반에 빛의 정체는 파동이며(◀1850①) 또 이것이 전자파임이 밝혀진 상태였다(◀1865①, 1888②). 하지만 아인슈타인의 광양자 가설로 인해 빛은 입자와 파동 중에서 어느 쪽인지를 확실하게 밝혀내야 할 대상이 아니라 두 가지 성질을 함께 가지는 '이중성'을 지닌 존재로 해석되게 되었다. 즉, 빛은 실험 방법에 따라서 어떤 때는 입자의 측면을, 또 어떤 때는 파동의 특성을 보다 강하게 드러낸다고 하겠다. 이러한 관점은 고전 물리학에서는 찾아볼 수 없는 완전히 새로운 것이었다.

또한 아인슈타인은 1922년에 노벨물리학상을 수상하였는데(수상한 해는 1년을 거슬러 올라가서 1921년으로 기록되었다), 수상한 이유가 상대성 이론 때문이 아니라 광양자 가설을 중심으로 하는 이론 물리학의 발전에 기여하였다는 이유에서였다.

또 아인슈타인은 1905년에 기체 분자 운동론을 이용하여 브라운 운동(◀1827②)을 해석하는 이론을 발표하였다. 이 이론에 근거하면 아보가드로의 수(◀1811)가 새롭게 결정되어 분자의 실재성을 증명할 수 있다는 것도 밝혀냈다. 이 실험을 한 프랑스의 페랭은 1926년에 노벨 물리학상을 수상하였다.

이와 같이 1905년은 특수 상대성 이론, 광양자 가설, 브라운 운동 이론이 잇따라서 발표된 아인슈타인의 경이로운 천재성으로 빛난 해였다.

1906

피에르 퀴리가 사망

이해 4월 19일, 파리에서는 점심 무렵에 한 차례 그쳤던 비가 오후가 되자 다시금 쏟아져 내리기 시작하였다. 피에르 퀴리는 파리 대학교의 교수회가 끝나자 다음 회합에 참석하기 위하여 서둘러

과학아카데미로 향하였다. 거리는 비좁고 계속 퍼붓는 비 때문에 시야가 좋지 않았다. 게다가 언제나 일에 쫓기는 피에르는 생각할 것이 많아서 주위에 대한 주의력이 낮아진 상태였다. 바로 그때 빗물을 가르며 짐마차가 피에르의 앞을 가로지르려 하였다. 몸을 피할 여유는 없었다. 노상으로 내던져진 노벨상 수상자의 머리를 짐마차의 바퀴가 무참하게 으깨고 지나갔다. 자동차가 보급되기 전에도 이와 같은 교통사고의 비극이 일어나곤 하였던 것이다. 부부가 함께 영광스러운 노벨 물리학상을 수상(◀1903)한 때로부터 3년 후에 일어난 참사였다.

그로부터 5년 후(1911년), 남편을 먼저 보낸 마리 퀴리는 두 번째 노벨상(라듐과 폴로늄을 발견함으로써 과학 발전에 공헌하여 화학상을 수상)을 이번에는 홀로 수상하였다.

1907①

아인슈타인이 고체 비열 이론을 발표

아인슈타인은 광양자 가설(◀1905②)을 제창하여, 그때까지는 파동으로 여겨졌지만 빛은 그 진동수에 대응하는 에너지를 가진 입자로서의 성질도 가진다고 주장하였다. 1907년에 아인슈타인은 이러한 관점을 개체의 비열 문제에도 적용하여 보았다.

고체를 구성하는 원자는 온도에 따라서 열 진동을 한다. 이에 광양자 가설적 유추로서 원자의 열 진동에서도 에너지 덩어리(양자. ◀1900③)인 입자성이 관찰되지 않을까 하고 아인슈타인은 추측하였다. 저온 영역에 들어서면 측정되는 고체의 비열이 19세기에 구한 계산 값과 달라진다는 사실이 당시에 지적되기 시작하였는데, 양자론에 기초한 아인슈타인의 이론으로 양자의 불일치가 해결되었다.

1907②

켈빈 사망

19세기 물리학에 위대한 족적을 남긴 켈빈(◀1852, 1863, 1900①, 1904)이 이해의 12월 17일에 83세의 나이로 사망하였다. 위대하였지만 그만큼 켈빈은 고전 물리학의 상식에 푹 빠져 있었다. 1900년의 유명한 강연에서 지적한 '두 개의 암운'도 고전 물리학의 틀 안에서 해결할 수 있다고 믿었다. 또 방사성 원소에 대해서도 원소가 주위의 에테르(◀1887②, 1888②)에서 에너지를 공급받아서 방사한다고 생각하였다.

고전 물리학의 대가는 당시 급격하게 발전 중이던 물리학의 변혁을 받아들이기에는 안타깝게도 나이가 너무 많았다. 그런 의미에서 그는 일평생 동안 고전 물리학을 위해서 살고, 고전 물리학에 목숨을 바쳤다고 할 수 있다. 이것을 상징하는 것처럼 켈빈은 웨스트민스터 사원에서 뉴턴의 옆에 잠들었다.

1908①

러더퍼드가 알파선이 헬륨의 원자핵임을 밝혀내다

1903년에 러더퍼드는 전기장과 자기장을 작용시키자 알파선의 진로가 휘는 것을 보고 전기성을 띤 입자일 것으로 추측하였다. 또 휘는 방향으로 미루어 보아 전기 부호는 플러스임을 알 수 있었다.

나아가 1908년에 러더퍼드는 독일의 가이거와 신틸레이션(알파선이 형광물질에 닿으면 그 위치가 밝은 점이 되어 빛나는 현상)을 이용해서 알파선이 2단위의 정전하 2e(e는 수소의 전하)를 가졌으며 그 정체는 헬륨 원자라고 확신하였다(엄밀하게는 헬륨의 원자핵이지만, 원자의 구조와 핵의 존재가 밝혀진 것은 이후의 일이다. ▶1911②). 또 러더퍼드는 알파선 분광학 실험을 하여 그 스펙트럼이 헬륨의 스펙트럼과 동일함을 알아냈다.

1908②

카메를링 오너스가 헬륨 액화에 성공

1823년에 패러데이가 염소를 액화하는 데 성공한 선구적 업적의 뒤를 따라서 19세기 후반에 이르면 기체 대부분이 액화된다. 이때 중요한 역할을 한 것이 판데르발스의 상태 방정식(◀1873)이었다.

하지만 그래도 헬륨만큼은 유일하게 20세기에 들어설 때까지 계속 응축되길 거부하였는데, 이 기체도 1908년에 네덜란드의 카메를링 오너스에 의해 결국 액화되었다. 이로써 절대 영도에 가까운 극저온 상태를 만드는 것이 가능해졌고, 머지않아 여기에서 신비로운 현상이 목격되었다(▶1911①).

1909①

가이거와 마스덴의 알파선 산란 실험

영국의 맨체스터대학교에서 독일의 가이거와 뉴질랜드의 마스덴은 1909년에 러더퍼드의 지도하에 금속 포일에 의한 알파선(◀1908①) 산란 실험을 하였다. 그러자 알파선 대부분은 직진하거나 지극히 작은 각도로 산란될 뿐 포일을 통과하였는데, 극히 일부는 포일의 표면에서 반사되어 90도 이상의 큰 각도로 산란되는 의외의 결과를 보였다. 두 사람한테서 결과 보고를 듣고 러더퍼드가 "마치 얇은 종이를 겨냥하여 포탄을 쏘았는데 그것이 나한테로 되돌아온 것마냥 깜짝 놀랐다"라고 후년(1925년에 뉴질랜드에서 열린 '전기와 물질' 강연)에 회상하였을 정도였다.

또한 가이거와 마스덴은 여덟 종류의 금속 포일을 써서 측정하였는데, 금속의 원자량이 커질수록 반사되는 알파선의 비율이 증가하는 경향을 보였다.

이러한 결과로 미루어 원자에는 고속으로 접근하는 무거운 정전하 입자의 진로를 큰 각도로 휘게 만드는 힘이 있는 것으로 추정되었다. 이것이 원자의 구조를 해명하는 중요한 열쇠가 되었다(▶1911②).

1909②

밀리컨이 전자의 전하를 측정

제이만 효과의 발견(◀1896②)과 J.J. 톰슨의 음극선 연구(◀1897)로 19세기 말에 전자의 존재가 밝혀졌다. 이에 20세기에 들어 전자의 전하 측정이 시도되었다. 미국의 밀리컨은 1909년부터 1916년까지 연구하여 정확한 값을 구하는 데 성공하였다.

밀리컨은 분무기에서 뿜어져 나온 기름방울에 X선을 쏘여 대전(electrification)시키고, 여기에 수직 방향의 전기장을 작용시켰다 거두었다 하며 기름방울의 상승과 낙하 속도를 측정하였다. 기름방울에는 중력, 공기의 점성 저항, 전기장에 의한 쿨롱력이 작용하므로 속도와 작용하는 힘으로 기름방울의 전하를 구하면 이로써 전자의 전하를 계산할 수 있다는 실험 원리였다.

이 연구로 1907년 마이컬슨(◀1881, 1887②)에 이어서 1923년에 미국인으로서 두 번째로 밀리컨은 노벨 물리학상을 수상하였다.

그런데 당시에 시카고대학교의 대학원생이던 플레처가 1981년에 사망하면서 밀리컨 앞으로 한 통의 유서를 남겼다. 그 전문이 미국 물리학 잡지 『피직스 투데이(Physics Today)』(1982년 6월호)에 게재되었다. 해당 글에는 플레처가 기름방울 실험에서 수행한 역할이 상세하게 기록되어 있었으며, 실험 성공의 열쇠를 쥔 아이디어를 생각해낸 사람은 밀리컨이 아니라 플레처라고 적혀 있었다.

진상은 알 수 없으나, 유서의 내용이 대단히 상세하고 구체적이며, 사제가 주고받은 생생한 대화가 기록되어 있는 점을 생각하면 ——패자에 대한 연민도 한 데 섞여서——플레처에 대한 동정을 금할 길이 없다.

1910

핼리 혜성의 회귀

1835년에 지구에 접근한 때로부터 75년 만인 1910년에 핼리 혜성(◀1705)이 다시 돌아왔다. 근일점(태양과 가장 가까워지는 지점)을 통과한 것은 같은 해 4월 20일이었다. 그때까지는 그림 기록밖에 없었는데, 1910년 회귀 때 처음으로 핼리 혜성이 긴 꼬리를 달고 날아가는 아름다운 모습이 사진에 담겼다.

핼리 혜성의 주기는 75~76년으로 인간의 수명과 비슷하여 운이 좋으면 살아 있는 동안에 이 별을 두 번 만날 수 있다(그냥 그렇다는 얘기다).

바로 나의 할머니가 그랬다. 1986년 회귀 때 사람들은 핼리 혜성에 열광하였는데, 할머니는 어린 시절에 육안으로 본 핼리 혜성(1910년에는 관측 조건이 좋았다)의 모습을 종종 이야기해주곤 하였다.

한편, 내가 태어난 것은 핼리 혜성이 원일점(태양과 가장 멀어지는 지점)을 통과한 1948년이다. 두 번 만나기 위해서는 110살 넘도록 장수하여야 한다.

1911①

카메를링 오너스가 초전도를 발견

뉴턴 역학에 따르면 일반적으로 온도가 낮아짐에 따라서 입자의 운동은 둔감해지고, 극한에 이르면 정지해버린다. 이를 물질 속의 전자에 적용하면 극저온에서 전자는 활동하지 못하고 원자의 인력에 붙들리고 만다. 즉, 전기가 흐르지 않아야 한다.

이에 1911년에 카메를링 오너스는 절대 영도 근처까지 온도를 낮추면 실제로 전기 저항이 어떻게 변화하는지를 측정하여 보았다. 오너스는 3년 전에 헬륨 액화에 성공하여(◀1908②) 이러한 저온 실험을 가능케 해둔 상태였다.

실험 결과는 아주 의외였다. 수은은 절대 온도에서 4.2K까지 냉각되자 갑자기 전기 저항이 제로가 되었다. 이보다 더 낮은 온도에서 수은 회로에 한 번 흘러든 전기는 설령 전지 스위치를 끄더라도 영구히 계속 흐르게 된다.

이리하여 초전도가 발견되었지만, 이 불가사의한 현상의 메커니즘은 19세기 이전의 고전 물리학으로는 설명할 수 없었다. 수수께끼가 풀린 것은 반세기 후이다(▶1957①).

1911②

러더퍼드가 원자의 유핵 모형을 발표

원자를 나타내는 '아톰(atom)'은 '분할 불가능'이라는 뜻의 그리스어에서 유래하였다. 하지만 전자가 발견(◀1897)됨으로써 원자는 더욱 작은 단위로 분할될 수 있다는 것을 알게 되었다. 그러면 그 다음 관심사는 원자는 어떤 내부 구조를 가지고 있는가가 될 것이다. 이 문제에 중요한 단서를 제공한 것이 가이거와 마스덴의 알파선 산란 실험(◀1909①)이었다.

그들의 실험을 지도한 러더퍼드는 알파선의 진로를 한 번의 충돌로 90도 이상 휘게 할 만한 힘을 작용시키기 위해서는 원자가 무척 강한 전기장을 만들어낼 수 있는 구조를 가지고 있어야 한다고 생각하였다. 이에 러더퍼드는 원자의 중심에 정전하가 응축되어 있는 핵이 있고 그 주변에 전자가 배치된 구조를 상상하였다. 그러면 핵에 접근한 알파선이 강한 전기적 반발력으로 인해 뒤로 튕겨 나갈 것이라고 예측하였다.

이러한 가설에 기초해서 알파선의 속도와 핵의 마찰력을 계산하자 알파선이 핵에 가장 가까이 접근하는 거리는 약 10^{-12}센티미터로 예측되었다. 당연히 핵의 사이즈는 이보다 더 작으므로 10^{-8}센티미터로 산정된 원자의 범위(구상에 분포하는 전자의 퍼짐 정도) 내에서 핵은 그야말로 그 중심에 위치하는 점에 지나지 않는다. 즉, 공허한 공간이 원자의 대부분을 차지하는 텅 빈 구조라고 하겠다.

이에 텅 빈 공간으로 이루어진 원자에 충돌한 알파선이 핵에서 반발될 때의 산란 분포를 계산하였더니 그 결과가 가이거와 마스덴의 실험과 정확하게 일치하였다. 이상의 내용을 정리한 러더퍼드의 논문은 1911년에 『필로소피컬 매거진(The Philosophical Magazine)』를 통하여 발표되었다.

1911③

솔베이 회의 개최

1911년 10월 30일부터 11월 3일까지 벨기에의 브뤼셀에서 물리학의 기초적 문제를 의논하는 '솔베이 회의'가 열렸다. 회의 제창자는 독일의 네른스트(1920년에 노벨 화학상 수상)이고, 스폰서를 맡은 사람은 탄산나트륨 제조를 공업화하는 데 성공한 벨기에의 대실업가 솔베이였다.

참가자를 살펴보면 네른스트, 카메를링 오너스, 아인슈타인, 마리 퀴리, 플랑크, 로렌츠, 푸앵카레, 페랭……등 쟁쟁한 과학자들이 한곳에 모였음을 알 수 있다. 그들은 호텔에 묵으며 당시에 깊은 관심을 가지고 있던 '방사 이론과 양자'(◀1900③, 1905②, 1907①)에 대하여 열띤 토론을 하였다.

솔베이 회의는 그 후 회를 거듭함에 따라서 권위 있는 국제회의로 평가받게 되었다.

1912①

라우에가 X선의 정체를 해명

X선(◀1895)이 회절과 치우침 현상을 보이는 것으로 미루어 보아 당시에 X선의 정체는 가시광선이 아니라 그보다 파장이 짧은 전자파가 아닐까 하고 추측하는 물리학자가 늘어났다. 그중의 한 명이 독일의 라우에였다. 라우에는 1912년에 파동 광학을 응용하여 X선 간섭에 관한 이론을 확립하였다. X선이 파동이면 영의 실험(◀1801)에서 보인 것과 같은 간섭을 일으킬 것이라고 판단하였기 때문이다.

이때 라우에가 주목한 것은 결정이었다. 결정이 원자의 규칙적인 3차원 배열로 이루어진다는 것은 19세기부터 이미 알려져 있었으며, 결정의 밀도와 분자량 값에 근거하여 원자 간의 거리는 추정되는 X선 파장의 약 10배일 것으로 예상되고 있었다. 그렇다면 결정을 이용하면 X선을 관측할 수 있을 것이라고 라우에는 추측하였다(결정 내의 원자와 원자의 틈새가 영의 실험의 슬랫에 해당한다).

라우에의 지적에 따라서 실험을 실행한 사람은 독일의 프리드리히와 크니핑이었다. 이들이 황화아연 결정에 X선을 비추자 결정의 뒤에 놓아두었던 사진 건판에 라우에가 예상한 대로 X선 간섭 모양이 나타났다. 이리하여 X선은 파장이 짧은 전자파라는 것이 증명되었다.

1912②

브래그 부자가 X선을 이용한 결정 구조 분석을 확립

라우에의 이론(◀1912①)을 간소화하고 X선의 산란 이론을 재정립한 사람은 영국의 로렌스 브래그이다. 브래그는 결정을 원자가 그 위에 규칙성 있게 배열된 평면(이것을 '격자면(그물평면)'이라고 부른다)의 집합으로 보았으며, X선은 이 격자면에서 반사된다고 생각하였다. 격자면이 겹겹이 평행하게 늘어서 있기 때문에 각 평면에서 반사된 X선이 각각 동일한 방향으로 나아가 서로 간섭을 일으켜서 라부에가 관측한 모양이 나타난다는 논리이다. 간섭 모양이 발생하는 조건은 'X선 파장', '격자면 간의 거리', '격자면에 대한 X선의 입사각'의 조합으로 결정되는데, 1912년에 브래그가 이 세 가지 조건 간의 관계식을 도출하였다. 오늘날에는 이를 '브래그 조건'이라고 부른다.

라우에와 동료들의 실험 목적은 X선의 파동성 증명이었지만, 브래그는 반대로 X선의 파동성을 이용하면 브래그 조건에 따라서 결정의 구조를 알아낼 수 있다는 것을 깨달았다.

이때 중요한 역할을 한 것이 1913년에 브래그의 아버지 헨리 브래그가 고안한 X선 분광기였다. 이 장치를 사용하여 강한 반사를 일으킬 X선 파장을 조사하고 그 데이터를 브래그 조건에 적용시키자 결정 내의 원자 배열 방식을 읽어낼 수 있었다.

이리하여 X선 결정 구조 분석이라는 새로운 분야가 개척되었다. 우리에게 친숙한 염화나트륨(소금)과 다이아몬드의 원자 배열도 이 방법으로 처음으로 밝혀졌다.

이 업적을 인정받아서 브래그 부자는 1915년에 함께 노벨 물리학상을 수상하였다. 당시 아들 로렌스의 나이는 25살로, 아직까지 깨지지 않고 있는 최연소 노벨상 수상 기록이다.

1913①

보어가 원자 구조론을 발표

러더퍼드의 유핵 원자 모형(◀1911②)에 관심이 생긴 덴마크의 보어는 거의 직관적으로 방사능은 원자핵에서 기인하며, 원소의 화학적 성질은 핵을 도는 전자의 움직임에서 기인한다고 생각하였다. 그리고 전자의 궤도는 연속적으로 변화하는 임의의 크기를 취하지 않고, 불연속적으로 변화하는 특정한 반경밖에는 그릴 수 없다고 보았다(전자에 허용된 특정한 궤도를 '정상 상태'라고 부른다).

이와 같은 상정하에 보어는 다음과 같이 가정하였다. 전자가 정상 상태의 궤도를 돌 때는 빛을 방출하지 않지만, 다른 정상 상태로 이동할 때 그 에너지 차에 상응하는 진동수의 빛을 방출한다고 생각하였다. 이때 빛 에너지와 진동수 사이에는 플랑크의 양자 가설(◀1900③)에 따른 관계가 성립된다.

보어의 가정은 고전 물리학의 상식에는 맞지 않지만, 다음의 1913②항에서 언급할 X선에 관한 연구와, 원자와의 충돌에 의한 전자의 에너지 손실 실험(독일의 프랭크와 헤르츠. ▶1914) 등을 통하여 보어의 가정이 옳다는 것이 차츰 증명되었다. 또 보어의 원자 구조론은 빛의 방사에 관한 플랑크의 양자 가설이 실은 마이크로 세계를 기술하는 중요한 열쇠가 됨을 시사하였다.

보어의 논문은 1913년에 『필로소피컬 매거진』에 게재되었다.

1913②

모즐리가 특성 X선과 원자 번호의 관계를 발견

각 원소는 각각 고유의 파장 X선(이것을 '특성 X선'이라고 부른다)을 방사한다. 이에 영국의 모즐리는 다양한 금속 원소에서 방사되는 특성 X선 파장을 측정하여 보고 그 역수(진동수)의 제곱근이 원소의 원자 번호에 비례하여 증가한다는 것을 1913년에 발견하였다(모즐리의 법칙).

원자 번호란 주기율표(◀1869②)에서 각 원소마다 주어진 원소 고유의 순번이다. 이 순서는 원칙적으로 원소의 원자량(원자의 질량)에 따라서 정해지는데, 몇 가지 예외가 있다. 예를 들어 원자량은 니켈이 코발트보다 적지만, 원자 번호는 니켈이 코발트보다 한 칸 뒤에 위치한다. 원자량 크기대로 나열하면 이 부분만 화학적 성질의 주기성이 깨지기 때문이다(이러한 역전 현상이 일어나는 것은 각 원소에 여러 개의 동위 원소가 존재하기 때문이라는 것은 나중에 밝혀진다).

이와 달리 특성 X선의 진동수는 원자량과 같은 예외 없이 원자 번호에 따라서 규칙적으로 증가한다. 즉, 특성 X선을 통하여 나타나는 원소의 고유성은 원자 번호라는 물리량에 의해 완벽하게 규정된다. 그래서 모즐리는 원자 번호란 원자핵이 지니는 정전하의 수임이 틀림없다고 생각하였다(▶1920).

모즐리의 이러한 업적에 대하여 프랑스의 위르뱅은 '모즐리의 법칙은 멘델레예프의 다소 공상적이던 원소 분류를 완전히 과학적이며 정확한 것으로 바꾸어놓았다'(『러더퍼드ラザフォード』, Edward Neville da Costa Andrade 저, 미와 미쓰오 역, 가와데쇼보)는 글로 그 중요성을 강조하였다.

1913③

소디, 파얀스, 러셀이 방사성 붕괴의 변위 법칙을 발견

방사성 원소는 방사선을 방출하면서 다른 원소로 변환된다고 러더퍼드와 소디가 이미 지적하였다(1902①). 1913년에 소디와 폴란드의 파얀스, 영국의 러셀은 각자 독자적으로 그 규칙성(방출되는 방사선의 종류와 원소의 변환 방식)을 발견하였다. '변위 법칙'이라고 하는데, 이것이 붕괴로 발생한 원소의 주기율 위치를 가르쳐준다.

1914

J. 프랑크와 G. 헤르츠가 전자와 원자의 충돌 실험을 실시

1913년부터 1914년까지 독일의 제임스 프랑크와 구스타프 헤르츠(전자파를 검출한 하인리히 헤르츠의 조카. ◀1888②)는 전자를 가속시켜 기체 원자에 충돌시키고 이때 전자가 잃은 에너지의 양을 측정하여 보았다. 그러자 전자의 에너지 손실량이 정확하게 원자의 선스펙트럼에 나타나는 빛 에너지와 일치하였다.

그들의 실험은 곧 보어의 원자 구조론(◀1913①)이 옳다는 것을 증명하는 증거로 여겨졌다.

1915①

베게너의 『대륙과 해양의 기원』

현대를 살아가는 우리의 소박한 실감에 비추어 보면 지구는 움직이지 않는 존재인 것처럼 느껴진다. 역학과 운동 이론이 확립되기 이전 시대에 지동설이 쉽사리 널리 받아들여지지 않았던 것도 무리가 아니다. 많은 사람에게 지동설은 기상천외한 가설로밖에는 보이지 않았을 것이다.

마찬가지로 비교적 최근까지 '변함없는 대지'라는 말을 흔히 하는 것을 통해서도 알 수 있듯이 대륙은 움직이지 않는다고 믿었다. 그런데 1912년에 독일의 베게너가 '대륙 이동설'을 주장하였다. 남미 대륙의 동쪽과 아프리카 대륙의 서쪽 해안선이 마치 직소 퍼즐처럼 맞아떨어지는 것을 보고 베게너는 원래는 거대한 하나의 대륙이었던 것이 분열 및 이동하여 현재의 형태가 된 것이 아닐까 하고 추측하였다. 나아가 그는 남미 대륙과 아프리카 대륙의 생물 분포와 지질의 유사성을 근거로 자신의 가설을 보강하여 1915년에 『대륙과 해양의 기원(Die Entstehung der Kontinente und Ozeane)』을 저술하였다.

하지만 대륙 이동의 메커니즘을 밝혀내지 못하여 당시에 베게너의 주장은 기상천외한 가설로 여겨졌으며 널리 받아들여지지 않았다. 그의 주장이 부활하여 '판구조론'의 기초가 된 것은 20세기 후반이다.

1915②

환상의 노벨상——모즐리의 죽음

스웨덴 아레니우스의 추천으로 1915년에 노벨 화학상 후보로 특성 X선을 연구한 모즐리(◀1913②)의 이름이 올랐다. 하지만 논문을 발표한 지 얼마 되지 않았기 때문에 시기상조라는 의견이 나왔고, 결국 이해에는 수상하지 못하였다. 당시 모즐리의 나이는 겨우 27살이었다. 노벨 화학상 선고 위원회 입장에서는 장래에 그의 연구가 더욱 발전된 단계에 이르렀을 때 수여하는 것이 옳다고 판단하였을 것이다.

그런데 이해 8월에 영국군 통신 장교가 된 모즐리는 제1차 세계대전의 최대 격전지였던 터키 겔리볼루반도에서 전사하였다.

1925년에 모즐리가 개척한 X선 분광학 분야에서 스웨덴의 시그반이 노벨 물리학상을 수상하였다(수상 연도는 1924년). 수상식에서 인사말을 한 선고 위원장 굴스트란드는 시그반의 업적을 소개하며 "모즐리는 노벨상을 수상하지 못한 채 전사하고 말았습니다"라고 그 자리를 빌려 그의 죽음을 애도하였다. 사망한 과학자에 대하여 이렇게까지 언급한 것은 노벨상 역사에서 지극히 이례적인 일이다.

1916

아인슈타인이 일반 상대성 이론을 구축

특수 상대성 이론(◀1905①)을 발표한 후 중력장 이론을 계속하여 연구한 아인슈타인은 1916년에 독일의 『물리학 연보』에 「일반 상대성 이론의 기초」를 발표하여 물리학의 새로운 이론 체계를 구축하였다. 그 기반을 이룬 것은 중력과 관성력(예를 들어 원심력과 같이 가속도 운동에 의해 발생하는 힘)을 완전히 동일하게 보는 '등가 원리'였다.

두 가지 힘이 등가가 되면 정지계의 외부에 중력원이 존재하는 경우와 가속도계가 구별되지 않게 된다. 이리되면 자신이 지금 상태가 정지한 상태인지 가속도 운동을 하는 상태인지도 알 수 없게 된다. 그 결과 마이컬슨-몰리 실험(◀1887②)이 시도한 것처럼 절대적인 운동을 결정할 방도가 완전히 사라지고 만다.

그런데 특수 상대성 이론의 광속도 불변의 법칙(◀1905①)과 일반 상대성 이론의 등가 원리를 합하면 중력장을 통과하는 빛의 진행 경로는 굴절된다는 결론이 도출된다. 직진하여야 하는 빛이 커브를 그리는 것이다. 이 현상은 머지않아 천문관측을 통해서 실증되었다(▶1919①).

1917

이화학연구소 창설

1913년에 타카디아스타아제를 개발한 것으로 유명한 일본의 다카미네 조키치는 기초 과학의 중요성을 강조하며 '국민 과학 연구소'를 설립하여야 한다고 주장하였다. 다카미네의 생각에 공감한 재계 인사 시부사와 에이치의 제안을 받고 당시의 수상 오쿠마 시게노부는 1915년에 물리와 화학 연구를 중심으로 하는 '이화학연구소'를 설립하기로 결정하였다. 이때로부터 2년 후인 1917년에 국고 보조와 재계의 기부금으로 운영되는 반관반민의 재단법인 이화학연구소가 탄생하였다.

초대 이사장을 시부사와, 소장을 기쿠치 다이로쿠(전 도쿄제국대학교 총장), 차장을 사쿠라이 조지(전 도쿄제국대학교 교수, 화학), 물리 부장을 나가오카 한타로, 화학 부장을 이케다 기쿠나에가 맡는 등 쟁쟁한 인물들이 스타트를 끊었다.

1918

섀플리가 은하계에서의 태양의 위치를 추정

미국의 섀플리는 1918년에 구상성단(수십만 개의 항성이 구의 형태로 밀집한 성단)의 분포를 관측하고 그 데이터를 바탕으로 은하계(태양계를 포함하는 별의 집단)의 직경은 약 30만 광년, 태양의 위치는 은하계의 중심에서 약 5만 광년 떨어진 곳에 있다고 추정하였다(이 값은 현재, 약 15만 광년과 3만 광년으로 각각 수정되었다). 코페르니쿠스에 의해 지구는 우주의 중심 자리에서 쫓겨났고 태양이 그 자리를 대신 차지하였는데, 태양 또한 은하계의 중심이 아니었던 것이다.

하긴, 상대성 이론(◀1905①, 1916)에 따르면 지구의 절대 운동을 결정할 방도가 없는 셈이므로, 애당초 우주의 중심을 특정하는 것 자체가 무의미해져 버렸다고 하겠다.

1919①

에딩턴이 중력장에 의한 빛의 굴곡을 관측

아인슈타인이 제창한 일반 상대성 이론(◀1916)에 따르면 중력의 작용을 받은 빛은 직선 경로로 나아가지 않고 휘어진다. 이 현상에 대한 검증이 1919년 5월 29일에 일어난 개기 일식을 이용하여 실시되었다. 영국의 에딩턴의 지휘하에 관측대가 서아프리카의 프린키페섬과 브라질의 소브라우에 파견되어 일식으로 가려진 태양 주위의 항성 사진을 촬영하였다. 그리고 반년 후 밤에 동일한 항성을 한 번 더 촬영하여 둘을 비교하였다. 그 결과 아인슈타인이 예상한 대로 항성에서 나온 빛이 태양의 중력으로 인해 곡선 운동을 하는 것이 확인되었다.

1919②

러더퍼드가 원자핵 파괴 실험을 실시

러더퍼드는 라듐에서 방출된 빠른 속도의 알파선을 질소, 붕소, 플루오린, 나트륨, 알루미늄, 인 등에 충돌시키면 어떤 경우든 충돌할 때 수소 원자핵이 튀어나온다는 것을 이해에 확인하였다. 이 실험은 알파선에 의해 원자핵이 파괴되어 인공적으로 원소의 변환이 이루어졌음을 보여준다.

또한 이 결과를 보고 모든 핵에는 공통적으로 수소 원자핵이 구성 요소로 포함되어 있음을 확신한 러더퍼드는 이를 '양성자'라고 부르자고 제안하였다.

1920

채드윅이 원자 번호와 원자핵의 전하가 일치함을 증명

원자 번호는 기본적으로 원소를 원자량의 크기에 따라서 주기율표에 나열하였을 때의 번호이지만, 일부 순서에 예외가 있는 것으로 알려져 있다. 하지만 모즐리의 특성 X선 연구로 이러한 불규칙성이 사라졌다(◀1913②). 이때 모즐리는 원자 번호는 원자핵의 전하수(이는 핵을 도는 전자의 수와 동일)와 같지 않을까 하고 추정하였다.

1920년에 영국의 채드윅은 가이거와 마스덴이 한 알파선 산란 실험(◀1909①)을 개량하여 상세한 측정을 실시하였고, 예상대로 원자 번호와 원자핵의 전하가 일치함을 증명하였다.

1921

보어가 원자의 전자 배치를 보고 새로운 원소를 예언

원자 내의 전자 수는 원자 번호와 동일하고, 배치는 원소의 주기성에 대응하며, 원자의 가장 바깥 껍질에 있는 전자(가전자)가 원자의 화학적 성질을 결정한다고 여겨졌다.

1921년 보어는 전자 배치를 보고 지르코늄(원자 번호 40)과 화학적 성질이 흡사한 72번 원소가 존재할 것이라고 예측하였다. 보어의 말을 접한 헝가리의 헤베시와 네덜란드의 코스테르가 이듬해에 보어의 예측대로 하프늄(원자번호 72)을 발견하였다.

1922①

컴튼이 X선과 전자의 충돌로 빛의 입자성을 검증

이해에 미국의 아서 컴튼은 X선을 물질에 쏘이면 산란된 일부 X선의 파장이 산란 전보다 길어진다는 것을 알아냈다. 물질에 입사하는 X선의 파장이 짧을수록 또 물질의 원자 번호가 작을수록 파장은 길어졌다. 이 현상을 오늘날에는 '컴튼 효과'라고 부른다.

컴튼은 아인슈타인의 광양자 가설(◀1905②)에 입각하여 X선을 그 파장에 대응하는 에너지와 운동량을 지닌 입자로 간주하였다. 그리고 이것이 물질 내의 전자와 탄성 충돌을 일으킨다고 생각하면 컴튼 효과가 설명됨을 밝혀냈다. 이리하여 컴튼의 발견은 빛(X선)의 입자성을 드러내는 유력한 증거로서 주목받았다. 이는 마이크로 세계에서 펼쳐지는 광자와 전자의 연쇄 충돌 현상이었다.

1922②

아인슈타인이 일본을 방문

도쿄의 출판사 가이조샤(改造社)의 초대를 받은 아인슈타인은 1922년 11월 17일에 일본 우편선 '히라노마루'을 타고 고베에 도착하여 12월 29일에 일본을 떠날 때까지 일본 각지를 돌며 강연을 하였다. 어디를 방문하든 열렬한 환영을 받았고, 당시 일본에서는 아인슈타인 붐이 일었다.

이때 만화가 오카모토 잇페이가 아인슈타인을 밀착 취재하여 천재의 행동과 표정을 여러 만화로 기록하였다. 일련의 작품을 「아인슈타인 박사의 인간미(アインシュタイン博士の人間味)」, 「위대한 학자를 그림으로 그리며(学聖を画にして)」라는 제목으로 정리하였는데, 일본 방문 기간 동안 아인슈타인을 수행하였던 물리학자 이시

하라 준은 이 만화에 대하여 다음과 같이 글을 남겼다.

'오카모토 잇페이 씨의 붓은 뛰어난 관찰력으로 그 온화한 웃음과 아인슈타인 교수에게서 저절로 흘러넘치는 품격을 충분히 표현하였습니다. 그 만화를 보고 교수님 본인도 그 얼마나 천진난만하게 많이 웃으셨는지, 지금도 내 눈앞에 생생히 떠오릅니다.'(『아인슈타인 강연록』, 이시하라 준, 도쿄도서)

1923

드브로이가 물질파 개념을 제창

아인슈타인의 광양자 가설(◀1905②)에 따르면 빛은 해당 진동수에 대응하는 에너지를 가진 입자이기도 하다. 이 가설이 옳다는 것은 예를 들어 X선 산란에서 나타나는 컴튼 효과(◀1922①) 등에 의해 증명되었다. 파동으로 여겨지던 빛에 입자로서의 성질이 부여됨으로써 이중성 개념이 확립된 것이다.

이에 프랑스의 루이 드브로이는 파동인 줄 알았던 빛에서 입자성이 관찰된다면 반대로 물질 입자(예를 들어 전자)도 파동의 특성을 보일 수 있지 않을까 하고 생각하였다. 파동과 입자 사이에 일종의 대칭 관계가 있지 않을까 하고 상정한 것이다. 이에 기초하여 1923년에 드브로이는 입자의 운동량과 이에 부수되는 파동의 파장 관계식을 도출하였다. 이를 바탕으로 파동과 입자의 이중성은 빛 특유의 성질이 아니라 물질 입자 일반에도 적용할 수 있는 성질이 아닐까 하고 예측하였다. 이것을 '물질파'라고 부른다.

또 물질파 개념을 이용하면 보어의 원자 구조론(원자 내부에서 전자는 특정한 크기의 궤도만을 따라서 운행할 수 있다는 것. ◀1913①)에 한 가지 해석을 부여할 수도 있다.

또한 그로부터 4년 후에 전자선을 사용한 실험으로 물질파의 존재가 실증되었다(▶1927②).

1924

나가오카 한타로가 수은 환금 실험에 도전

원자의 구조가 차츰 밝혀지자(◀1909①, 1911②, 1913①, 1919②) 물리학자의 관심은 원자핵의 구조로 향하였다. 이때 일본 물리학계의 거장 나가오카 한타로는 분광학적 연구에 주목하였다. 나가오카는 금과 수은에서 방사되는 빛 스펙트럼을 비교하여 보고 둘이 서로 흡사하다는 것을 알아냈다. 금의 원자 번호는 79, 수은은 그보다 하나 큰 80이다.

이에 스펙트럼이 비슷하다는 것은 주기율표에서 서로 이웃한 원자의 원자핵 구조가 흡사하기 때문이 아닐까 하고 추측하였다. 즉, 금 원자핵에 수소 원자핵(양성자)이 약하게 결합되어 있는 것이 수은 원자핵이 아닐까 하고 가정한 것이다. 이 가정이 맞다면 강한 전기장 등을 작용시켜 수은에 적당한 충격을 가하여 결합되어 있는 여분의 수소 원자핵 하나를 제거하면 금을 얻을 수 있다는 계산이 된다.

이러한 아이디어를 실험으로 옮긴 나가오카는 1924년에 수은의 환금에 성공하였다고 발표하였다. 사실이면 이는 20세기의 연금술이 된다.

하지만 당시에는 중성자(▶1932①)가 아직 발견되지 않은 상태였다. 양성자만으로 원자핵 구조를 구성하려 한들 애당초 무리한 시도이다. 또 양성자와 중성자의 결합력은 나가오카가 상상한 것보다 훨씬 강하며, 그가 행한 것과 같은 실험으로는 도저히 원자핵 구조를 바꿀 수 없다. 결국 마음만 앞서 실험 결과를 제대로 분석하지 않은 채 김칫국부터 마시고 성공하였다고 발표한 것이나.

연구는 실패로 끝났지만, 원자핵 구조를 밝히고자 한 나가오카의 선구적 정신은 높이 평가할 만하다.

1925

월터 애덤스가 중력 적색 편이를 관측

아인슈타인은 일반 상대성 이론에서 강한 중력장을 통과하는 빛은 진동수가 낮아지고 파장이 길어질 것이라고 예측하였다. 이 현상을 중력 적색 편이라고 한다.

1925년에 미국의 월터 애덤스는 초고밀도의 백색 왜성(시리우스의 동반성)의 스펙트럼을 관측하고 처음으로 중력 적색 편이를 확인하는 데 성공하였다. 에딩턴이 태양의 중력장으로 인해 빛이 굴절되는 것을 관측(◀1919①)한 데 이어서 다시 한 번 일반 상대성 이론의 효과가 실증된 것이다.

1926①

슈뢰딩거가 파동 역학을 구축

드브로이가 제창한 물질파 개념(◀1923)을 발전시키고 수학적으로 공식화한 사람은 오스트리아의 슈뢰딩거이다. 슈뢰딩거는 1926년에 독일의 『물리학 연보』에 「고유값 문제로서의 양자화」라는 제목의 일련의 논문을 발표하고, 물질파의 움직임을 기술한 방정식(슈뢰딩거의 파동 방정식)을 제창하였다. 종래의 파동 방정식과 달리 슈뢰딩거의 식에는 입자의 질량을 넣고 입자와 파동의 이중성을 포함시켰다.

이 방정식을 구조가 가장 간단한 수소 원자의 전자에 적용시키자 전자가 가질 수 있는 에너지 값은 불연속적으로 변화하였고, 보어가 가정한 특정한 크기의 전자 궤도라는 생각(◀1913①)과 일치하였다. 또 이것은 측정된 수소 스펙트럼(◀1885)하고도 완전히 대응하였다. 이리하여 슈뢰딩거가 도출한 파동 방정식은 물질파를 다루는 기본 방정식으로 자리매김하게 되었다.

1926②

피비게르가 오인된 실험 결과로 노벨상 수상

이해의 노벨 의학생리학은 암 병원체인 선충(스피롭테라 카시노마)을 발견한 덴마크의 피비게르가 수상하였다. 그런데 그의 사후에 실험 결과에 오인이 있었음이 지적되었다. 선충에 의한 발암 작용은 해당 실험에 사용된 쥐 종류에 한정되는 이야기로, 일반성이 전혀 없다는 사실이 판명된 것이다.

이 때문인지 노벨상 선고 위원회는 암 연구 평가에 무척 신중한 자세를 취하게 되었고, 오랫동안 이 분야에서는 수상자가 나오지 않았다. 미국의 라우스가 발암성 바이러스를 발견하여 의학생리학상을 수상한 것이 피비게르가 노벨상을 수상한 때로부터 40년 후인 1966년이었을 정도이다. 하물며 라우스의 연구와 실험이 진행된 것은 55년도 전인 1911년이었다.

1927①

하이젠베르크가 불확정성 원리를 발표

1927년에 독일의 하이젠베르크는 사고 실험을 하여 전자와 같은 마이크로한 대상을 다루는 경우에는 그 위치와 운동량의 측정 정밀도에 원리상 한계가 있다고 지적하였다.

구체적으로 말하자면 전자 위치의 측정 오차(모호함)와 운동량의 그것 사이에는 둘의 곱이 어떤 정수(플랑크 정수)를 넘지 않는 관계가 성립한다. 따라서 위치의 모호함을 작게 하여 전자가 어디에 있는지를 정확하게 알고자 하면 그 반동으로 운동량의 오차가 커진다. 마찬가지로 운동량을 확정하고자 하면 전자의 위치를 특정하기 어려워진다. 그야말로 저쪽에 중점을 두면 이쪽이 애매해지고, 이쪽에 중점을 두면 저쪽이 애매해진다. 위치와 운동량의 이러한 관계를 '불확정성 원리'라고 부른다(에너지와 관측 시간 사이에도 동일한 관계가 성립한다).

여기에서 말하는 불확정성이란 실험 장치의 개량과 측정 방법 연구 등에 의해 제거되는 성질의 것이 아니라 입자와 파동의 이중성(◀1905②, 1922①, 1923, 1926①)에 의해 기인되는 마이크로 세계 특유의 원리이다. 즉, 전자의 위치와 운동량을 동시에 완전히 구할 수는 없으며, 모호함을 남겨둔 채 확률적인 예측밖에 할 수 없는 것이다. 여기에 매크로한 대상을 다루는 뉴턴 역학과의 본질적인 차이가 있다.

1927②

데이비슨, 거머, G.P. 톰슨이 전자의 파동성을 실증

드브로이가 이론적으로 예언한 물질파(◀1923)을 검증하는 실험이 1927년에 미국의 데이비슨과 거머 팀과 영국의 G.P. 톰슨에 의해 각각 이루어졌다. 그들은 결정에 전자를 조사하면 결정 내에 규칙적으로 배열된 원자에 산란된 전자의 파동이 간섭을 일으켜 특유의 모양을 형성한다는 것을 밝혀냈다(그 원리는 X선의 간섭과 동일하다. ◀1912①).

또한 G.P. 톰슨은 전자를 발견한 J.J. 톰슨(◀1897)의 아들이다. 아버지는 입자로서의 전자를 검출하고, 아들은 파동으로서의 전자의 성질을 파악해낸 것이다.

1928①

디랙이 상대론적 파동 방정식을 발표

이해에 영국의 디랙이 슈뢰딩거의 파동 방정식(◀1926①)에 특수상대성 이론(◀1905①)의 효과를 도입한 상대론적 파동 방정식(디랙 방정식)을 발표하였다. 새로운 방정식은 특수 상대론의 요청을 충족할 뿐 아니라 스핀하는 전자의 성질도 자동적으로 내포하고 있는 것으로 드러났다.

스핀이란 질량과 전하와 마찬가지로 전자에 주어진 고유한 물리량의 하나로, 편의상 매크로 현상에 비유하자면 자전 운동으로 표현할 수 있다. 원자에서 방사된 빛의 스펙트럼을 조사하는 중에 이러한 스핀이라는 성질을 전자에 부여할 필요가 발생하였는데, 종래의 비상대론적인 방정식으로는 그때마다 임기응변으로 스핀을 처리하여야만 하였다. 디랙이 그러한 불편함을 해결한 것이다.

1928②

라만이 라만 효과를 발견

컴튼 효과(◀1922①)에 의해 X선이 광자로서 움직여 물질 내의 전자와 연쇄 충돌을 일으킨다는 것이 밝혀졌다. 인도의 라만은 X선뿐 아니라 가시광을 사용해서도 빛의 입자성을 관측할 수 있지 않을까 하고 생각하였다. 이에 라만은 여러 가지 물질에 일정한 진동수의 단색광을 쬐어, 1928년에 산란광 속에 진동수가 입사광의 그것과 다른 성분이 섞여 있다는 것을 알아냈다. 이는 가시광이 광자로서 움직여 물질과 에너지 양자(◀1900③)를 주고받았기 때문이다(라만 효과).

이때 광자가 에너지를 주고받는 상대는 분자이다. 그 결과 분자의 진동과 회전 상태가 변화한다. 그래서 라만 효과는 분자의 내부 운동과 구조를 아는 유력한 수단으로서 주목받게 되었다. 이 업적으로 라만은 1930년에 아시아인 최초로 노벨 물리학상을 수상하였다.

1929①

실라르드가 맥스웰의 악마의 존재를 부정

열역학 제2법칙(◀1850②, 1865②)을 깨는 패러독스로 가정된 '맥스웰의 악마'(◀1870)를 1929년에 헝가리(후에 미국으로 망명)의 실라르드가 다음과 같은 이론으로 부정하였다.

악마가 용기 속에서 칸막이의 문을 여닫기 위해서는 문 근처로 접근하는 분자의 속도를 알아야 한다. 즉, 어떠한 수단을 써서 분자의 운동 상태에 관한 정보를 입수하여야 한다. 이 정보를 얻기 위해 악마는 분자에 대해서 어떤 일을 하여야 하므로 결과적으로 용기 내의 엔트로피는 감소시킬 수 없다고 실라르드는 생각하였다.

실라르드의 논문은 정보의 가치를 엔트로피라는 물리량과 관련짓는 선구적인 것이었으나, 오히려 그래서 당시에는 큰 주목을 받지 못하였다. 실라르드의 연구가 소위 재발견되는 형태로 주목받게 된 것은 컴퓨터의 개발과 더불어 정보 이론이 발전하게 된 제2차 세계 대전 이후이다.

1929②

허블이 허블의 법칙을 발견

도플러 효과(◀1842①)에 따라 빛의 적색 편이를 관측하면 은하가 지구에서 멀어지는 속도(후퇴 속도)를 알 수 있다. 미국의 허블은 이 효과를 이용하여 수십 개의 은하 스펙트럼을 조사한 결과, 1929년에 은하의 후퇴 속도는 지구와의 거리에 비례해서 증가한다는 결론에 도달하였다(허블의 법칙).

이는 우주가 팽창 중일 가능성을 시사하여 주었다.

1930①

톰보가 명왕성을 발견

미국의 로웰은 천왕성(◀1781)과 해왕성(◀1846)을 관측해서 얻은 궤도가 계산 결과와 다른 것으로 미루어 미지의 행성(해왕성 너머의 행성)이 존재하지 않을까 하고 생각하였다. 그리고 이 불일치 값을 바탕으로 미지 행성의 궤도 요소를 산출하여 1915년에 그 성과를 발표하였다.

로웰은 이듬해에 사망하였지만, 그가 창설한 천문대의 젊은 연구자 톰보가 1930년에 찾아 헤맸던 제9행성을 드디어 포착하였다. 행성은 '명왕성(Pluto)'라고 명명되었다. 기호 'P'는 퍼시벌 로웰

(Percival Lowell)의 앞 글자에서 딴 것이다.

또한 2006년에 프라하에서 열린 제26회 국제 천문학 연합총회에서 태양계의 행성은 수성에서부터 해왕성까지의 여덟 개인 것으로 결정되었으며, 명왕성은 '준행성'으로 "격하"되었다.

1930②

디랙이 구멍 이론을 발표

디랙 방정식(◀1928①)을 풀면 전자의 양에너지뿐 아니라 음에너지 상태도 동시에 도출된다. 양에너지 상태는 일반적으로 관측되는 보통 전자지만, 그렇다면 음에너지는 대체 무엇인가 하는 문제가 발생한다. 하물며 음에너지 상태는 마이너스 무한대까지 계속 이어졌다. 이 논리에 따르자면 보통의 전자는 끝없이 에너지의 계단에서 낙하하게 된다. 하지만 현실에서는 그런 현상이 일어나지 않는다.

이 모순과 난문을 디랙은 다음과 같이 해석하였다. 그는 진공이란 공허한 공간이 아니라 마이너스 무한대까지 이어진 음에너지 상태의 전자가 가득 찬 공간일 것이라고 생각하였다. 하나의 에너지 상태에는 하나의 전자밖에 들어가지 않으므로(이것을 '파우리의 원리'라고 한다), 이와 같이 가정하면 진공에 전자를 두더라도 음에너지 상태로 떨어지지 않고 안정적으로 존재하게 된다.

그럼 그다음에는 디랙이 가정한 진공의 존재를 어떻게 검증할 것인가가 문제가 된다. 진공은 그 상태 그대로는 관측할 수 없지만, 감마선 영역의 에너지가 충분히 높은 빛을 조사하면 음에너지 전자가 빛을 흡수하여 양에너지 상태로 올라올 가능성이 있다. 양에너지 상태로 바뀌면 이것은 보통의 전자이므로 직접 관측할 수 있다. 한편, 그때까지 전자가 가득 차 있던 진공에는 음에너지 전자가 하나 빠져나간 구멍(공공空孔)이 생기게 된다. 그리고 이 구멍은 정전하를 가진 양에너지의 입자로서 관측된다.

즉, 진공에서 감마선이 사라지면 그 에너지에 대응하는 전자와 정전하의 전자(양전자)가 쌍으로 발생한다. 이것을 '구멍 이론(공공이론)'이라고 한다. 디랙의 이론 내용은 무척 기발하였지만, 머지않아 그의 주장이 옳다는 것이 실증되었다(▶1932②, 1995①)

1931

잰스키가 우주 전파를 발견

라디오 방송에 섞여드는 전파 잡음을 조사하던 미국의 벨 전화회사 연구소의 잰스키는 이해에 우연히 정확한 주기로 우주에서 날아드는 전파를 검출하였다. 발생원은 은하계의 중심부에 있는 사수자리였다. 전파 천문학이 본격적으로 발전한 것은 제2차 세계대전 이후지만, 잰스키의 발견은 전파도 우주를 파악하는 데 있어서 중요한 정보원이 된다는 것을 가르쳐 주었다.

그 대표적인 일례가 잰스키와 같은 연구소에서 근무하는 두 사람이 마찬가지로 우연히 발견한 '우주 배경 복사'(▶1965)이다.

1932①

채드윅이 중성자를 발견

1930년에 독일의 보테와 벡커는 베릴륨에 알파선(헬륨의 원자핵 빔)을 조사하면 투과성이 강한 방사선이 발생한다는 것을 발견하였다. 이 방사선은 '베릴륨선'이라고 명명되었고, 정체는 감마선일 것으로 추정되었다.

그들의 보고를 들은 프랑스의 졸리오퀴리 부부는 베릴륨선을 파라핀 등 수소가 든 물질에 조사하여 보고 양성자가 힘차게 팍팍 튀어나오는 현상을 관측하였다. 부부도 마찬가지로 베릴륨선은 감마선이라고 해석하였다. 그 배경에는 X선은 광자로서 전자를 튕겨낸다는 컴튼 효과(◀1922①)와 관련된 선입견이 있었던 것이다.

하지만 예를 들어 감마선이 X선보다 에너지가 높다고 하더라도 과연 질량이 전자의 2000배 가까이 되는 무거운 양성자를 힘차게 팍팍 튕겨내는 것이 가능할까 하고 영국의 채드윅은 의문을 품었다. 또 채드윅은 베릴륨선이 가지는 높은 투과성이라는 성질에도 주목하였다. 만약 이것을 중성 입자라고 가정한다면 원자핵으로부터 전기적인 힘을 받지 않으므로 방해받지 않고 물질을 통과할 수 있을 것이다.

이에 1932년에 채드윅은 베릴륨선을 다양한 물질에 조사하고 물질에서 튀어나오는 양성자 이외의 원자핵 반도(反跳)도 측정한 결과, 이것은 양성자와 거의 동일한 질량을 가진 전기적으로 중성인 입자라는 것을 알아냈다. 이리하여 양성자와 함께 핵을 구성하는 또 하나의 요소인 중성자가 발견되었다.

1932②

앤더슨이 양전자를 발견

20세기에 들어서면 우주 공간에서 높은 에너지의 방사선(우주선)이 쏟아져 내린다는 것이 알려지기 시작한다. 우주선을 연구하던 미국의 앤더슨은 1932년에 자기장을 작용시킨 안개상자(원자핵 실험과 우주선 연구에 사용되는 하전 입자 검출기)에서 우연히 기묘한 입자의 비적(飛跡)을 발견하였다. 이것은 전자와 동일한 질량을 가졌지만, 전하 부호는 전자와 반대였다. 또한 앤더슨은 아직까지 디랙의 구멍 이론(◀1930②)을 알지 못하였지만, 이 입자야말로 다름 아닌 디랙이 예언한 양전하였다.

또한 오늘날에는 전자에 대한 양전하처럼, 전하의 부호가 반대일 뿐 모든 물리량이 같은 입자를 일반적으로 '반입자'라고 부른다. 반양성자는 1955년에, 반중성자(중성자의 경우에는 전하는 아니지만, 자기모멘트이라는 물리량의 부호가 반대)는 1956년에 각각 발견되었다.

우리의 우주는 전자, 양성자, 중성자 등 보통의 입자로 이루어져 있지만, 무언가 우발적인 사건으로 인해 반입자가 발생한다.

1932③

유리가 중수소를 발견

이해에 미국의 유리가 질량이 보통의 수소의 2배에 달하는 중수소를 발견하였다. 원자핵이 무거워지면 그 영향으로 수소의 스펙트럼선 위치가 미묘하게 어긋나는데, 유리는 이 효과를 이용하여 수소의 동위 원소를 발견하였다.

또한 보통의 수소 핵은 양성자 하나뿐이지만, 중수소의 핵은 여기에 중성자(◀1932①)가 하나 추가된 구조라는 것도 밝혀졌다.

1932④

코크로프트과 월턴이 가속 장치를 이용한 원자핵 파괴 실험에 성공

영국의 코크로프트와 월턴은 60만 볼트의 전압을 안정적으로 발생시켜 양성자를 가속하는 장치를 개발하였다. 그들은 1932년에 수소 가스를 고압 방전으로 전리시키는 방법으로 마련한 양성자를 이 가속 장치에 넣고 리튬 핵에 충돌시켜 두 개의 헬륨 핵으로 분열시켰다.

이미 러더퍼드가 방사성 원소에서 나오는 알파선을 이용하여 원자핵을 파괴하는 실험을 하였지만(◀1919②), 코크로프트와 월턴은 인공적으로 가속시킨 입자로 핵을 파괴(원소 변환)하는 데 처음으로 성공하였다.

1933

프린스턴고등연구소 창설

미국의 사업가 루이스 뱀버거와 여동생 캐롤라인 뱀버거 풀드 부인의 막대한 기부금을 바탕으로 1933년에 뉴저지주 프린스턴 대학교 구내에 전 세계의 거물 과학자가 모이게 될 프린스턴고등연구소가 창설되었다. 그 중심은 이론 물리학과 수학 분야였으며, 초창기에는 나치스 정권의 탄압을 면한 아인슈타인과 수학자 폰 노이만, 바일 등이 초빙되었다.

상근 연구원보다 일정 기간 동안만 체재하는 과학자가 더 많아서 높은 유동성이 이 연구소의 특징이 되었다. 다수의 노벨상 수상자가 자유롭고 개방적인 분위기 속에서 연구에 힘썼으며, 일본에서도 나중에 유카와 히데키와 도모나가 신이치로, 필즈상을 수상한 수학자 고다이라 구니히코 등이 초청을 받았다.

1934①

졸리오퀴리 부부가 인공 방사능을 발견

이해에 졸리오퀴리 부부는 방사성 원소에서 나오는 알파선을 알루미늄 포일에 조사하면 둘이 핵반응을 일으켜 인의 방사성 동위원소가 생성된다는 것을 알아냈다. 인은 양전자(◀1932②)를 방출하며 한 번 더 규소로 붕괴되었다. 이로써 처음으로 인공적 방사성 물질이 만들어졌다.

이 실험을 실시하였을 때 두 사람 곁에는 모친 퀴리 부인이 입회하여 있었다. 그 모습을 프레데리크 졸리오는 후년에 다음과 같이 회상하였다.

'이렌(아내)과 내가 작은 유리관에 넣은 최초의 인공 방사성 원소를 그녀(퀴리 부인)에게 보였을 때 그녀를 사로잡은 깊은 기쁨의 표정을 나는 영원히 잊을 수 없을 것이다. 라듐 화상 자국이 보이는 손가락으로 이미 그 방사성 원소의 작은 관을, 아직 활성이 미약한 원소가 든 관을 잡고 있던 그녀의 모습이 지금도 눈에 선하다. 우리가 보고한 내용을 확인하고자 그녀는 그 관을 가이거 계수관으로 가져갔고, 방사선의 수를 세는 그 다수의 경고음을 들을 수 있었다. 이것은 필시 그녀 생애의 최후의 큰 기쁨이었을 것이다. 몇

개월 후에 마리 퀴리는 백혈병으로 사망하였다.'(『퀴리 가문의 사람들 キュリー家の人々』, Eugénie Cotton 저, 스기 도시오 역, 이와나미신서)

1934②

페르미가 중성자를 사용하여 원소의 인공 변환에 성공

이탈리아의 페르미는 알파선을 이용하여 인공 방사성 원소를 만들어낸 졸리오퀴리 부부의 실험(앞의 1934①항) 소식을 듣고, 대신에 중성자를 조사해보면 어떨까 하고 생각하였다. 중성자는 전기적 힘을 받지 않아 알파선보다 핵에 접근하기 용이하므로 원소 변화에 적합하지 않을까 하고 예측한 것이다.

이에 페르미는 1934년에 63종의 원소에 중성자를 닥치는 대로 조사하여 무려 37종에 달하는 인공 방사성 원소를 만들어냈다.

1934③

체렌코프가 체렌코프 방사를 발견

빛의 속도(초속 약 30만 킬로미터)는 속도의 상한이지만, 여기에는 진공 상황하에서 그러하다는 단서가 붙는다. 빛은 매질에 들어가면 그 굴절률로 나눈 값으로 감속되기 때문이다. 예를 들어 물의 굴절률은 1.34이므로 진공 상태에 비해 수중에서는 빛의 속도가 약 25% 느려진다.

만약 어떤 하전 입자가 매질 속에서 (진공에서의) 빛의 속도에 가까운 속도로 이동한다면 이 경우에는 입자의 속도가 빛보다 더 빠른 셈이 된다.

1934년에 소련의 체렌코프는 이러한 조건이 충족될 때 하전 입자의 비적을 따라서 진행 방향에 대하여 원추형으로 빛이 방사되는 현상을 발견하였다. 이를 '체렌코프 방사'라고 한다. 이에 대한 이론적 설명은 1937년에 소련의 탐과 일리야 프랑크에 의해 이루어진다.

체렌코프 방사는 소립자 검출에 이용되는데, 최근에는 일본에서 실시하는 뉴트리노 관측에도 이용되고 있다.

1935

유카와 히데키가 중간자론을 발표

채드윅에 의해 중성자가 발견(◀1932①)되어 원자핵이 양성자와 중성자(둘을 합하여 핵자라고 부른다)로 구성되어 있음을 알게 되자, 그 다음 단계로서 핵자를 원자핵 내에 강하게 결합시키는 힘은 무엇인가 하는 것에 관심이 집중되었다. 만유인력(중력)은 너무나 미약하고, 전기적인 힘을 생각해보더라도 양성자끼리는 서로 반발하고 중성자에는 전기적인 힘이 작용하지 않기 때문이었다. 그러면 새로운 힘(척력)의 도입이 불가피해진다.

이에 유카와는 '중간자'라는 입자가 존재한다고 가정하고 핵자는 원자핵 내에서 이 중간자를 서로 주고받음으로써 강하게 결합되어 있다고 생각하였다. 일반적으로 힘이 작용하는 공간을 '장'이라고 하는데, 하이젠베르크와 스위스의 파울리에 의해 당시에 '장의 양자론'이라는 관점이 제창되었다. 이에 따르면 장에는 마이크로 세계의 특징인 입자와 파동의 이중성이 있다. 유카와는 이와 같은 장의 양자론을 응용하여 핵력장의 작용을 중간자라는 입자를 주고받는 작용으로 설명하고자 하였다.

핵력은 양성자 간의 전기적 반발력을 극복할 만큼 충분히 강하지만, 중력과 전자기력과 달리 도달 거리가 원자핵 내로 한정될 만큼 짧다는 특징을 가진다. 유카와는 아인슈타인이 도출한 에너지와 질량의 등가성을 나타내는 식(◀1905①)과 하이젠베르크의 불확정성 원리(◀1927①)를 이용하여 핵력의 이러한 특징을 설명하고, 이를 바탕으로 중간자의 질량을 계산하였다. 그 결과 중간자는 전자와 양성자의 중간의 질량을 가진다는 결과가 나왔다. 새로운 입자의 명칭은 이러한 특성에서 유래한다.

이상의 연구는 1934년에 일본수학물리학회 강연에서 보고하였고, 이듬해에 동 학회의 잡지에 논문을 발표하였다. 일본인이 처음으로 노벨상을 수상한 것은 이때로부터 14년 후이다(▶1949).

1936

러더퍼드의 『새로운 연금술』

이해에 케임브리지대학교 뉴넘대학에서 열린 '헨리 시지윅 기념 강연'에서 러더퍼드는 20세기의 원소 변환 연구에 대하여 해설하였다. 그 강연록은 이듬해 『새로운 연금술(The Newer Alchemy)』이라는 제목으로 출판되었는데, 저서에 수상쩍은 제목을 붙인 이유에 대하여 러더퍼드는 다음과 같이 기술하였다.

'2000년이라는 긴 세월 동안 사람들을 줄곧 매혹해온 연금술이라는 고대의 활동과 현대의 핵물리학을 대조하려는 의도로 이와 같이 제목을 붙여보았다. 쇠붙이를 모조리 금으로 바꾸는 비약 "현자의 돌"에 대한 탐구가 중세 내내 열정적으로 이루어졌는데, 이는 아리스토텔레스의 자연학에 기초한 물질관에 의거한다. 아리스토텔레스에 따르면 만물은 네 가지 원소(흙, 물, 공기, 불)로 환원되며, 네 원소는 네 개의 기본적인 성질(따스함, 차가움, 건조함, 습함)의 조합에 의해 서로 구별된다. 따라서 이러한 성질을 어떠한 방법으로 변환하기만 하면 원소를 바꾸어 물질을 변성시킬 수 있다고 연금술사들은 믿었다.

당시에는 화학 관련 지식이 부족하여 표면이 크게 변화하는 물질 변화를 목도하면 연금술도 가능하지 않을까 하고 믿어버리곤 하였다. 하지만 현실적으로는 인간은 한 줌의 금도 만들어낼 수 없었다. 지금에 와서 보면 이는 애당초 불가능한 이야기이다.

반대로 현대 과학에 눈을 돌리면 지극히 미량이기는 하나 금을 만들어내는 것이 꿈이 아니게 되었다. 단, 금보다 고가인 원소 백금으로 변환하여야 하므로 수지타산이 전혀 맞지 않지만.'

러더퍼드와 소디가 토륨이 다른 원소로 바뀌어가는 과정을 밝혀낸 것이 계기가 되어(◀1902①) 20세기의 연금술은 이리하여 급속한 발전을 이룩하였고, 이윽고 장단의 양면이 있는 핵에너지의 실용화를 향해 나아가게 되었다. 인간은 핵이라는 '판도라의 상자'를 열어버린 것이다.

1937

베테와 바이츠제커가 핵반응으로 항성의 에너지원을 설명

20세기에 들어설 때까지 태양을 비롯한 항성이 어떤 메커니즘으로 빛나는지를 설명하지 못하였다. 화학 반응과 역학적 현상으로는 별이 만들어내는 막대한 에너지를 도저히 설명할 수 없었다.

그런데 양자 역학과 상대성 이론이 확립되고 핵물리학이 발전함에 따라서 별의 에너지원에도 빛을 비추게 되었다. 원자핵끼리 접근하면 전기적 반발력이 작용하지만, 입자가 아니라 핵의 파동으로서의 성질에 주목하면 특정 확률로 핵끼리 이 반발력을 빠져나가 융합한다(이를 '터널 효과'라고 한다). 융합하여 무거운 핵이 되면 그 질량의 극히 일부가 아인슈타인이 도출한 식(◀1905①)에 따라서 에너지로 전환된다.

독일에서 미국으로 건너간 베테와 독일의 바이츠제커는 1937년에 각각 독자적으로 이러한 전제에 근거하여 별 내부에서 수소가 핵융합을 일으켜 헬륨이 되어 에너지를 방출하는 과정을 발견하였다.

1938①

실러캔스 포획

공룡과 함께 멸종하였다고 여겨졌던 고대의 어류 실러캔스가 이 해에 남아프리카 동해안에서 어선의 그물에 걸려 올라왔다. 괴어가 발견되었다는 보고를 듣고 이를 조사한 남아프리카의 스미스는 당시에 얼마나 놀랐는지에 대하여 후일에 다음과 같이 기술하였다.

'보아라! 실러캔스……, 저것은 다름 아닌 실러캔스가 아닌가! 마음의 준비를 충분히 하고 온 줄 알았는데, 그것을 본 순간 뜨겁게 작렬하는 폭탄이라도 맞은 것처럼 나는 떨었고 비틀거렸고 그 자리에 못 박히고 말았다. 마치 돌이 되어버린 것처럼 멀뚱히 서 있었다.'(『살아 있는 화석生きた化石』, J.L.B. Smith 저, 가지타니 요시히사 역, 고와출판)

'살아 있는 화석'을 발견하였다는 스미스의 보고가 『네이처』에 발표되자 과학계는 실러캔스가 생식하고 있음을 승인하였다. 이어서 1952년에 아프리카 남동부 코모로 제도 앞바다에서 두 마리째의 개체가 포획되었다. 이후로 이 해역에서는 상당한 수의 실러캔스가 어민의 손에 잡혔다. 1987년에는 독일의 막스플랑크연구소 팀이 잠수정으로 코모로 제도 앞바다에 들어가 실러캔스가 헤엄치는 모습을 카메라에 담았다.

그리고 1998년에 인도네시아의 술라웨시섬 북부에서도 실러캔스가 발견되었다. 지구에서 아직 발견되지 않은 것은 없을 것만 같지만, 이러한 이야기를 들으면 바다는 여전히 미지의 세계라는 생각이 든다.

1938②

한과 슈트라스만이 우라늄의 핵분열을 발견

독일의 한과 슈트라스만은 1938년에 우라늄에 중성자를 조사하면 방사성 바륨이 생성된다는 것을 발견하였다. 이는 우라늄 원자핵이 중성자로 인해 두 개의 덩어리(바륨 핵)로 분열되기 때문이며, 이 현상을 '핵분열'이라고 명명하였다.

가벼운 핵끼리 결합하는 핵융합(◀1937)과는 반대로 우라늄처럼 무거운 핵은 이러한 충격을 받으면 분열하는데 그때 핵융합과 마찬가지로 질량의 일부가 에너지로 바뀐다. 따라서 핵분열이 어떠한 방법으로 연쇄 반응적으로 진화하면 거대한 에너지가 한 번에 방출된다(▶1942). 미국 뉴멕시코주의 사막에서 최초의 원자 폭탄 실험이 이루어진 것은 이때로부터 불과 6년 반 후이다(▶1945).

1938③

카피차가 초유동을 발견

극저온이 되면 도체의 전기 저항이 갑자기 제로가 되는 초전도(◀1911①) 현상이 나타나는 것으로 알려져 있는데, 1938년에 소련의 카피차에 의해 또 하나의 중요한 저온 효과, 초유동이 발견되었다.

카메를링 오너스가 헬륨을 액화하는 데 성공하였는데(◀1908②), 이 액체 헬륨의 온도를 약 2.2K까지 내리면 점성이 완전히 없어진다. 그 결과 압력을 가하지 않아도 액체 헬륨이 모세관 안을 흐른다. 이것이 초유동이다. 더욱이 신기하게도 2.2K 이하로 냉각한 액체 헬륨을 용기에 담아두면 저절로 벽면을 타고 기어오르거나 밖으로 흘러나가는 현상이 관찰되었다.

또한 초전도와 마찬가지로 초유동도 양자 역학으로 기술되는 현상인데, 이에 대한 이론적 해명은 1941년에 소련의 란다우에 의해 이루어졌다.

1939

아인슈타인이 루즈벨트 대통령에게 서신을 보내다

러더퍼드는 『새로운 연금술』(◀1936)에서 핵에너지의 실용화에 대하여 언급하였는데, '인공적으로 핵에서 유용한 에너지를 빼낼 수 있을 가망은, 현재로서는 없다'라며 부정적인 입장을 밝혔다.

하지만 물리학의 진보 속도는 핵물리학 권위자의 예상을 크게 뛰어넘었다. 베를린의 카이저빌헤름연구소(현 막스플랑크연구소)에서 한과 슈트라스만이 핵분열 현상을 발견하자(◀1938②) 이를 연쇄 반응적으로 일으키면 막대한 에너지가 발생될 가능성이 있다는 지적이 나오기 시작하였다. 그렇게 되면 터무니없는 파괴력을 지닌 원자 폭탄의 개발도 시야에 넣을 수 있다.

당시 많은 과학자가 히틀러와 무솔리니로 인해 유럽의 고향에서 쫓겨나 미국으로 망명을 떠나와 있는 상황이었는데, 그들한테서도 나치스가 원자 폭탄 연구에 착수하지 않을까 하고 경계하는 목소리가 나왔다. 이에 대한 대항 조치로서 미국이 먼저 개발에 착수하여야 한다고 그들은 호소하였다. 그리고 루즈벨트 대통령 앞으로 원자 폭탄 개발을 촉구하는 서신을 작성하고, 프린스턴고등연구소(◀1933)에 초빙되어 와 있던 아인슈타인에게 서신의 발신인이 되어 달라고 부탁하였다.

만년에 아인슈타인은 '만약 독일이 원자 폭탄 생산에 실패할 줄 알았더라면 나는 손가락 하나도 꿈쩍하지 않았을 것이다'라며 서

신에 사인한 것을 후회하였다(『신은 노회하여神は老獪にして』, Abraham Pais 저, 가나코 쓰토무 외 공역, 산교도서).

1940

맥밀런과 에이벌슨이 최초의 초우라늄 원소를 발견

중성자를 충돌시키면 우라늄이 핵분열을 일으키는데(◀1938②), 이때 핵반응 생성물로서 원자 번호 93인 새로운 원소가 만들어진다는 것을 1940년에 미국의 맥밀런과 에이벌슨이 발견하였다. 자연계에 존재하는 원소 중에서 가장 무거운 것은 원자 번호 92번 우라늄이다. 따라서 맥밀런과 에이벌슨은 처음으로 '초우라늄 원소(우라늄보다 원자 번호가 큰 원소)'를 만들어낸 셈이다. 천왕성(Uranus. ◀1781) 바깥에 해왕성(Neptune. ◀1846)이 있는 것에서 따서 우라늄(uranium) 뒤에 위치하는 새로운 원소의 이름은 '넵투늄(neptunium)'이라고 붙였다.

나아가 이듬해에는 미국의 시보그가 원자 번호 94번 '플루토늄(plutonium)'(명왕성Pluto에서 땄다. ◀1930①)을 만들어냈다. 우라늄 중에서 핵분열을 일으키는 것은 우라늄 235라는 동위 원소인데, 플루토늄 239(숫자는 양성자와 중성자의 수를 합한 질량수)도 핵분열성이 높아서 이윽고 원자 폭탄으로 사용되게 되었다.

1941

에들렌이 태양 코로나의 온도를 측정

태양의 가장 바깥층을 구성하는 것이 코로나이다. 1941년에 스웨덴의 에들렌은 코로나 특유의 초록색 스펙트럼 휘선이 철을 수십 차례 전리한 이온에 의한 것임을 발견하였다. 하지만 여기에서 한 가지 신비로운 문제가 발생하였다. 철 원자에서 이렇게나 많은 전자를 떼어내기 위해서는 100만K 이상의 고온이 필요하기 때문이다. 한편, 태양 표면의 온도는 약 6000K이므로 태양의 외부를 둘러싼 코로나의 온도가 이렇게 높다는 것은 예상 밖이었다. 코로나의 온도를 설명할 수 있는 이론은 현재까지도 확립되지 않은 상태이다.

1942

시카고대학교에서 원자로를 운전

1938년에 이탈리아의 페르미는 중성자를 조사하여 원소를 인공변환(◀1934②)한 업적을 평가받아서 노벨 물리학상을 수상하였다. 그런데 수상식 후에 그는 환영을 받으며 고향으로 돌아가지 않고 가족과 함께 스톡홀름에서 미국으로 망명하였다. 페르미의 아내가 유대인이어서 파시스트 정권의 박해를 피해 출국한 것이었다.

영광스러운 무대에 출석할 일이 가족의 안전을 지키기 위하여 도망칠 절호의 찬스가 된 것이다.

페르미의 망명길을 뒤쫓듯이 한과 슈트라스만의 핵분열 실험(◀1938②) 뉴스가 미국에 당도하였다. 독일의 폴란드 침공이 방아쇠가 되어 1939년에 제2차 세계 대전이 시작되었고 국제 정세는 점점 더 긴박해졌다. 이러한 상황하에서 1942년 미국에서 원자 폭탄 제조를 목표로 '맨해튼 계획'에 돌입하였다. 이때 중심적인 역할을 한 사람이 페르미였다.

그리고 이해 12월 2일 페르미의 지휘하에 시카고대학교에서 제작된 최초의 원자로 속에서 제어된 핵분열 연쇄 반응을 시키는 데 성공하였다. 역사는 원자 폭탄 제조까지 앞으로 2년 남짓이 남은 상황까지 와 있었다(▶1945).

1943

도모나가 신이치로가 초다시간 이론을 발표

1941년에 태평양 전쟁이 시작되자 일본은 구미의 최신 과학 정보를 입수하기 어려워졌고 학문 분야에서도 서서히 고립되어갔다. 또 과학자들은 군사 관련 응용 연구에 동원되어 자신의 전문 분야에 전념할 여유가 없어졌다.

하지만 이러한 혹독한 환경 속에서도 후일에 노벨상을 수상한 뛰어난 업적이 탄생하였다. 이해에 도모나가 신이치로가 이화학 연구소(◀1917)의 잡지에 발표한 '초다시간 이론'이 그것이다. 도모나가의 연구가 해외에 알려진 것은 제2차 세계 대전 종료(1945년) 후이지만, 그는 초다시간 이론을 더욱 발전시켜 1947년에 '재규격화 이론'을 완성하였다(미국의 슈윙거와 파인만도 독자적으로 이 연구에 기여하여 도모나가와 함께 세 사람은 1965년에 노벨 물리학상을 수상하였다).

재규격화 이론이란 전자 등의 하전 입자와 전자기장으로 이루어진 역학계를 다룰 때 사용하는 계산 조작이다. 이전에는 하전 입자를 크기가 없는 점으로 간주하면 계산할 때 입자의 에너지와 질량이 무한대로 발산하는 곤란 사항이 있었는데, 세 사람의 이론으로 이러한 난점을 피할 수 있게 되었다.

1944

판데헐스트가 수소 원자의 파장 21센티미터 전파를 예언

네덜란드의 판데헐스트는 1944년에 양성자와 전자의 자기적 작용으로 인해 수소 원자에서 파장 21센티미터의 전파가 방사될 것이라고 이론적으로 예측하였다. 7년 후 1951년에 미국의 이완과 퍼셀이 이 전파를 검출하는 데 성공하자 이는 은하의 구조와 성간 가스의 분포를 조사하는 유력한 수단으로 주목받게 되었다.

그런데 1959년에 스위스의 코코니와 미국의 모리슨은 21센티미터 전파를 사용하여 지구 바깥 문명(외계인)이 우리에게 신호를 보내는 것인지도 모른다는 센세이셔널한 논문을 『네이처』에 발표하였다. 수소는 우주에 가장 많이 존재하는 원소이므로 진화한 문명이라면 우주 공통의 통신 수단으로서 이 전파를 이용할 것이라는 게 그들의 주장이었다.

두 사람의 논문이 발표된 이듬해, 미국의 드레이크는 실제로 우주에서 날아든 전파에 외계인이 보낸 메시지가 섞여 있지 않은지 조사해보았다(이 시도는 '오즈마 계획'이라고 명명되었다). 인공적으로 보냈을 것으로 판단되는 전파를 발견하지 못하였지만, 수소의 21센티미터 전파는 과학으로 외계인을 탐색하는 계기를 마련해주었다.

1945

원자 폭탄의 개발

핵분열을 일으킨 우라늄 235의 농축과 플루토늄(◀1940) 제조에 성공한 미국은 이해 7월 16일에 뉴멕시코주 앨라모고도에서 원자 폭탄 실험을 하였다. 히로시마와 나가사키에 폭탄이 투하된 것은 이로부터 불과 3주 후였다.

1946①

호일이 정상 우주론을 제창

허블의 법칙(◀1929②)이 발견됨으로써 우주는 계속하여 팽창한다고 지적되었다. 또 일반 상대성 이론을 통해서도 이론적으로 우주는 팽창한다는 결론이 나왔다. 이에 우주의 팽창을 어떻게 해석하여야 하는가 하는 문제가 발생하였는데, 제2차 세계 대전 후에 이와 관련하여 서로 대립되는 두 가지의 이론이 제창되었다.

하나는 소련에서 미국으로 건너간 가모프가 1946년부터 주장한 '빅뱅 우주론'이다. 가모프는 우주는 고온 고밀도의 '불덩어리'가 대폭발을 일으켜 탄생한 것이라고 생각하고 이 과정 속에서 원소의 생성을 설명하고자 하였다.

이에 대항하는 형태로 영국의 호일, 본디, 골드가 '정상 우주론'을 발표하였다. 우주에는 시작이 없으며 우주는 무한한 과거부터 존재하였다는 입장이다. 또 우주는 팽창하더라도 끊임없이 새로운 물질이 솟아나 이것이 별을 형성하기 때문에 언제 바라보더라도 우주는 언제나 동일하게 보인다고 주장하였다(또 빅뱅 우주론이라는 명칭은 호일이 가모프의 설을 야유하며 부른 것에서 유래하였다).

한동안은 두 입장이 양립하였으나, '우주 배경 복사'가 발견(▶1965)되면서 빅뱅 우주론이 승리를 거머쥐었다.

1946②

컴퓨터 ENIAC의 완성

원자 폭탄(◀1945)뿐 아니라 컴퓨터도 또한 전시 중에 탄생한 발명품이다. 제2차 세계 대전을 치르던 미국은 포격 시에 정확한 탄도를 재빨리 계산할 필요성이 높아졌다.

이에 1943년에 미국은 진공관을 이용한 전자 수치 계산기(Electronic Numerical Integrator and Computer: 약칭 ENIAC)의 개발이 모클리와 에커트의 지휘하에 극비리에 진행되었다. 완성된 1946년에 제2차 세계 대전은 종결되었지만, ENIAC은 수소 폭탄 실험의 시뮬레이션에 사용되었으며, 1955년까지 가동되었다.

1947①

리비가 탄소 14를 이용한 연대 측정법을 제창

보통의 탄소는 질량수가 12이고, 탄소의 동위 원소 중에 질량이 큰 탄소 14가 있다. 미국의 리비는 1947년에 탄소 14를 사용하여 역사학과 고고학에서 연대 측정하는 방법을 제안하였다.

지구에는 다량의 우주선이 쏟아져 내리는데 이것이 공기 중의 원자에 충돌하여 핵반응을 일으키면 반감기가 약 5700년인 방사성 원소, 탄소 14가 생성된다. 생성된 탄소 14는 산소와 결합하여 이산화탄소를 만든다. 우주선은 끊임없이 날아오고 있으므로 대기 중의 이산화탄소에 포함된 방사성 동위 원소의 농도는 언제나 일정하다.

이산화탄소는 광합성을 통하여 식물에 흡수된다. 그리고 동물은 식물을 섭취하므로 생물의 체내에 고정된 유기물 속에는 일정 농도의 탄소 14가 언제나 존재한다. 그런데 생물이 죽으면 새롭게 탄소의 흡수가 이루어지지 않으므로 체내에 축적된 탄소 14가 방사선을 내뿜으며 붕괴된다. 이에 시간이 흐름에 따라서 그 함유량은 차츰 감소한다. 그러므로 생물 사체 중의 탄소 14 농도를 측정하면 그 생물이 죽은 후로 시간이 얼마나 흘렀는지를 알 수 있다. 이 원리를 나무 조각, 천, 종이, 뼈, 조개껍질 등의 출토품에 적용하여 연대를 측정하자는 주장이다.

이리하여 그때까지 역사학자와 고고학자의 감과 경험에 의존하는 부분이 많던 유물의 연대 감정에 처음으로 과학적인 수법이 도입되었다.

1947②

파월이 중간자를 발견

양전자 발견자인 앤더슨(◀1932②)이 1937년에 우주선을 검출하는 안개상자 사진 속에서 전자의 약 200배의 질량을 가진 새로운 입자를 발견하였다. 한때 이것은 유카와 히데키가 그 존재를 예언하였던 중간자(◀1935)가 아닐까 하고 기대되었다. 하지만 중간자라면 핵하고 강하게 반응하여야 하는데, 이 입자에서는 그러한 성질이 관찰되지 않았다(이것은 현재 뮤온이라고 불리는 입자이다)

이때로부터 10년 후인 1947년에 이번에는 영국의 파월 연구팀이 사진유제로 입자의 비적을 포착하는 방법을 써서 우주선의 관측 기록 속에서 유카와가 계산한 질량을 가진 새로운 입자를 발견하였다. 그리고 강한 핵반응을 일으키는 것도 관찰되었다. 이리하여 유카와가 이론 발표를 한때로부터 12년 후에 중간자(현재는 파이중간자 또는 파이온이라고 부른다)가 발견되기에 이르렀다.

1948

쇼클리, 바딘, 브래튼이 트랜지스터를 발명

금속과 절연체의 중간 정도의 전기전도성을 지닌 반도체의 존재가 당시에 이미 알려져 있었다. 그중 하나가 게르마늄이었다.

1948년에 미국의 쇼클리, 바딘, 브래튼은 게르마늄에 불순물을 섞으면 진공관과 마찬가지로 전기의 정류, 증폭, 발진이 가능함을 발견하였다. 이로써 트랜지스터가 발명되었다. 기능이 동일할 뿐 아니라 트랜지스터는 진공관보다 작고 내구성이 뛰어나서 눈 깜짝할 사이에 진공관을 대체하였다. 이것이 전자 산업 발전의 기폭

제가 되었다.

1949

유카와 히데키가 노벨 물리학상을 수상

1948년에 프린스턴고등연구소(◀1933)의 초대를 받고 미국으로 건너간 유카와 히데키는 이듬해인 1949년에 컬럼비아대학교 객원교수로 취임하였다. 그리고 이해에 중간자의 존재를 예언(◀1935)한 업적을 인정받아서 일본인 최초로 노벨상을 수상하는 영예를 거머쥐었다.

1949년 11월 4일『아사히신문(朝日新聞)』은 제1면에「유카와 박사 노벨상 수상. 일본인 최초의 영예」라는 표제로 이 기쁜 소식을 크게 보도하였다. 또 다음날 사설에는 다음과 같은 글이 게재되었다. '패전한 일본에 노벨상이 수여됨으로써 널리 일본인 모두에게 커다란 자신감과 희망을 주었다. 세계의 기대에 부응하기 위하여, 우리는 과학의 향상과 발전을 위하여, 앞으로 더욱 노력을 거듭할 결심을 새롭게 하여야 한다.'

유카와의 노벨상 수상은 전쟁으로 받은 타격을 아직 극복하지 못하였을 뿐 아니라 어두운 사건이 잇달아 일어나고 있던 일본 사회에 밝은 빛을 선사하였으며 일본인에게 격려의 메시지가 되었다. 노벨상을 수상한 이듬해에 일시 귀국한 유카와는 열렬한 환대를 받았고, 기념강연회에는 청강을 희망하는 사람들이 장사진을 이루었다. 또 1953년에 그의 위업을 기리기 위하여 교토대학교에 기초물리학연구소를 설립하였고, 미국에서 돌아온 유카와가 동 연구소의 소장으로 취임하였다.

또한 유카와가 예언한 중간자를 발견한 파월(◀1947)도 1950년에 노벨 물리학상을 수상하였다.

1950①

하야시 주시로가 초기 우주의 원소 합성 이론을 발표

원소 중에서 우주가 창조되었을 때 고온의 우주 공간에서 만들어진 것은 수소와 헬륨뿐이다. 헬륨보다 무거운 철까지의 원소는 별이 탄생한 후 그 안에서 진행된 핵융합으로 생성되었다. 또 철보다 무거운 원소는 초신성 폭발 때 일어난 핵반응으로 생겨났다고 오늘날 믿고 있다. 그런 의미에서 별은 원소의 제조 공장이라고 할 수 있다.

그런데 빅뱅 우주론을 제창한 가모프(◀1946①)는 초기의 우주에는 중성자만 존재하였다고 가정하고 여기에서부터 모든 원소를 합성하고자 시도하였다. 하지만 이러한 방식으로는 헬륨보다 무거운 원소의 합성을 설명할 수 없었다.

이와 달리 1950년에 하야시 주시로는 초창기의 우주에는 중성자뿐 아니라 양성자도 존재하였다고 가정하고 소립자의 상호 작용을 고려하여 둘의 조성비를 계산하였다. 그리고 양성자와 중성자에서 헬륨을 만들어낼 수 있음을 증명하여 보였다. 하야시의 논문은 원소 합성 이론의 기초가 되었다.

1950②

오르트가 혜성의 고향의 존재를 측정

네덜란드의 오르트는 1950년에 장주기 혜성의 궤도 계산에 근거하여 태양계의 변두리에 혜성의 고향이 있다는 가설을 발표하였다. 태양계가 탄생하였을 때 행성이 되지 못하고 남겨진 무수한 미소 천체는 행성의 중력에 의해 태양에서 멀리 떨어진 곳까지 날아갔으며 이것들이 태양을 둘러싼 거대한 구각 모양으로 분포하고 있다고 오르트는 생각하였다. 이에 행성이 되지 못한 '태양계의 화석'이 구름처럼 떠다닌다고 상상하고 이를 '오르트의 구름'이라고 불렀다.

구름의 외연부는 태양과 태양에 가장 가까운 항성의 중간점 즈음까지 온다. 당연히 태양의 중력이 약하기 때문에 태양계 근방 항성의 움직임에 따라서 구름이 요동쳐 극소한 천체가 여기에서 떨어져 나올 수 있다. 이것이 태양 쪽으로 끌려온 것이 혜성이라는 가설이다.

그런데 최근 연구에서는 과거에 여러 차례 지구상의 생물이 대량으로 멸종된 적이 있다고 지적한다. 그 원인으로 고려되는 것이 오르트의 구름에서 비처럼 쏟아져 내린 혜성이다. 태양계로 항성이 접근하였을 때 행성과 혜성의 충돌 확률이 상승하여 그 충격으로 많은 생물이 지구상에서 모습을 감춘 것이 아닐까 하는 가설이다. 크레이터와 지층, 해양 퇴적물에 포함되어 있는 원소의 농도 분석 등을 통하여 조금씩 이러한 가설을 뒷받침하는 증거가 확보되고 있다.

제6장
20세기 후반의 흐름

20세기 후반의 특징

20세기를 통틀어 '물질과학의 시대'라고 형용할 수 있는데, 이러한 경향이 더욱 짙어진 것은 후반의 50년 동안이다. 그 기반이 된 것이 물질의 구성 요소 연구이다. 원자는 전자와 원자핵으로 구성되며 원자핵은 또 양성자와 중성자로 구성된다는 것은 이미 1930년대에 밝혀졌는데, 20세기 후반이 되면 물질의 보다 마이크로한 계층으로 발을 들여놓게 된다.

이를 가능하게 한 것은 제2차 세계 대전 후에 나타난 입자 가속기의 고에너지화와 거대화였다. 연구하려는 대상이 작아지면 작아질수록 반대로 사용되는 장치는 보다 큰 에너지를 필요로 하였고 사이즈도 계속 거대해졌다. 그런 의미에서 소립자 실험은 전적으로 '완력 승부'의 세계라고 할 수 있다. 완력 승부 결과, 20세기의 과학은 어찌 되었든 간에 물질은 궁극적으로 여섯 종류의 쿼크(양성자와 중성자의 구성 요소)와 여섯 종류의 렙톤(전자와 뉴트리노의 중간)으로 분해된다는 것을 밝혀냈다. 즉, 우주에 존재하는 물질은 모두 이 열두 종류의 입자를 부품으로 삼아서 조립되었다고 하겠다.

이러한 물질 구성 요소 연구와 병행하여 이것들에 작용하는 힘에 대한 해명 연구도 진행되었다. 그리고 현재, 자연계는 중력, 전자기력, 강한 상호 작용, 약한 상호 작용의 네 가지 기본적인 힘에 의해 지배되며 이것들을 전달하는 입자가 각각 존재한다고 생각하게 되었다. 실제로 중력을 제외한 세 가지 힘에 대해서는 힘을 관장하는 입자(이들은 게이지 입자라고 부른다)가 검출되었다.

이상을 정리하면 만물은 여섯 종류의 쿼크와 여섯 종류의 렙톤이라는 부품으로 환원되며, 네 종류의 게이지 입자가 이들을 결합 및 분해함으로써 물질이 구성되고 변화한다는 간결한 자연관이 20세기 후반에 형성되었다고 하겠다.

다음으로 물질의 특성(전기적, 자기적, 열적, 광학적, 기계적 등의 제반 성질)을 마이크로한 시점에서 밝히는 연구도 눈부신 발전을 보였다. 예를 들어 1957년에 발표된 초전도 현상을 설명하는 BCS 이론이 그 대표적인 예 중의 하나일 것이다. 금속을 고유의 임계 온도 이하로 냉각하면 전기 저항이 갑자기 사라지는 현상은 이미 1911년에 카메를링 오너스에 의해 발견되었는데, 이것이 양자 역학 특유의 효과로서 이론적으로 해명되기까지는 반세기 가까운 시간이 필요하였다. 그 밖에도 물질 특성에 관한 연구는 반도체, 집적 회로, 레이저, 강자성체…… 등 다양한 테크놀로지의 산물을 가져다주었다.

20세기 후반에 이루어진 최대의 발견 중의 하나로 1953년에 왓슨과 크릭에 의해 이루어진 DNA 구조 해명을 들 수 있는데, 이 또한 물질과학의 성과로 볼 수 있다. 왜냐하면 그들에게 단서를 제공한 것이 윌킨스와 그의 동료들이 촬영한 DNA의 X선 회절상이기 때문이다. 이는 본래 결정의 구조(원자의 규칙적인 입체 배열)를 조사하는 실험 기술로서 1910년대에 확립된 것이었다. 우리에게 친숙한 소금과 다이아몬드의 결정 구조가 밝혀진 것도 X선 회절상

덕분이다. 그 후 과학이 발전함에 따라서 보다 복잡한 물질의 X선 구조 해석도 가능해졌고, 결국 DNA도 사정권 안에 들어갔다.

DNA 자체는 핵산이라는 물질이고 생명 그 자체는 아니지만, 생물을 비생물과 구별하는 유전자라는 것의 정체가 물리학 실험 방법을 써서 물질과학의 일환으로서 파악되었다는 데에 20세기 과학의 특징이 집약되어 있는 듯하다.

한편, 20세기 후반은 우주에 대한 인식이 급속하게 깊어진 시대이기도 하다. 그 배경에는 관측 기술의 눈부신 발전이 있다. 그때까지는 주로 광학 망원경을 통하여 가시광선에만 의지하여 천공을 조망하였지만, 20세기 후반이 되면 전파, X선, 감마선, 적외선, 자외선 등 온갖 파장역의 전자파를 감지할 수 있게 된다. 이에 동반하여 얻을 수 있는 우주에 대한 정보량이 폭발적으로 증가하였다.

그 예로 1965년에 펜지어스와 윌슨이 발견한 우주 배경 복사라는 전파를 들 수 있다. 이는 빅뱅 우주론을 뒷받침하는 유력한 증거로서 주목을 받았다. 우주 배경 복사뿐 아니라 우주에 존재하는 원소의 조성비 관측 데이터를 통해서도 우리의 우주에는 시작이 있으며 지금도 팽창 중이라는 이해 방식이 정착되게 되었다. 과학판 '천지창조'의 시나리오가 쓰이기 시작한 것이다.

이리되면 탄생 초기의 우주는 어떤 세계였을까 하는 것에 사람들의 관심이 집중되는데, 흥미롭게도 이 연구에서는 초마이크로와 초매크로의 양극단의 대상이 중요한 역할을 하였다.

먼저 초마이크로에 대하여 말하자면 우주 역시도 탄생 초기에는 소립자 수준의 극소 사이즈였으며 그 안에 모든 물질과 에너지의 원료가 꽉꽉 채워져 있었다. 따라서 그곳은 상상을 초월하는 초고온 및 초고밀도 상태였다. 또 이러한 상태에서는 앞서 언급한 자연계의 기본적인 네 가지 힘이 아직 구분되지 않고 하나로 통일되어 있었을 것으로 추정된다.

고에너지 가속기를 이용하여 소립자 충돌 실험을 하면 인공적으로 이러한 상태를 만들 수 있으므로 초기 우주의 모습을 의사적으로 재현할 수 있다. 이러한 실험 데이터 해석을 통하여 탄생 초기의 우주 모습과 그 진화 과정이 상당히 밝혀졌다. 이렇게 보면 가속기는 태고적 우주를 여행하는 '타임머신'이라고 할 수 있을 듯하다.

다음으로 초매크로에 대하여 말하자면 이는 대략 150억 광년의 면적을 지닌 현재의 우주이다. 그리고 여기에도 '타임머신'이 있다. 이는 깊은 우주에 초점을 맞춘 다양한 망원경이다. 왜냐하면 우주를 멀리 내다보는 것은 다름 아닌 과거를 보는 것이기 때문이다. 예를 들어 100만 광년 떨어진 성운은 100만 년 전의 모습을 우리에게 보여준다.

20세기 말이 가까워져 오면 하이테크의 성과를 담은 광학 망원경과 전파 망원경으로 100억 광년의 벽을 넘어선 먼 우주——탄생 초기에 가까운 우주——에서 도달하는 미약한 빛과 희미한 전파도 탐지할 수 있게 된다. 이리하여 빅뱅이 일어난 후 우주가 어떻게 진화하여 별이 빛나는 세계가 형성되었는지 조금씩 밝혀지고 있다.

그나저나 물질의 기반인 초마이크로 소립자 연구가 광대무변한 우주의 기원을 푸는 열쇠를 쥐고 있다니 참으로 신비로운 운명이라고 하지 않을 수 없다. 20세기 과학은 이러한 신비로운 운명과 마주하게 되는 시점까지 발전해온 것이다.

1951

타운스, 메이저 개발 아이디어를 얻다

원자와 분자가 취할 수 있는 에너지값은 연속적이지 않고 띄엄띄엄 떨어져 있다. 따라서 원자와 분자가 높은 에너지 상태에서 낮은 에너지 상태로 바뀌면 그 차이에 대응하는 원자와 분자 고유 진동수의 전자파가 방사된다. 이에 높은 에너지 상태에 있는 원자와 분자에 이러한 특정 진동수의 전자파를 쏘이면 그 자극으로 인해 낮은 에너지 상태로 떨어지고 입사파와 같은 진동수의 전자파가 방사된다. 일종의 공명이 발생하는 셈인데, 입사파가 증폭되는 것이다. 이것이 1916년에 아인슈타인이 발표한 유도 방사 이론이다.

제2차 세계 대전 후에 미국의 타운스가 이 이론의 실증에 도전하였다. 타운스는 1951년 4월 26일에 극초단파 기술과 관련하여 해군 위원회에 출석하기 위해 워싱턴을 방문하였다. 이날 일찍 일어난 타운스는 프랭클린 공원을 산책하던 중에 한 가지 아이디어를 떠올리게 된다.

입사파 증폭은 높은 에너지 상태에 있는 원자와 분자의 수가 많을수록 커진다. 타운스는 주머니에서 봉투를 꺼내 마이크로파를 증폭시키는 발진기를 만드는 데 필요한 분자 수를 계산하여 보았다(이 일화는 본인이 쓴 자서전 『레이저는 어떻게 생겨났는가How the Laser Happened』에 실려 있다).

이때로부터 3년 후인 1954년에 타운스는 암모니아 분자를 써서 마이크로파를 증폭시키는 장치 '메이저'를 개발하는 데 성공하였다. 보통의 빛은 다양한 진동수(파장)의 빛이 섞여서 스펙트럼을 이루는데, 메이저는 단색성(파장 하나의 빛)이 뛰어나고 위상(산과 골)이 모두 있어서 빛이 강하다. 또 지향성이 강하여 멀리까지 퍼지지 않고 도달한다는 이점도 있다.

또한 같은 작동 원리로 마이크로파 대신에 가시광을 증폭시키는 장치가 1960년대에 들어서 개발된 레이저이다. 1968년에 달 표면에 착륙한 미국의 무인 우주선 서베이어 7호가 캘리포니아공과대학교의 제트 추진 연구소에서 발사된 레이저 빛을 포착하는 실험을 하였다. 레이저 빛의 빔은 손전등 정도의 파워라도 달 표면에서 기라성처럼 보였다고 타운스는 자서전에서 묘사하였다.

1964년에 타운스는 독자적으로 연구를 수행한 소련의 바소프, 프로호로프와 함께 노벨 물리학상을 수상하였다.

1952

후쿠이 겐이치가 프런티어 궤도론을 제창

물리학 세계에서는 19세기 후반 무렵부터 이론적 연구를 하는 자와 실험에 종사하는 자의 분업화가 정착되기 시작하였다. 예를 들어 아인슈타인은 전자, 퀴리 부인은 후자에 해당한다. 이러한 역할 분담은 물리학이 제일 먼저 근대 과학으로서 확립된 역사 그리고 연구 대상의 성격을 수리화하는 데 적합하다는 특징에 뿌리내리고 있다. 따라서 다른 분야에서는 이론과 실험의 분업화가 그렇게까지 선명하게 이루어지지 않았지만, 물리학과의 경계 영역에 있는 화학에서도 일부 이러한 경향을 보였다.

1952년에 후쿠이 겐이치가 프런티어 궤도론을 발표한 양자 화학 분야가 그중의 하나였다. 이는 실험관과 플라스크로 실험하는 대신에 양자 역학으로 화합 결합과 화학 반응을 이론적으로 설명하는 것이다. 후쿠이는 이 업적으로 1981년에 일본인 최초로 노벨 화학상을 수상하였다.

1953①

왓슨과 크릭이 DNA의 이중 나선 구조를 해명

1953년 3월의 어느 날, 케임브리지대학교의 캐번디시연구소(◀1874①)에서 25살 생일을 눈앞에 둔 한 젊은이가 다소 흥분한 표정으로 여동생이 치는 타자 소리에 기분 좋은 듯 귀 기울이고 있었다. 젊은이의 이름은 제임스 D. 왓슨. 일 년 반 전에 미국에서 건너온 야심 넘치는 과학자였다. 캐번디시연구소의 선배 프랜시스

크릭과 함께 DNA(유전자) 구조 해명에 착수한 왓슨은 이제 막 이번 세기의 큰 과업을 달성해낸 참이다. 그리고 DNA의 이중 나선 구조를 제창하는 논문을 둘이 함께 작성하였고, 이제 남은 것은 원고를 타자로 쳐서 『네이처』에 보내는 것뿐이었다. 이때의 모습을 후년(1968년)에 왓슨은 『이중 나선(The Double Helix)』에서 다음과 같이 회상하였다.

'캐번디시연구소의 타자원이 휴가를 가서 이 소소한 작업은 나의 여동생에게 맡겨졌다. 타자를 상대하며 토요일 오후를 보내 달라고 설득하는 것도 그다지 어렵지 않았다. 어쩌면 다윈의 저서 이후로 생물학 역사상에서 가장 획기적이라고 할 수 있는 발견의 일익을 담당하는 일이라는 말로 설득하였다.

"우리는 데옥시리보핵산(DNA)의 소금 구조를 제안하고자 한다. 이 구조는 생물학적으로 보았을 때 대단히 흥미가 당기는 참신한 물질을 가지고 있다"라는 문장으로 시작하는 900단어의 논문을 그녀가 타이핑하는 동안에 프랜시스와 나는 몸을 앞으로 디밀고 그것을 들여다보았다.'

20세기 후반의 과학계를 석권할 DNA의 모습에 빛이 내리비친 순간이었다. 9년 후에 이들 두 사람은 DNA 구조 해명의 단서를 제공한 X선 회절상 사진을 촬영한 런던대학교의 윌킨스와 함께 노벨 의학생리학상을 수상하였다.

1953②

밀러가 방전에 의한 아미노산 합성 실험을 실시

중수소를 발견(◀1932③)한 것으로 유명한 시카고대학교의 유리의 연구실에서 1953년에 원시 생명의 기원을 탐색하는 실험이 시도되었다. 그의 학생이던 밀러는 플라스크에 유리가 추정한 조성에 기초하여 초기의 지구 대기(메탄, 암모니아, 수소, 수증기의 혼합 기체)를 넣고, 플라스크에 설치한 전극을 통하여 번개가 치는 효과를 내기 위해 방전을 일으켰다. 그러자 방전 자극으로 생명의 구성 성분인 아미노산이 합성되었다.

하지만 최근의 연구로 원시 지구의 대기는 유리와 밀러가 제창한 것과는 다른 것으로 밝혀졌다. 그러므로 밀러의 방전 실험은 원시 지구에서 일어났던 반응을 제대로 재현하였다고 볼 수 없지만, 생명이 출현하기 전 단계의 화학 진화(생명을 구성하는 복잡한 유기물의 합성)를 탐색하는 연구의 초석이 되었다.

1954

보른이 양자 역학에서의 파동 관수의 통계적 해석으로 노벨 물리학상을 수상

마이크로한 대상을 기술하는 양자 역학의 기본 방정식은 슈뢰딩거가 도출한 파동 방정식이다(◀1926①). 그리고 파동 방정식의 근을 파동 관수라고 하는데, 이 관수의 물리적 의미에 관해서는 다양한 논의가 이루어져 왔다. 그중에서 독일의 보른(후에 그는 영국으로 건너간다)은 파동 관수 절대값의 2제곱은 전자 하나를 어떤 장소에서 발견할 확률(존재 확률)에 비례한다고 생각하였다. 이 값이 클수록 전자가 그 장소에 존재할 가능성이 커진다.

결정에서 산란된 전자가 스크린 위에 짙고 옅은 간섭 모양을 만들어내는 현상(◀1927②)을 예로 들면 짙은 부분은 그만큼 거기에 전자가 날아올 확률이 높으며 파동 관수 절대값의 2제곱이 크다는 것을 나타낸다. 반대로 옅은 부분은 확률이 적다. 즉, 공간적으로 전자가 존재할 확률 분포의 양상이 전자의 파동 간섭 모양을 이룬다.

이와 같이 양자 역학에서는 뉴턴 역학과 달리 전자의 위치를 완전히 확정하지 못하고 통계적인 기술을 하는 데 그친다고 호른은 생각하였다.

이러한 해석에 불쾌감을 드러내며 비결정론적 자연관에 강하게 반대한 것이 아인슈타인이다. 도박처럼 확률에 의존하는 우주를 신이 창조하였을 리 없다고 믿은 아인슈타인은 만년(1949년)에 보른 앞으로 다음과 같은 글을 썼다.

'당신은 주사위 놀이를 하는 신을 믿는군요. 허나, 저는 무언가 객관적으로 존재하는 세계의 법칙의 완전한 규칙성을 믿습니다. 저는 이것을 광범위하며 사변적인 방식으로 파악하고자 합니다. 이와 같은 사고방식에 대하여 제가 품고 있는 것보다 더 현실적인

방법 또는 훨씬 확실한 근거를 누군가가 발견해주길 바라고 있습니다. 양자 역학의 위대한 초기의 성공도 저를 개종시키고 근원적인 주사위 놀이를 믿도록 만들지는 못하였습니다.'(『아인슈타인과의 논쟁アインシュタインとの論争』 N. Bohr 공저, 하야시 하지메 역, 도쿄도서)

끝까지 아인슈타인의 집요한 저항을 받으며 보른은 1954년에 노벨 물리학상을 수상하였다.

1955

아인슈타인 사망

이해 4월 18일 심야에 아인슈타인은 동맥류가 파열되어 프린스턴병원에서 사망하였다. 76세에 생애를 마쳤다. 상대성 이론을 혼자서 확립하고(◀1905①, 1916), 양자 역학 구축에 커다란 역할을 하였지만(◀1905②), 그 확률적 해석에는 강하게 반대한(◀1954) 20세기 최고의 지혜의 거인은 수술과 연명 치료를 거부하고 조용히 떠났다.

야근한 간호사는 아인슈타인이 독일어로 중얼거리다가 깊은 한숨을 내쉰 후 숨을 거두었다고 증언하였다. 간호사가 독일어를 이해하지 못한 탓에 천재의 마지막 말은 영원히 사라지고 말았다.

1956

리정다오와 양첸닝이 패리티의 비보존을 지적

인간은 오랫동안 물리 법칙에는 공간 대칭성이 있다고 생각하였다(이것을 패리티 보존이라고 한다). 왼쪽과 오른쪽을 교체하여도 물리 법칙에는 저촉되지 않는다고 믿었다. 다시 말해 어떤 현상을 거울에 비추었을 때 실제든 거울에 비친 상이든 물리 법칙은 동일하게 성립된다고 믿은 것이다. 즉, 좌우를 구별할 방도가 없는 셈이다.

물론 우리는 실생활에서 좌우를 구별하지만 이는 인위적으로 정한 규칙(예를 들어 교통 법규)과 생활 습관 등에 의한 것일 뿐 물리학에 기초한 구별이 아니다. 일본에서는 자동차가 도로의 오른쪽으로 주행하는 것을 금하고 있지만, 그 운동이 역학적으로 불가능한 것은 아니다. 모든 물리 현상은 거울에 비친 모습도 모두 현실에서 일어날 수 있는 현상이다.

그런데 누구나 믿어 의심치 않던 패러티 보존이 파괴되는 날이 도래하였다. 1956년에 중국계 미국인 리정다오와 양첸닝이 소립자의 붕괴 과정에서 좌우 대칭성이 깨질 가능성이 있음을 이론적으로 증명하였다. 소립자 붕괴를 일으키는 힘을 약한 상호 작용이라고 하는데, 이 약한 상호 작용이 일어나는 현상에서는 패리티가 보존되지 않는다는 것이다.

리정다오와 양첸닝의 주장에 따라서 마찬가지로 중국계 미국인인 우젠슝이 코발트의 원자핵이 전자를 방출하며 붕괴하는 과정을 실험을 통하여 조사한 결과, 실제와 거울에 비친 상에 차이가 있음이, 즉 패리티가 보존되지 않음이 확인되었다. 1945년에 노벨 물리학상을 수상한 스위스의 파울리가 우젠슝이 실험을 하기 전에 "신이 왼손잡이라는 것을 믿을 수 없다"라는 유명한 말을 하였는데, 어째서인지 신은 왼손잡이였던 것이다.

1957①

바딘, 쿠퍼, 슈리퍼가 초전도 이론을 발표

도체를 각각 고유의 임계 온도 이하로 냉각하면 전기 저항이 사라지고 전압을 가하지 않아도 전류가 계속 흐르는 초전도 현상(◀1911①)이 카메를링 오너스에 의해 발견된 지 오래지만, 이에 대한 이론적 해명을 듣기 위해서는 1957년까지 기다려야만 하였다. 이만큼 시간이 오래 걸린 것은 초전도가 고전 물리학의 범주에 들어가지 않는 양자 역학적 효과의 현상이기 때문이다. 이 난문을 해결한 것은 이해에 미국의 바딘, 쿠퍼, 슈리퍼 세 사람이 발표한 이론이다(그들 이름의 앞 글자를 따서 BCS 이론이라고 부른다).

결정을 구성하는 원자는 해당 온도에 따라서 평형 위치를 중심으로 미소 진동(열운동)을 한다. 이 진동은 파동으로서 결정 내에 전달된다. 양자 역학에 따르면 일반적으로 파동은 에너지를 가진 입자로서의 측면을 가진다. 이에 결정 내에 전달된 진동도 양자화된 일종의 입자(이를 포논이라고 한다)로서 취급한다. 임계 온도 이하로 냉각하면 도체 내의 전자가 두 개씩 이 포논을 서로 주고받으며 쌍을 이룬다고 초전도를 설명한 것이 BCS 이론이다. 보통 상태에서는 전자와 전자 사이에 전기적 반발력이 작용하지만, 극저온이 되면 이 반발력보다 더 큰 인력이 전자와 포논의 작용으로 발생한다. 그 결과 전자 쌍은 서로 떨어지지 않고 집단이 되어 저항을 받지 않으며 도체 내를 흐른다.

트랜지스터를 발명(◀1948)하여 1956년에 노벨 물리학상을 수상한 바딘은 BCS 이론으로 다른 두 사람과 함께 1972년에 노벨상을 수상하는 영예를 한 번 더 손에 넣었다. 참고로 노벨상을 두 번 수상한 사람은 바딘 외에 다음의 세 사람이 있다. 마리 퀴리(1903년 물리학상, 1911년 화학상), 미국의 폴링(1954년 화학상, 1963년 평화상), 영국의 생어(1958년, 1980년 모두 화학상)이다.

1957②

에사키 레오나가 터널 다이오드를 발명

단단한 벽에 공을 던지면 튕겨 나오는 것처럼 고전적 물리학에 따르면 입자 에너지가 그것을 둘러싼 퍼텐셜 장벽보다 작을 경우에 입자는 장벽을 통과하지 못한다. 그런데 양자 역학이 적용되는 마이크로 대상이 되면 사정이 확 달라진다. 입자는 동시에 파장으로서도 움직이므로 특정한 비율로 장벽을 통과한다. 이를 터널 효과라고 한다. 예를 들어 원자핵 속에 구속되어 있던 알파 입자(헬륨의 핵)가 방사되면서 핵이 붕괴되는 과정이나, 반대로 핵의 퍼텐셜 장벽보다 낮은 운동 에너지를 가진 양성자가 핵 내에 침입하는 현상이 그야말로 이에 해당한다.

에사키 레오나는 이러한 터널 효과를 원자핵이 아니라 개체에서도 발견하고 터널 다이오드를 발명하였다. 에사키는 반도체에 다량의 불순물을 섞으면 전류 전압 특성에 혹 모양의 커브가 생긴다는 것을 알게 되었다. 전압을 차츰 올리자 이에 따라서 전류도 증가하였지만, 나중에는 반대로 전류가 감소하기 시작하였고, 어떤 극소치까지 내리자 재차 증가하는 변화가 관찰되었다. 이러한 특성이 나타난 것은 전자의 터널 효과가 반도체에서 일어났기 때문이다.

에사키는 연구 결과를 이해에 일본 물리학회에서 발표하였고, 논문은 이듬해에 미국의 『피지컬 리뷰(Physical Review)』에 게재되었다. 그리고 그는 터널 다이오드를 발명한 업적으로 1973년에 일본에서 세 번째로 노벨 물리학상을 수상하였다.

1958

뫼스바우어가 뫼스바우어 효과를 발견

대포로 탄환을 발사하면 운동량 보존의 법칙에 따라서 그 반동으로 포신이 뒤로 물러난다. 동일한 현상이 마이크로 세계에서도 일어난다. 방사성 원자핵이 감마선(파장이 짧은 전자파)를 발사하여 에너지가 높은 상태에서 낮은 상태로 이동하였을 때 튀어나온 감마선의 영향으로 핵은 반도되어 운동량과 운동 에너지가 변화한다. 따라서 감마선 에너지는 감마선 발사 전후의 핵에너지 차와 일치하지 않으며, 핵이 얼마나 반도하였는가에 의해 차이가 발생한다. 기체의 경우에 원자는 온도에 따른 속도 분포를 지니므로 그 핵에서 발사되는 감마선의 스펙트럼도 이에 따라서 결정되는 퍼짐새를 보인다.

반면, 결정의 경우에는 내부에 포함된 방사성 핵에서 감마선이 발사되더라도 반도는 핵 한 개가 받지 않고 결정 전체가 받는다. 그러면 사실상 결정의 질량은 무한대라고 생각하여도 무관하므로 반도를 무시할 수 있다. 그 결과 핵에서 발사된 감마선은 지극히 날카로운 스펙트럼을 보인다.

이와 같은 핵 반도를 동반하지 않는 감마선 방사는 1958년에 독일의 뫼스바우어에 의해 처음으로 관측되었다. 단색성이 높은 감마선을 얻음으로써 뫼스바우어 효과는 핵의 성질과 구조 연구뿐 아니라 일반 상대성 이론에서 보이는 빛의 적색 편이 관측 등에도 이용되게 되었다.

1959

소련의 루나 3호가 달의 뒷면을 사진 촬영

망원경을 통하여 처음으로 달을 관측하고 그 모습을 보고한 사람은 갈릴레오이다(◀1610). 갈릴레오의 눈에 비친 달 표면은 산과 계곡의 기복이 많았는데, 그 모습이 당시 사람들 눈에는 지구와 무척 흡사하게 보였다. 이후에 케플러는 『꿈』이라는 제목의 달 세계 여행 이야기를 써서(간행된 것은 케플러 사망 후인 1634년. ◀1686) 달에도 지구와 마찬가지로 인간이 살고 있지 않을까 하고 공상하였다.

그런데 달은 공전 주기와 자전 주기가 동일하여 지구에서는 언제나 같은 면만이 보인다. 따라서 우리는 달의 뒷면(약 40%의 표면)을 볼 수 없다. 그래서 케플러의 『꿈』은 꿈으로 끝났지만, 보이지 않는 달의 뒷면에서 인간이 모르는 다른 세계가 펼쳐지고 있을지도 모른다는 SF에 제격인 소재를 제공하여 주었다.

하지만 1959년에 소련이 달 탐사기 루나 3호를 쏘아 올려 그것도 꿈으로 끝났다. 달의 주회 궤도에 올라 탐사기는 달의 뒷면 사진을 촬영하는 데 성공하였고 영상을 지구로 송신하였다. 지형적으로 다소 차이가 있기는 하나, 달은 앞면과 뒷면 모두 동일한 세계라는 것이 밝혀졌다.

1960

미터의 정의 변경

한창 프랑스 혁명이 일어나던 시기에 프랑스과학아카데미는 프랑스의 됭케르크와 스페인의 바르셀로나 사이에서 측량하여, 자오선의 북극에서 적도까지 거리의 1000만 분의 1을 1미터로 하기로 결정하였다. 그리고 1799년에 이를 기준으로 백금제 미터원기(meter原器)를 제작하였다. 그 후 1875년에 미터 조약이 체결되어 길이 단위의 국제적 통일이 이루어졌다. 이때 1799년에 만들어진 원기와 함께 백금과 이리듐 합금으로 된 새로운 국제 미터원기가 제작되었다. 이후로 여기에 새겨진 표선 간의 길이(0°C일 때)가 1미터로 정의되어왔다.

하지만 원기라는 인공적인 제작물은 시대와 함께 변경되기도 하고, 사고와 천재지변으로 소실될 우려도 있다. 이에 1960년에 열린 국제 도량형 총회에서 '크립톤원자^{86}Kr이 방사하는 오렌지색 빛 파장의 1,650,763.73배를 1미터로 한다'는 새로운 기준이 도입되었다. 원자는 변형 및 소실될 걱정이 없고 언제든지 방사되는 빛의 파장을 측정할 수 있다. 이로써 미터원기는 은퇴하였다.

그런데 새로운 기준에도 결점이 있었다. 도플러 효과(◀1842①)로 인해 원자의 운동 상태에 따라서 방사되는 빛 파장에 차이가 발생하기 때문이다. 이에 23년 후에 미터 기준이 다시 한 번 변경되었다.

현재는 레이저 빛의 진동수와 파장을 측정하여 대단히 높은 정밀도로 광속을 구할 수 있게 되었다. 그 성과를 이용하여 1983년에 '빛이 진공 속을 1초의 299,792,458분의 1의 시간에 나아가는 거리를 1미터로 한다'는 기준이 채용되어 오늘날까지 이용되고 있다.

1961

소련이 사람을 태우고 우주 비행에 성공

1957년에 소련은 세계 최초의 인공위성 스푸트니크 1호를 쏘아 올리는 데 성공하였다. 그로부터 2년 후에 소련은 무인 탐사기 루나 2호를 달 표면에 착륙시켰고, 나아가 루나 3호로 달의 뒷면을 사진 촬영(◀1959)하는 등 화려한 성과를 거두었다. 그리고 1961년에 소련은 드디어 사람을 태운 우주 비행에도 성공하였다.

보스토크 1호를 탄 가가린 우주 비행사는 1시간 반 남짓 걸쳐서 지구를 일주하고, 인류사상 최초로 우주를 비행한 인간이 되었다. 이때 가가린이 한 "지구는 푸르다"는 아름다운 말은 많은 사람들에게 깊은 감동을 주었다.

이처럼 우주 개발의 초기 단계 때 미국은 번번이 소련에 선두를 빼기고 뒤만 쫓았다. 그러하였던 만큼 미국으로서도 결심한 바가 있었을 것이다. 가가린이 우주를 비행하고 한 달 후, 케네디 대통령은 의회의 상하 양의원 합동회의 연설에서 "미국은 60년대가 끝나기 전에 인간을 달에 보낼 것이고, 무사히 지구에 귀환시킬 것이다"라는 뜨거운 결의를 내비쳤다. 이리하여 미국의 아폴로 계획이 시작되었다(▶1969).

1962①

로시가 X선 천체를 발견

천문관측은 오랫동안 가시광선에만 의지하여 이루어졌는데, 1930년대에 들면 전파를 포착해서 우주를 탐색하려는 시도가 시작된다(◀1931). 지구의 두꺼운 대기를 빠져나갈 수 있는 것은 가시광과 전파로 한정되므로 지상에서는 이 두 가지를 이용할 수밖에 없지만, 측정기를 대기권 밖으로 쏘아 올리면 그 이외 파장의 전자파를 검출하여 우주에 관한 보다 많은 정보를 모을 수 있다.

그 효시로서 1948년에 미국이 로켓을 발사하여 태양에서 오는 X선을 관측하였다. 나아가 1962년에 미국의 로시와 그의 동료들은 마찬가지로 로켓에 탑재한 검출기로 태양계 바깥에서 오는 X선을 관측하는 데 처음으로 성공하였다. 이윽고 이 X선원은 천체라는 것이 밝혀졌고, X선 천문학이라는 새로운 분야가 확립되었다.

1962②

카슨의 『침묵의 봄』

1995년 노벨 화학상은 오존층의 형성과 분해에 관한 연구로 네덜란드의 크루첸, 미국의 몰리나와 롤런드가 수상하였다. 그들의 연구가 오존층 파괴의 원인이 되는 프레온 가스를 폐지하자는 운동이 일어난 계기가 된 셈인데, 그만큼 이해의 수상은 노벨상이 지구 환경 문제를 현대 과학의 가장 중요한 테마로 주시하고 있다는 증거로 받아들여져 화제가 되었다(▶1985).

그리고 해가 갈수록 전 지구적으로 점점 심각해지고 있는 자연 파괴와 공해에 경종을 울린 고전, 미국의 카슨이 집필한 『침묵의 봄』이 1962년에 출판되었다. 책 제목은 일견 로맨스 소설을 연상케 하지만, '침묵'이란 생명체가 사멸한 자연을 암시한다. 책의 권두에서는 '호수의 사초는 말라버렸고 새는 울지 않는다'라는 영국의 낭만파 시인 키츠가 쓴 시의 한 구절을 인용하였다. 카슨의 책은 인체를 좀먹고 자연을 죽음의 세계로 바꾸려 하던 화학 약품 공해의 심각성을 호소함으로써 자연 보호 운동의 선구적 존재가 되었다.

1963

슈미트가 퀘이사를 발견

당시에 3c273라고 기호 붙은 전파원인 천체의 존재가 알려져 있었다. 1963년에 미국의 슈미트가 이 천체의 빛 스펙트럼을 관측하자 몹시 큰 적색 편이를 보였다. 이는 3c273이 이상할 만큼 빠른 속도로 우리한테서 멀어지고 있으며, 허블의 법칙(◀1929②)에 따르면 지구에서 아득히 먼 곳에 있는 천체라는 증거이기도 하였다.

이만큼 거리가 먼데도 망원경으로 포착할 수 있는 것은 이 천체의 활동이 활발하며 에너지 방출이 많다는 것을 시사한다. 이러한 특징을 가진 새로운 타입의 천체는 '준항성상 전파원(quasi-stellar radio source)'이라고 명명되었는데, 줄여서 '퀘이사(준성)'라고 부른다. 이후의 연구를 통하여 퀘이사는 몹시 멀리 떨어져 있어서 점으로 보이지만 활동적인 중심핵을 가진 은하일 것으로 추정되고 있다.

1964

겔만과 츠바이크가 쿼크 모형을 제창

1930년대에 알려져 있던 소립자라고 하면 핵을 구성하는 양성자와 중성자, 핵과 함께 원자를 구성하는 전자, 그리고 전자의 반입자에 해당하는 양전자 등 기껏해야 그 정도가 전부였다. 그런데 제2차 세계 대전 후에 가속기가 고에너지화(거대화)되면서 양성자와 중성자에서 많은 소립자가 만들어졌다. 1960년대에 들어서자 그 수가 백 종류를 넘어서기에 이르렀다. 이렇게까지 숫자가 늘어나자 이들이 모두 진정한 '소립자(궁극적인 물질의 기본 요소)'일까 하는 의문이 들게 되었다.

그런데 다채로워진 소립자는 일단 두 개의 그룹으로 나뉘었다. 양성자, 중성자, 중간자 등과 같은 부류인 하드론과, 전자와 뮤온, 뉴트리노 등의 중간 렙톤이다. 둘의 기본적인 차이는 여러 가지가 있지만, 먼저 강한 상호 작용(핵력. ◀1935)에 의해 결합하는 것은 하드론뿐으로 렙톤에는 이러한 작용이 없다. 또 하드론은 질량이 크고 유한한 크기를 가지지만, 렙톤은 대단히 가볍고(또는 질량을 제로로 보기도 한다) 크기가 없는 점으로 간주한다. 그리고 전후에 차례로 발견된 것은 새로운 하드론이다. 반면, 렙톤의 종류는 여전히 한정적이다.

이에 렙톤은 제쳐 두더라도, 적어도 하드론은 '소립자'가 아니라 이들을 공통적으로 조직하는 한 단계 하위의 기본 입자가 존재하지 않을까 하고 생각하게 되었다. 1964년에 미국의 게르만과 츠바이크는 각각 독립적으로 이에 대한 기본 입자로서 쿼크 모형을 제시하였다.

이에 따르면 쿼크에는 세 종류가 존재하며, 양성자와 중성자는 세 개의 쿼크로 구성되고 중성자는 두 개의 쿼크로 구성된다고 상정하였다. 백 종류가 넘는 하드론이 세 종류의 쿼크로 환원된 것이다. 그리고 이 기본 입자는 3분의 1 또는 3분의 2의 분수 전하를 가진다고 가정되었다. 기존의 입자는 모두 정수의 전하를 가지므로 이는 완전히 새로운 특징이라고 할 수 있다.

그런데 거대 가속기를 이용하여 고에너지 충돌 실험을 반복하여도 하드론에서 쿼크를 단독으로 추출할 수는 없었다. 이리되면 쿼크는 과연 실체로서 존재하는가 아니면 수학적인 개념에 지나지 않는가 하는 문제가 발생하는데, 1967년에 그에 대한 답을 얻었다. 미국의 켄들, 프리드먼, 리처드 테일러가 고에너지의 전자를 양성자에 발사하여 산란시킨 결과, 확실히 양성자 안에 점 형태의 입자가 내포되어 있음이 실증되었다.

또한 그 후 가속기가 대형화됨에 따라서 하드론뿐 아니라 렙톤의 종류도 늘어났다. 그리고 현재, 쿼크와 렙톤 모두 여섯 종류씩 존재하며 이들을 물질을 구성하는 궁극적인 요소로 판단하기에 이르렀다.

1965

펜지어스와 윌슨이 우주 배경 복사를 발견

위성 통신을 방해하는 잡음 전파를 관측하던 미국의 펜지어스와 윌슨은 1964년에 우주의 온갖 방향에서 시간에 상관없이 일정한 강도의 전파가 지구로 쏟아진다는 것을 우연히 알게 되었다.

이 전파는 온도로 환산하면 약 3K라는 것을 알아냈지만, 처음에는 한동안 정작 중요한 전파원을 특정하지 못하였다. 그도 그럴 것이 3K 전파는 특정한 천체에서 발생하는 것이 아니라 우주 공간에 균등하게 충만하여 있는 열방사이기 때문이다.

빅뱅 우주론(◀1946①)에 따르면 탄생 직후에는 고온이던 우주도 팽창됨에 따라서 온도가 내려갔다. 우주 공간에 충만하던 방사(빛)의 파장은 길게 늘어났고, 빅뱅에서 백 수십억 년이 흐른 현재는 전파(마이크로파)의 영역이 되어버렸다. 벤자민과 윌슨이 포착한 3K의 '우주 배경 복사'는 그야말로 이 빅뱅의 "잔광"이었던 것이다.

이것이 발견된 것을 계기로 호일이 주장하던 정상 우주론(◀1946①)은 쇠퇴하고 빅뱅 우주론이 우위에 서게 되었다.

1966

소련과 미국의 탐사기가 잇달아서 달에 연착륙

달 표면에 처음으로 도착한 탐사기는 소련의 루나 2호(1959년)지만, 연착륙에 처음으로 성공한 것은 이해의 2월 3일 '폭풍우의 대양'에 내려선 루나 9호였다. 그로부터 4개월 후인 6월 2일에 이번에는 미국의 서베이어 1호가 역시 폭풍우의 대양에 연착륙하였다. 연착륙은 인간을 달 표면에 보내기 위한 필수 불가결 조건인데, 그 기술이 이때 확립된 것이다.

이리하여 우주 개발을 둘러싸고 미국과 소련이 불꽃 튀기는 대접전을 반복하는 가운데 미국은 인간을 달에 여행 보내는 것을 목표로 전진하기 시작하였다(▶1969).

1967①

휴이시와 벨이 펄서를 발견

영국의 휴이시는 아주 짧은 시간에 강도가 변화하는 전파를 높은 정밀도로 측정할 수 있는 전파 망원경을 개발하여 1967년 7월에 그러한 전파원을 관측하기 시작하였다. 그러자 머지않아 휴이시의 지도하에 연구하던 대학원생 벨이 전파 망원경 데이터에서 기묘한 파형을 발견하였다. 우주에서 날아오는 통상적인 전파와 달리 이것은 1.337초의 정확한 주기를 가진 펄스(맥박) 형태의 신호였다.

펄스의 형태가 너무나도 규칙적이라서 이 전파는 자연 현상에 의한 것이 아니라 지구 밖의 지적 문명에서 발신하는 것이 아닐까 하는 억측까지 나왔다. 그런 사정으로 펄스 형태의 전파는 11월에 발견되었지만 이듬해 2월까지 발표하지 않았을 정도였다.

이 전파원은 펄서라고 명명되었고, 그 후 연구로 고속으로 자전하는 중성자별이라는 것이 밝혀졌다. 중성자별이란 초신성 폭발이 일어난 후에 남은 중심핵으로, 중성자 가스로 이루어진 초고밀도의 별이다. 이 별은 강한 자기장을 가지고 있기 때문에 고속 회전하며 방사한다. 이것이 지구에서 관측하면 펄스 형태의 전파로 보이는 것이다.

그런데 1974년에 펄서를 발견한 것에 대하여 노벨 물리학상이 수여되었는데, 수상자는 휴이시뿐으로 벨은 제외되었다(이해에 물리학상은 휴이시 외에 전파 천문학에 공헌하였다는 이유로 영국의 라일도 수상하였다). 벨이 휴이시의 지도를 받던 학생이었다고는 하나 제1 발견자를 수상 대상에서 제외시킨 노벨상 위원회의 선고에 대하여 많은 사람들이 의문을 제기하는 등 물의가 일었다.

1967②

와인버그, 살람, 글래쇼가 약한 상호 작용과 전자기력의 통일 이론을 제창

천동설에 기반들 두고 우주를 바라보던 시대에 천체의 운동과 지상의 운동은 각각 서로 다른 원인에 의해 발생한다고 여겨졌으며 완전히 구분되었다. 그런데 뉴턴은 사과가 떨어지는 것과 달이 지구를 도는 것 둘 다 중력에서 기인함을 밝혀내 천상계의 힘과 지상의 힘을 통일시켰다(◀1687). 또 19세기에 들어 전기와 자기 현상에 상호 관련이 있음이 밝혀졌고, 둘은 맥스웰에 의해 통일적으로 다룰 수 있음이 드러났다(◀1865①).

이와 비슷한 모색이 1960년대부터 시도되었다. 현재 자연계는 중력, 전자기력, 강한 상호 작용, 약한 상호 작용이라는 네 가지 기본적인 힘에 지배된다고 여겨진다. 강한 상호 작용과 약한 상호 작용은 둘 다 도달 거리가 무척 짧으며 마이크로 세계에서만 나타나는 힘이다(이와 달리 중력과 전자기력은 무한히 먼 곳까지 미친다). 구체적으로 말하면 전자는 소립자를 결합시키는 힘(◀1964)이고, 후자는 반대로 소립자가 붕괴될 때 작용하는 힘이다.

이와 같이 네 개의 힘은 각각 다른 특성을 가지고 분화되어 있지만, 고에너지 상태였던 우주 탄생 당시에는 이것들이 서로 구별 없는 하나의 힘이었을 것으로 추정된다. 그런데 우주 팽창과 함께 에너지가 낮아지면서 먼저 중력, 이어서 강한 상호 작용, 그리고 마지막으로 약한 상호 작용과 전자기력이 분화되어 빅뱅이 일어난 후 대략 10^{-10}초 후에는 힘이 네 개의 다른 측면을 보였을 것으로 추측된다.

그런데 전자기력은 광자를 주고받음으로써 작용한다. 이에 미국의 와인버그는 1967년에 약한 상호 작용에도 힘을 매개하는 입자(이는 위크 보손이라고 불린다. ▶1983②)가 있다고 가정하고, 전자기력과 약한 상호 작용을 통일하여 기술할 수 있는 이론을 발표하였다. 1979년에 와인버그는 독립적으로 동일한 연구를 진행한 파키스탄의 살람, 미국의 글래쇼와 함께 노벨 물리학상을 수상하였다.

1968

SF 영화 『2001 스페이스 오디세이』 상영

스탠리 큐브릭 감독의 SF 영화 『2001 스페이스 오디세이』가 이 해에 극장 개봉하여 화제를 모았다. 인류가 처음으로 지구 바깥의 지적 문명과 접촉하는 이야기인데, 주인공은 목성으로 향하는 우주선의 모든 기능을 제어하는 슈퍼컴퓨터 'HAL'이다. HAL은 계산 능력이 뛰어날 뿐 아니라 높은 판단력도 겸비하였으며, 마치 인간처럼 일에 대한 책임감과 긍지 그리고 감정을 가진 것처럼 반응하는 인공 지능이다. 1968년 시점에서 근미래인 2001년에는 이러한 컴퓨터가 출현하지 않을까 하고 기대하였던 듯하다.

작품 속에서 HAL은 1997년에 제조된 것으로 나오는데, 현실 세계의 1997년에 MIT출판부에서 『HAL의 유산(HAL's Legacy)』이라는 연구서를 출판하였다. 영화 속에서 보인 HAL의 놀라운 능력과 인간과 다름없는 반응을 각 테마별로 현대의 컴퓨터 사이언스의 시점에서 15명의 전문가가 분석하는 구성이다. 이 책에서는 체스 실력, 음성으로 인간과 대화하고 눈으로 대상을 인식하는 능력, 나아가 컴퓨터가 살인을 저지르는 충격적인 행동과 회로를 절단당할 때 보이는 공포심 등의 감정 관련 문제 등을 논하였다.

기묘하게도 『HAL의 유산』이 간행된 1997년에 IBM의 슈퍼컴퓨터 '딥블루'가 처음으로 체스 세계 챔피온(아제르바이잔의 가리 카스파로프)을 이기는 사건이 일어났다. 하지만 체스 실력은 좋을지 몰라도 불후의 명작이 된 SF영화 속에 묘사된 '2001년'이 현실 컴퓨터 세계에 도래할 날은 아직 먼 듯하다.

1969

인류가 달에 발을 디디다

이해의 7월 20일에 달로 향한 우주선 아폴로 11호의 착륙선 이글이 '조용한 바다'에 연착륙(◀1966)하고 암스트롱과 올드린 두 사람의 우주 비행사가 드디어 달 표면에 내려섰다. 미국이 케네디 대통령의 선언대로(◀1961) 달에 제일 처음으로 간 것이다. 이때 암스트롱이 지구에 보낸 "이는 한 인간에게는 작은 발걸음이지만, 인류에게는 위대한 도약이다"라는 말은 우주 개척사에 남는 명문장이 되었다.

이후로 1972년 아폴로 17호까지 12명의 우주 비행사가 달 표면을 탐색하였고 도합 400킬로그램에 달하는 월석을 가지고 돌아왔다. 그동안에 위기 상황을 극복하고 기적적으로 생환한 아폴로 13호의 드라마도 탄생하였다.

인류가 달에 착륙한 지 30주년이 되는 1999년에 우주 비행사들이 카메라에 담은 사진이 한 권의 책으로 정리되었다(『풀문フル·ムーン』, Michael Light 편저, 히가키 쓰기코 역, 신초샤).

사진집을 펼치면 달 표면은 바위와 빛과 어둠만이 존재하는 황량한 세계임을 알 수 있다. 그리고 우주 비행사의 모습과 발자취, 그곳에 사람이 있음을 알려주는 각종 기계와 달 표면 탐험에 사용된 자동차의 바퀴 자국 등을 보면 황량한 적막감이 더욱 크게 다가온다.

대기가 없으므로 달에서는 바람이 불지 않는다. 그래서 달에 남겨진 발자국과 바퀴 자국이 우주에서 쏟아져 내리는 작은 우주의 먼지로 인해 지워질 때까지 100만 년에서 200만 년이 걸린다고 한다. 그런 생각을 하며 여러 사진을 보다 보면 숙연한 정적과 유구한 시간 속으로 빨려 들어가는 듯한 착각에 빠지게 된다.

1970

모노의 『우연과 필연』

1965년에 노벨 의학생리학상을 수상한 프랑스의 모노는 1970년에 분자 생물학의 시점에서 돌연변이(우연)와 자연 선택(필연)을 논하는 『우연과 필연(Le Hasard et la Nécessité)』을 저술하였다. 그 한 구절에는 다음과 같이 적혀 있다.

'과거 30억 년이 넘는 시간 동안 진화가 걸어온 아득한 길에 대하여, 나아가서는 또 그것이 만들어낸 놀랍도록 풍부한 생물의 다양성에 대하여, 혹은 〈박테리아〉에서 〈인간〉에 이르는 생물의 기적이라고 생각될 만큼 능률 좋은 갖가지 작용에 대하여 생각하면, 앞서 언급한 모든 것이 무수하게 많은 복권 중에서 그야말로 몇 장들어 있지 않은 당첨 복권을 장님이 뽑아낸 것처럼 말도 안 되는 엄청난 뽑기의 결과에 지나지 않는다는 것이 과연 정말일까 하는 의문이 또 고개를 든다.'

모노의 저서는 생명관을 둘러싼 활발한 논쟁을 야기하고 생물학뿐 아니라 사상과 철학에도 많은 영향을 끼쳤다.

1971

블랙홀의 유력 후보 발견

질량이 태양의 3배가 넘는 별은 일생을 끝마치고 핵에너지를 모두 소모하면 블랙홀이 된다고 일반 상대성 이론은 예상한다. 하지만 애석하게도 그 어떤 방사도 입자도 블랙홀에서 밖으로 나올 수 없으므로 이것을 관측할 방도는 없다고 여겨졌다. 그런데 X선 천문학(◀1962①)의 발전이 이 난문을 극복하였다.

1970년에 미국은 세계 최초의 X선 관측 위성 '우후루(Uhuru)'(스와힐리어로 '자유'라는 뜻)를 쏘아 올렸다. 이듬해 우후루는 백조자리에서 밝은 X선원(이것은 Cyg X-1이라고 명명되었다)을 발견하였다. 그런데 Cyg X-1의 위치에는 가시광선으로 포착할 수 있는 초거성이 존재하지만, 초거성이 X선을 방사하고 있다고는 생각할 수 없다.

이에 관측된 X선의 특징으로 미루어 보아 이 초거성의 가까이에 보이지 않는 작은 천체가 존재하고 둘은 쌍성을 이루는 것이 아닐까 하고 추정되었다(쌍성이란 두 개의 별이 공통된 중심의 둘레를 공전하는 것). 초거성의 가스와 먼지가 보이지 않는 천체, 즉 블랙홀로 빨려 들어갈 때 소용돌이가 생기고 그 마찰로 X선이 방출된다고 가정하면 현상을 적절하게 설명할 수 있었기 때문이다. 이리하여 백조자리 Cyg X-1은 최초의 블랙홀 후보로서 주목받았다.

1972

굴드와 엘드리지가 생물 진화의 단속 평형설을 제창

종래에는 생물 진화를 점진적인 변화의 축적으로 보았다. 이와 달리 미국의 굴드와 엘드리지는 1972년에 단속 평형설을 제창하며 그때까지의 통념에 의문을 제기하였다. 생물은 지리학적인 시간 스케줄로 보면 극히 단시간에 종 분화가 이루어지고 그 후에는 꽤 장기간에 걸쳐서 변화가 적은 안정기가 계속된다고 그들은 생각하였다. 그리고 이 격변기와 안정기의 반복이 진화의 패턴을 이룬다고 지적하였다.

생명에 관한 최초의 기록은 35억 년 전의 미고생물에서부터 시작되는데, 29억 년여의 긴 시간 동안 생명은 줄곧 단세포였다. 원핵세포에서 핵과 미토콘드리아를 가진 진핵세포로 진화하였지만, 30억 년 가까이 시간이 흘렀음에도 생명은 단세포라는 틀에서 벗어나지 못하였다. 그 후에 다세포 생물이 나타난 것은 겨우 5억

8000만 년 전이다. 그리고 5억 3000만 년 전(캄브리아기)에 다세포 생물은 한 번에 다양성이 증가하였고 단기간에 급속한 변화를 보였다(이 현상을 '캄브리아기 대폭발'이라고 부른다).

이와 같이 단속 평형설에서는 진화가 점진적인 변화가 아니라 긴 안정기를 깨는 순간적인 종 분화에 의해 이루어진다고 말하지만, 이 설을 둘러싼 논쟁은 현재 진행 중이다.

1973

동물 행동학 연구에 노벨상 수여

과학 부문의 노벨상은 물리학, 화학, 의학생리학의 세 분야로 한정되어 있다. 하지만 당연한 이야기지만 그 이외의 영역에서도 소위 '노벨상급'의 업적이 무수히 나오고 있다. 이에 노벨상은 상기 세 부문의 주변 영역에도 눈을 돌리고 뛰어난 연구를 수용함으로써 수상 대상을 확대하고자 모색해왔다. 과학이 각 시대를 반영하며 다채로워져 가는 현실을 생각하면 이러한 운용의 유연함은 중요하다고 할 수 있다.

1973년 의학생리학상이 그야말로 그러하였다. 이해의 수상자는 독일의 프리슈와 오스트리아의 콘라트 로렌츠, 영국의 틴베르헌의 세 명이었는데, 그들의 업적은 동물 행동학에 관한 것으로 종래의 수상 대상과는 취지가 상당히 다른 연구였다.

그중에서도 로렌츠가 제시한 '각인' 개념은 노벨상 효과도 있어서 오늘날 누구나 알고 있을 만큼 유명하다. 예를 들어 조류의 새끼가 부화한 후 일정 기간 내에 처음으로 목격한 움직이는 대상을 어미로 여기는 행동 패턴을 말한다. 그러고 보면 로렌츠를 어미로 착각한 회색기러기 새끼가 아장아장 그의 뒤를 귀엽게 따라다니는 영상을 어디선가 본 기억이 있다. 바이러스, 호르몬, 효소, 암, 항체 등에 관한 연구에 수여하던 노벨상에 이러한 동물 행동학이 끼어든 것은 그 자체가 하나의 '사건'이라서 화제를 모았다.

1974①

새로운 소립자 발견을 둘러싼 격렬한 선두 싸움

이해에 쿼크 모형(◀1964) 확립에 중요한 공헌을 한 새로운 소립자(J/ψ 입자)가 미국의 두 실험 그룹에 의해 각각 발견되었다. 하나는 팅이 이끄는 매사추세츠공과대학교(MIT) 그룹, 다른 하나는 버튼 릭터가 이끄는 스탠퍼드대학교 선형가속기센타(SLAC) 그룹이다.

팅은 양성자 빔을 베릴륨 핵에 충돌시키고 여기에서 발생하는 전자와 양전자의 쌍을 관측하였다. 그러자 어떤 특정한 에너지값일 때 전자와 양성자 쌍의 발생량이 날카로운 피크 곡선을 그렸다. 이는 질량이 양성자의 3배 이상에 달하는 새로운 입자가 생성되어 그것이 전자와 양성자 쌍으로 붕괴되었음을 시사한다.

한편 릭터는 전자 빔과 양전자 빔을 정면충돌시키는 실험을 하였는데, 마찬가지로 MIT 그룹과 동일한 에너지값 부분에서 곡선이 깎아지른 듯이 솟구치는 것을 목격함으로써 새로운 입자 생성의 증거를 잡아냈다. 이리하여 서로 다른 방법으로 실험한 두 그룹은 각각 독립적으로 새로운 입자를 찾아냈다. 그들의 논문은 『피지컬 리뷰 레터스(Physical Review Letters)』(1974년 12월 2일호)에 나란히 게재되었다.

새로운 입자의 이름은 처음에 MIT 그룹이 'J', SLAC 그룹이 'ψ(프사이)'라고 명명하였던 것에서 따서, 그 후 둘의 선취권을 평등하게 존중하여 'J/ψ'라고 부르기로 하였다. J/ψ 입자가 발견됨으로써 네 번째 쿼크의 존재가 확실시되었다.

이 업적으로 즉시 바로 2년 후에 그룹의 리더였던 팅과 릭터는 공동으로 노벨 물리학상을 받았는데, 이는 동시에 선취권을 둘러싼 과학계의 격렬한 선두 싸움을 여실하게 이야기해주는 드라마가 되었다.

1974②

조자이와 글래쇼가 대통일 이론을 제창

미국의 조자이와 글래쇼는 이해에 와인버그 등이 완성한 통일 이론(전자기력과 약한 상호 작용의 통일. ◀1967②)에 강한 상호 작용을 추가한 '대통일 이론'을 발표하였다. 에너지가 통일 이론이 성립하는 영역보다 높아지면 전자기력, 약한 상호 작용, 강한 상호 작용의 세 가지 힘에 구별이 없어지고 이들의 힘을 매개하는 입자도 하나로 통일된다는 것이다.

단, 이를 실현시키기 위해서는 상상을 초월하는 고에너지가 필요한데, 현대의 가속기로는 도저히 그 정도 수준의 에너지 영역을 만들어낼 수 없다. 따라서 종래와 같이 고에너지로 가속한 소립자의 충돌 실험에 의존해서는 대통일 이론을 검증할 수 없다.

이에 완전히 다른 검증 방법이 모색되었다. 대통일 이론이 성립하는 에너지 범위에서는 쿼크와 렙톤(◀1964)의 구별도 없어지고 둘은 서로 교체 가능해진다. 그 결과 무한한 수명을 가지고 안정적으로 존재한다고 여겨지던 양성자가 양전자와 중간자 등으로 붕괴될 가능성이 생겨났다. 붕괴될 때까지의 양성자의 평균 수명은 10^{30}년 이상으로 추정된다. 우주 나이 10^{10}년을 훌쩍 넘어서는 시간인데, 이는 어디까지나 평균값으로 수많은 양성자 중에는 단명하는 것도 있다. 바꾸어 말해 10^{30}개의 양자를 마련하면 평균적으로 일 년에 약 한 개의 비율로 붕괴하는 것이다.

일본에서는 1983년부터 기후현 가미오카촌(현 히다시)의 지하 1000미터에 설치한 탱크에 3000톤의 순수(불순물을 함유하지 않은 물. 이 안에 10^{33}개의 양성자가 포함되어 있다)를 채우고 붕괴를 관측하는 실험을 시작하였다(▶1987). 양성자가 붕괴되면 양전자 등의 하전 입자가 방출되는데 이것이 체렌코프 방사(◀1934③)를 발생시킨다. 이 빛을 검출하려는 시도이다. 하지만 현시점까지 붕괴를 일으킨 양자는 한 개도 관측되지 않았다.

양성자의 평균 수명이 추정치보다도 훨씬 길거나 또는 역시 영원히 불멸하는지도 모르겠다. 그렇게 되면 대통일 이론은 재검토되어야 한다.

1975

디랙의 강연 '우주론과 중력 정수'

예를 들어 전자와 양성자 사이에 작용하는 전기력과 중력을 비교하면 그 값은 약 10^{40}이라는 무차원의 거대 수가 된다. 여기에는 전자의 전하, 중력 정수, 전자의 질량, 양성자의 질량 등의 물리 정수가 들어가는데, 그 이외에도 거의 10^{40}이 되는 물리 정수의 여러 가지 조합이 알려져 있다.

그런데 우주의 넓이와 원자핵의 크기를 비교하면 신기하게도 이 또한 약 10^{40}이 된다. 단, 빅뱅 우주론에 따르면 우주는 계속 팽창하는 반면 핵의 사이즈는 불변하므로 둘의 비는 시간이 흐를수록 커진다. 따라서 그 값이 10^{40}인 것은 우주가 탄생하였을 때부터 150억 년이 지난 현재에만 우연히 그런 것이다.

그런데 노벨상을 수상한 물리학자 디랙(◀1928①, 1930②)은 이를 우연의 일치로 보지 않았다. 그는 젊은 시절부터 중력 정수가 시간에 반비례하여 감소하고(즉, 과거보다 미래에 중력이 약하다) 그에 따라서 거대 수도 커지므로 방금 언급한 일치는 언제나 유지된다고 믿었다.

1975년에 오스트리아에서 열린 '우주론과 중력 정수'라는 강연에서 디랙은 다음과 같이 말하였다.

"저는 이것이 우연의 일치라고 믿지 않습니다. 저는 왜 이 두 개의 거대한 수가 대단히 가까운 값을 하고 있는가에 대한 기본적인 이유가 자연계에 있어야 한다고 믿습니다. 현재로서는 그 이유를 알 수 없고 또 추측할 수도 없습니다. 하지만 원자 이론과 우주론에 관한 더 유의미한 정보를 얻게 된다면 이를 설명할 수 있을 것입니다."(『디랙 현대 물리학 강의ディラック現代物理学講義』, P.A.M. Dirac 저, 아리마 아키토·다케히로 마쓰세 역, 바이후칸)

과학이 진보함에 따라서 보다 정밀도 높은 여러 가지 물리 정수의 값을 구하는 것이 가능해졌다. 하지만 그것들이 왜 그런 값을 취하는가는 설명하지 못하고 있다.

시간에 반비례하여 중력 정수가 감소한다는 디랙의 가설 자체는 대체로 지지받지 못하고 있지만, 거대 수를 둘러싼 디랙의 강연은 물리 정수가 각각 현재의 값으로 설정되어 우리의 우주가 탄생한 신비에 대한 근원적인 물음을 던졌다.

1976

탐사기 바이킹의 화성 생명 탐지 실험

1975년에 쏘아 올린 미국의 화성 탐사기 바이킹 1호와 2호가 이듬해에 잇달아서 처음으로 화성에 연착륙하는 데 성공하였다. 그들에게 부여된 사명은 생명체 탐사였다. 바이킹은 지구의 지시를 받으며 매직 밴드를 움직여 화성의 흙을 채취하여 그 안에 생명체로 이어질 유기물이 포함되어 있는지를 조사하는 실험을 하였다. 또 미생물이 광합성을 하는지도 확인해보고자 시도하였다.

하지만 실험은 모두 부정적인 결론으로 끝났고, 조사 범위 내에서는 생명의 흔적을 시사하는 데이터를 얻지 못하였다. 단, 장래를 기대해볼 만한 성과를 한 가지 올렸다. 극 지역에서 얼음을 발견한 것이다. 물이 있다면 생명이 존재할 가능성이 있기 때문이다.

그로부터 26년 후인 2002년에 미국항공우주국(NASA)은 탐사기 마스 오디세이의 관측 데이터에 따르면 화성의 위도 60도 이상의 양극 지역에는 지하 수십 센티미터 부근에 다량의 물이 얼음으로 존재한다고 발표하여 지구 밖 생명에 대한 기대를 한층 부풀어 오르게 하였다.

1977

제5 쿼크의 존재 확인

양성자와 중성자, 중간자 등을 구성하는 물질의 기본 구성 요소 쿼크(◀1964)에는 여섯 종류가 있다고 여겨지고 있다. 그리고 가속기를 이용한 고에너지 실험으로 네 개(업, 다운, 스트레인지, 참)까지 확인되었다(◀1974①).

1977년에 미국의 레더먼 그룹은 페르미가속기연구소에서 가속한 양성자를 백금과 구리 등의 원자핵에 충돌시켜 일어난 반응에서 제5 쿼크(보톰)를 구성 요소로 하는 입실론 입자를 발견하였다. 이로써 톱 쿼크 하나만 남게 되었다.

1978

헐스와 테일러가 쌍성 펄서를 관측하여 중력파 방출을 확인

일반 상대성 이론은 중력파의 존재를 예언하였다. 전자파와 마찬가지로 진공에서 중력장의 진동을 광속으로 전달할 것이라고 하였다. 하지만 중력파는 종종 '시공의 잔물결'이라고 표현되는 것처럼 그 효과가 몹시 미약하여 여태까지 검출되지 않고 있었다. 단, 중력파 자체는 검출되지 않지만 방출을 증명하는 관측 데이터는 이미 얻은 상태였다.

1974년에 미국의 헐스와 조지프 테일러는 쌍성 펄서를 발견하였다(◀1967①, 1971). 근접한 무거운 두 개의 별이 중심의 둘레를 타원 운동하며 펄스 형태의 전파를 발하고 있었다. 이에 쌍성의 공전에 동반하여 중력장이 크게 변화하는 것을 보고 상대론적 효과가 검출될 것으로 기대하였다. 즉, 쌍성은 서로 공전 운동을 하며 우주 공간에 중력파를 방출하므로 그만큼 에너지를 서서히 잃어서 공전 궤도는 작아지고 또 공전 주기는 짧아질 것으로 예측하였다.

헐스와 테일러는 계속해서 공전 주기의 변화를 관측하여 그 데이터가 중력파를 방출한다고 보고 계산한 상대론의 결과와 일치함을 1978년에 밝혀냈다.

또한 우연이지만 그들이 쌍성 펄서를 발견한 1974년에 펄서를 발견한 휴이시(◀1967①)가 천문학 분야 최초로 노벨 물리학상을 수상하였다. 그리고 헐스와 테일러는 1993년에 펄서와 관련하여 물리학상을 받은 두 번째가 되었다.

1979

행성 탐사기 보이저가 목성의 고리를 발견

목성에서 위성 네 개를 발견한 사람이 갈릴레오이기 때문에(◀1610) 네 위성(이오, 유로파, 가니메데, 칼리스토)을 갈릴레오 위성이라고 부른다. 1979년, 미국의 탐사기 보이저 1호와 2호가 목성에 접근하여 갈릴레오 위성 중의 하나인 이오에 활화산이 있는 것을 발견하였다. 이는 다른 천체에서도 화산 활동이 일어난다는 것을 보여주는 최초의 증거가 되었다.

그런데 토성의 고리를 발견한 사람은 네덜란드의 하위헌스이지만(◀1656), 1610년에 갈릴레오는 이미 토성이 기묘한 형태를 하고 있다는 것을 눈치채고 있었다. 그 후 각 행성에서 위성이 차례로 발견되었지만, 고리는 토성에만 있다고 알려져 있었다. 그런데 보이저의 관측으로 목성 둘레에도 고리가 있음이 밝혀졌다.

1980

앨버레즈가 운석 충돌에 의한 공룡멸종설을 발표

1억 수천만 년 동안 번영하던 공룡은 6500만 년 전(백악기의 끝)에 갑자기 모습을 감추고 말았다. 멸종 원인에 관한 여러 가지 가설이 있지만 하나같이 물적 증거가 없어 정설이 되지 못하였다. 그런데 1980년에 고생물학 최대의 수수께끼에 대하여 물적 증거를 가지고 하물며 고생물학에는 문외한인 노벨상을 수상한 전적이 있는 물리학자가 새로운 가설을 제창하였다.

1970년대 중반부터 북이탈리아에서, 중생대부터 신생대에 걸쳐서 형성된 석회암 지층을 조사하던 미국의 지질학자 월터 앨버레즈는 백악기(중생대 말기)부터 제3기(신생대 초기)로 바뀌는 위치에 두께 약 1센티미터의 얇은 점토층이 있다는 것을 알아냈다. 이 점토층은 6500만 년 전에 퇴적된 지층으로 공룡이 절멸한 시기의 것이었다.

월터한테 이 이야기를 들은 아버지 루이스 앨버레즈(1968년에 소립자 실험의 업적으로 노벨 물리학상 수상)는 점토층이 형성된 시간을 산출하기 위하여 지층에 포함된 이리듐의 양을 측정해보기로 하였다. 이리듐은 지표에는 극히 미량밖에 존재하지 않지만, 우주 먼지와 운석에는 다량 포함되어 있는 것으로 알려져 있는 원소이다. 앨버레즈 부자는 이리듐을 측정해보고 깜짝 놀랐다. 점토층의 이리듐 농도가 위아래의 석회암층의 그것과 비교하여 30배나 높은 이상 수치를 보였기 때문이었다.

얇은 점토층에만 이리듐이 현격하게 다량 함유되어 있는 것을 보고 백악기 말기에 이 희소 원소가 어떠한 원인으로 우주에서 지구로 왔다고 앨버레즈 부자는 추론하였다. 그리고 그들은 그 원인을 직경 약 10킬로미터의 거대 운석이 지구에 충돌하였다고 결론 내렸다.

1980년에 앨버레즈 부자가 발표한 논문에 기재된 공룡 멸종 과정은 다음과 같다. 6500만 년 전에 거대 운석이 지구에 낙하하여 직경 100킬로미터가 넘는 대형 크레이터가 발생하였다. 충돌로 산산이 부서진 운석과 깎여나간 지표는 분진이 되어 날아올랐고 대기의 흐름을 타고 지구 전반을 뒤덮었다. 그 결과 태양 빛이 차단되어 지구는 어둠의 세계가 되었다. 광합성은 멈추고, 식물은 말랐으며, 그 영향을 받은 공룡을 비롯한 다종의 동물이 단기간에 지구상에서 모습을 감추었다. 이윽고 상공을 표류하던 분진은 생물의 사체를 덮듯이 지표에 퇴적되어 이리듐을 다량으로 포함하는 점토층이 형성되었다.

그로부터 10년 후(루이스 앨버레즈는 1988년에 사망하였지만), 지질학자들의 조사로 유카탄반도(멕시코)에 있는 두께 1킬로미터의 퇴적층 아래에서 직경 250킬로미터에 달하는 크레이터가 있음이 밝혀졌다. 이리하여 발표 당초에는 고생물학자와 지질학자로부터 비판을 받았던 앨버레즈의 가설이 공룡 멸종의 수수께끼를 푸는 정설로 받아들여지게 되었다.

그리고 이 설은 공룡이 자신의 결함으로 인해 필연적으로 멸망한 것이 아니라 운석 충돌이라는 우발적인 외적 요소에 의해 우연히 지상에서 모습을 감추었다는 사실을 가르쳐주었다. 이 우연이 없었다면 지금도 지구는 공룡의 지배를 받았을 것이며 인류가 출현하는 일은 일어나지 않았을 것이다.

1981

오키나와뜸부기 발견

일본에서는 따오기가 특별 천연기념물로 지정되어 있었으나, 남은 것은 니가타현 사도섬에 서식하는 다섯 마리뿐으로 멸종 직전 상태에 돌입하였다. 이에 1981년에 환경청은 따오기 다섯 마리를 포획하여 사도섬의 따오기보호센터에서 인공 증식시키고자 시도하였다.

과거에 일본의 많은 지역에서 목격되던 새가 자취를 감추려 하고 있는 한편, 이해에는 일본에서 오랜만에 신종 조류가 발견되었다는 기쁜 뉴스도 보도되었다. 오키나와현 북부의 얀바루 지방에 서식하는 오키나와뜸부기(얀바루뜸부기)이다. 부리와 다리가 선명한 붉은색을 띠며, 신장은 약 30센티미터이다. 오키나와뜸부기도 천연기념물로 지정되었지만, 산림 벌목이 진행되고 있어서 보호 대책 마련이 시급하다.

1982

모노폴 검출 실험

디랙은 구멍 이론(◀1930②)을 발표한 이듬해인 1931년에 모노폴(자기 단극)의 존재를 예언하는 논문을 저술하였다. 전자가 마이너스, 양성자가 플러스 전하를 가지고 있는 것과 달리, 양극이 아니라 N극 또는 S극 자기만을 가진 소립자(모노폴)가 있을 것이라고 디랙은 생각하였다.

1960년대에 들어 구미에서 거대 가속기가 잇따라 건설되자 그때마다 모노폴을 찾기 위한 탐색이 시도되었다. 고에너지로 가속시킨 입자를 충돌시켜 그 반응으로 모노폴을 발생시키고자 하였다. 또 우주선 관측으로 모노폴을 찾고자 시도한 적도 있다. 나아가 광석에 모노폴이 함유되어 있을 가능성도 검토되었고, 아폴로 우주선이 가지고 돌아온 달의 물질까지 탐사 대상으로 삼았다. 그래도 모노폴은 단 하나도 발견되지 않았다

그런데 물질은 발견되지 않았으나, 이론면에서는 새로운 전개를 보였다. 힘의 대통일 이론(◀1974②)의 귀결로서도 모노폴이 존재할 것이라는 결론이 도출된 것이다. 대통일 이론의 진실 여부는 아직 실험으로 검증되지 않았지만, 디랙의 이론과는 다른 독립적인 이론에서도 동일한 결론이 나옴으로써 모노폴의 존재에 대한 기대감이 높아졌다.

단, 대통일 이론이 제시한 모노폴의 질량은 예상을 훌쩍 뛰어넘을 만큼 거대하였다. 그 값은 양성자 질량의 무려 10^{16}배, 약 1억분의 1그램에 달한다. 이는 짚신벌레의 무게에 필적하는 무게로 소립자계의 괴물이라고 할 만큼 특수한 크기이다. 당연한 이야기지만 아무리 에너지를 높이더라도 가속기 충돌 실험으로 이토록 큰 질량 입자를 발생시키는 것은 불가능하다.

하지만 포기하기는 이르다. 우주가 탄생한 직후의 초고에너지 상태에서는 모노폴이 발생하였을 것으로 추측된다. 단, 대부분이 반대 자극의 모노폴과 충돌하여 소멸하여 버렸다. 즉, 모노폴은 초기 우주에 그야말로 일순간만 존재한 것이다. 그래도 어쩌면 충

돌을 면한 극히 일부의 모노폴이 150억 년의 시간 동안 살아남아서 현재도 우주 공간을 떠돌고 있을지 모른다.

그러한 전제와 기대하에 미국의 카브레라는 모노폴을 포획하기 위한 실험에 도전하였다. 카브레라는 초전도 코일 검출기를 설치하고 모노폴이 그것을 통과하기를 기대하였다. 기대대로 1982년 2월 14일에 모노폴이 날아들었나 싶은 전류가 코일에 흘렀다.

하지만 신호가 뜬 것이 단 한 번뿐이라 모노폴에 의한 것이라고 단정할 수 없었다. 다른 원인에 의한 것일 수도 있기 때문이다. 그런 의미에서 모노폴은 여전히 '환상의 입자' 영역에서 벗어나지 못하고 있다.

1983①

탐사기 파이오니어 10호, 인류의 메시지를 싣고 태양계를 탈출

1972년에 쏘아 올린 미국의 탐사기 파이오니어 10호는 1983년에 이때 명왕성 바깥쪽에 위치하던 해왕성의 궤도를 통과하여 태양계 밖으로 나간 최초의 인공 물체가 되었다.

파이오니어에는 지구 외 문명에 보내는 메시지를 새긴 금속판을 탑재하였다. 금속판에는 인간 남녀의 모습과 태양계, 파이오니어의 비행경로, 나아가 우리 은하계에 있는 중성자별의 위치와 발산하는 전파 주기, 수소 원자가 내뿜는 전파에 관한 정보 등을 새겼다.

이 금속판이 언젠가 누군가의 손에 들어가 인류의 메시지가 해독될 가능성은 희박하지만, 태양계를 빠져나간 파이오니어는 지금도 여전히 우주를 표류 중이다.

1983②

위크 보손을 발견

힘의 통일 이론(◀1967②)에 따르면 다른 것으로 보였던 전자기력과 약한 상호 작용은 반응하는 입자의 에너지가 충분히 높아지면 강도가 같아져서 통일하여 파악할 수 있게 된다. 또 약한 상호 작용을 매개하는 입자로서 예언된 위크 보손도 두 개의 힘이 통일되는 에너지 영역에서는 전자기를 매개하는 광자와 동일시된다.

이론적으로는 이와 같이 예상되고 있었는데, 1983년에 이탈리아의 루비아와 네덜란드의 판데르메이르가 이끈 유럽합동원자핵기구(CERN) 실험팀이 양성자와 반양자를 충돌시켜 위크 보손을 검출하는 데 성공하였다. 이는 힘의 통일 이론을 실증하는 유력한 증거가 되었다.

1984

시블리와 알퀴스트가 인간과 유인원의 분자계통수를 발표

고인류학 연구는 오랫동안 화석에 의존하였는데, 1960년대에 들면 분자 레벨의 해석이 도입된다.

1967년에 미국의 사리치는 인간과 침팬지의 단백질 아미노산 배열에 어느 정도의 차이가 있는가를 간접적인 방법이나마 정량적으로 조사하였고, 그 차이에 근거하여 인간과 침팬지가 분기된 것은 불과 500만 년 전에 지나지 않는다고 결론 내렸다. 분기 연대가 상당히 최근이라서 발표 당초에는 많은 비판을 받았지만, 그 후 이러한 분자 레벨의 연구는 착실하게 발전을 보였디.

1984년에는 미국의 시블리와 알퀴스트가 인간과 침팬지의 DNA를 교잡시켜 그 안정성을 측정하였고, 이를 바탕으로 둘의 DNA 염기가 얼마나 다른지를 조사하였다. 그들은 침팬지 이외의 유인원도 마찬가지로 사람과 비교하여 사람과 유인원의 분자계통수를 작성하였다. 이를 통해서도 역시 사람과 침팬지가 나뉜 것은 500만~600만 년 전이라는 결론을 얻었다.

1985

오존홀 발견

1970년에 네덜란드의 크루첸은 질소산화물이 성층권의 오존을 파괴한다는 것을 밝혀냈다. 당시 미국에서는 성층권을 비행하는 초음속기(SST)를 개발 중이었는데, SST의 배기가스에 일산화질소가 포함되어 있어서 계획을 재검토하게 되었다.

이어서 1974년에 미국의 롤런드와 몰리나가 프레온 가스 또한 오존을 파괴하여 수십 년 내에 성층권의 오존이 무려 약 10%나 소멸할 것이라고 경종을 울렸다(◀1962②). 그 후 대기 관측과 화학 실험으로 그들의 주장이 옳음이 실증되었지만, 1985년에 더욱 충격적인 보고가 나왔다. 영국의 남극 관측대가 관측기지 상공의 오존을 측정한 결과 10월에 양이 현저하게 감소하는 것이 관찰되었다. 이를 오존홀이라고 부른다.

오존층이 자외선 피폭으로부터 지상의 생명을 보호해주기 때문에 오존홀의 출현은 심각한 환경 문제로 인식되었다. 그 영향으로 오늘날에도 프레온 가스는 생산되지 않는다.

지구 환경에 이와 같은 중요한 과학적 제안을 한 크루첸, 롤런드, 몰리나 세 사람은 1995년에 노벨 화학상을 수상하였다.

1986①

탐사기 지오토가 핼리 혜성의 핵을 촬영

이해에 핼리 혜성(◀1705)이 태양에 가장 가까이 접근하였다. 지난번 회귀 때(◀1910)는 지상에서 망원경으로 관측하며 사진 촬영하는 것이 최선이었지만, 최근 76년간 과학 기술은 눈부신 진보를 이룩하였다. 이번에는 소련, 미국, 독일, 프랑스, 오스트리아, 일본 등 각국이 탐사기를 쏘아 올리고 핼리 혜성의 정체를 알아내고자 목을 빼고 회귀를 기다렸다.

그중에서 핼리 혜성에 가장 가까이 접근한 것은 1985년 7월에 유럽우주기관이 쏘아 올린 담사기 지오토였다. 지오토의 최대 사명은 혜성에 돌입하여 아직 아무도 본 적 없는 혜성의 핵을 카메라로 촬영하는 것이었다. 지오토에는 혜성의 먼지로부터 카메라와 측정기를 지키기 위하여 방패가 장착되어 있었지만, 그래도 혜성과의 상대 속도가 초속 70킬로미터에 달하였기 때문에 상당한 위험을 각오하여야만 하였다. 말 그대로 총알이 빗발처럼 퍼붓는 가운데 지오토는 핵을 목표로 돌입하였다.

돌입은 1986년 3월 14일에 결행되었다. 지오토는 먼지의 흐름을 뚫고 핵 근처 670킬로미터까지 접근하여 처음으로 그 모습을 포착하는 데 성공하였다. 이를 통하여 핼리 혜성은 핵의 길이 15킬로미터, 폭 7~10킬로미터의 감자 모양인 것으로 드러났다.

1986②

베드노르츠와 뮐러가 고온 초전도를 발견

초전도 현상이 발견되고(◀1911①) 이에 대한 이론적 해명(◀1957①)이 이루어진 지 오래지만, 물질이 초전도체가 되는 임계 온도는 변함없이 낮았다. 1985년까지 임계 온도의 최고 기록은 1973년에 측정된 니오브와 게르마늄 합금이 보인 23.2K였다. 카메를링 오너스가 1911년에 수은으로 초전도를 발견한 후 4분의 3세기가 경과하였음에도 임계 온도의 상승은 겨우 19K에 그쳤다. 전기 저항의 소실은 공업 응용 분야 입장에서도 기초 과학 입장에서도 무척 매력적인 이야기지만, 물질을 초저온으로 계속 유지하기 위해서는 번거로운 작업과 상당한 비용이 필요하기 때문에 조금이라도 높은 임계 온도를 실현해낼 필요가 있었다.

그러던 중 1986년에 독일의 베드노르츠와 스위스의 뮐러가 27K의 임계 온도를 가진 신물질(구리, 란탄, 바륨을 포함하는 산화물)을 발견하였고, 나아가 바륨을 스트론튬으로 교체하자 종래의 기록을 한 번에 14K나 갱신하여 임계 온도가 37K까지 올라갔다. 또 산화물이라는 일견 전기가 잘 흐르지 않을 것 같은 물질로 실현해냈다는 점도 흥미로웠다. 베드노르츠와 뮐러는 1987년에 노벨 물리학상을 수상하였다.

그들의 연구를 계기로 그때까지 완만하던 임계 온도의 상승이 급변하였다. 이듬해에는 미국의 폴 추가 90K를 넘는 임계 온도의 신물질(구리, 이트륨, 바륨을 포함하는 산화물)을 개발하였다. 이 온도는 질소의 액화 온도 77K를 상회하는 것이어서 이전보다 간편하게 물질을 초전도 상태로 유지하는 것이 가능해졌다.

이러한 산화물은 손쉽게 만들어낼 수 있기 때문에 소위 닥치는 대로 금속의 조합과 비율을 바꾸며 보다 높은 임계 온도를 지닌 물질을 탐구하는 과열된 분위기가 한동안 지속되었다. 하지만 그러한 상승도 125K 즈음에서 한계를 맞이하자 초전도 열기도 가라앉았다.

또한 고온 초전도의 메커니즘이 BCS 이론(◀1957①)으로는 더이상 설명되지 않아 새로운 이론이 계속 모색되고 있다.

1987

초신성 폭발로 생긴 뉴트리노를 관측

이해 2월 24일에 16만 광년 떨어진 대마젤란성운에 초신성이 나타났다. 우리 은하에서 초신성이 나타난 것은 383년 만이었다(◀1604). 거리가 가깝기도 해서 초신성이 된 별이 과거에 촬영된 사진 속에 귀중하게 찍혀 있었다. 밝기가 태양의 10만 배, 질량이 태양의 20배일 것으로 추정되는 별에서 폭발을 일으킨 것이다. 양성자 붕괴를 관측할 목적으로 1983년에 일본 기후현에 설치한 가미오카 지하 실험 장치(가미오칸데. ◀1974②)에서 이때 방출된 뉴트리노가 검출되었다.

뉴트리노는 전자와 마찬가지로 렙톤(◀1964) 중의 하나이지만, 질량이 제로이거나 혹은 있다고 하여도 전자의 1만분의 1 이하이며 물질과 거의 상호 작용을 하지 않기 때문에 관측이 지극히 힘든 정체불명의 입자이다.

이에 방대한 양의 뉴트리노가 발생하는 초신성 폭발은 수수께끼의 입자를 포착할 절호의 기회이다. 가미오칸데는 13초 동안 11개의 뉴트리노를 확인하였지만, 이때 16만 광년을 여행하고 지구에 날아든 뉴트리노 수는 1평방센티미터당 100억 개에 달하는 엄청난 양이었다. 대부분은 아무 일도 없었던 것처럼 지구를 관통하여 그대로 광속에 가까운 스피드로 우주 저편으로 날아가 버렸다.

그래도 가미오칸데에 걸린 뉴트리노 11개는 초신성 폭발에 이르는 프로세스 이론을 뒷받침하는 중요한 데이터를 제공해주었다. 또 이 관측으로 고시바 마사토시는 2002년에 노벨 물리학상을 수상하였다.

1988

지구 온난화 논쟁의 활성화

미야자와 겐지의 동화『구스코 부도리의 전기(グスコーブドリの伝記)』에 다음과 같은 이야기가 나온다. 기후가 한랭화되자 이하토부

지방에서는 흉작에 대한 불안이 사람들 사이에 퍼졌다. 이에 화산국에서 근무하는 젊은 기사 구스코 부도리는 인공적으로 화산을 폭발시켜 기온을 높일 수 없을까 하고 쿠보 박사에게 다음과 같이 질문하였다.

"박사님, 대기층에 탄소 가스가 늘어나면 따뜻해지나요?"

"그럴 테지. 지구가 탄생하였을 때부터 지금까지 기온은 대개 공기 중의 탄산 가스양으로 정해졌다고 할 정도니까."

"칼보나드 화산섬이 지금 폭발하면 현재의 기후를 바꿀 만큼 탄산 가스를 내뿜을까요?"

"그건 나도 계산을 해보았단다. 화산섬이 지금 폭발하면 가스는 즉시 대순환의 상층 바람에 섞여 지구 전체를 덮을 거란다. 그리고 하층의 공기와 지표에서 열이 방출되는 걸 막아 지구 전체의 온도를 평균 5도가량 높일 테지."

이 동화가 발표된 것은 1932년이다. 미야자와 겐지는 어린이를 위한 이야기책에서 일찍부터 이산화탄소의 온실 효과를 제재로 사용한 것이다.

그런데 동화에서 다룬 온난화 이론은 반세기 전에 이미 스웨덴의 아레니우스(◀1884)에 의해 논해진 이론이다. 아레니우스는 1880년대 후반에 기후 변동 연구에 착수하여 대기 중 이산화탄소량과 기온 상승의 관계를 북위 70도에서 남위 60도까지 영역에 걸쳐서 계산하였다. 그리고 이산화탄소 농도가 당시(19세기 말)의 2배가 되면 거의 지구 전역의 연평균 기온이 5℃ 이상 상승할 것이라고 추정하였다.

아레니우스가 사용한 계산 모델과 수치 타당성은 둘째치고, 20세기 고도 공업화 사회가 도래하기 전에 이러한 문제 의식을 가진 것에 감탄하지 않을 수 없다. 실제로 20세기는 '기술 혁신의 세기'가 되었지만, 아레니우스가 경고한 대로 '이산화탄소 배출의 세기'도 되었기 때문이다.

1988년 여름에 미국은 대가뭄이 들었다. 역사상 가장 뜨거운 해를 맞이한 것이다. 이를 계기로 지구 온난화 현상과 대책에 대한 논의가 순식간에 활발해졌다. 기온 상승과 이산화탄소 증가에 얼마만큼 명확한 인과 관계가 있는가에 관해선 의견이 갈리고 있지만, 사실이 어떻든지 간에 지구 온난화는 오존층이 얇아지는 현상(◀1985)과 더불어 오늘날 심각한 환경 문제이다.

1989

우주 배경 복사 탐사기 COBE 발사

빅뱅 우주론의 유력한 증거로 여겨지는 것이 우주 배경 복사(◀1965)이다. 빅뱅의 흔적인 방사가 온도로 계산하면 약 3K의 전파가 되어 우주 공간에 균등하게 가득 차 있는 것이다.

1989년에 이 우주 배경 복사를 상세하게 관측하여 빅뱅 우주론을 검증하기 위해 미국은 인공위성 COBE(Cosmic Background Explorer

의 약칭)를 쏘아 올렸다

초기 우주에서 처음으로 별이 형성된 것은 우주 공간의 물질 분포에 농도 차이가 있었기 때문이다. 짙은 부분의 물질이 서로의 중력으로 더욱 밀도를 높여 이윽고 핵융합이 일어나는 상태로까지 응축된 것이다. 따라서 물질 분포가 완전히 균일하였다면 별은 탄생하지 않았을 것이다. 바꾸어 말해 초기 우주에 존재한 근소한 비균일성이 증폭되어 현재의 우주 물질 분포가 형성된 것이다.

그렇다면 빅뱅 직후에 물질 형성의 토대가 된 초기 우주의 방사에도 근소하나마 비균일성이 있었을 것이며, 그렇다면 그 흔적은 우주 배경 복사에도 남아 있어야 한다. 즉, 우주 배경 복사의 공간 분포는 100% 균일하지 않고 모종의 차이가 있을 것이다.

COBE는 하늘 전체에 걸쳐서 배경 방사를 높은 정밀도로 관측한 결과 그 온도가 방향에 따라서 10만 분의 1가량 차이 난다는 것을 발견하였다. 이 차이가 현재 우주 모습의 '씨앗'이었던 것이다.

1990

풀러린 C_{60}의 대량 생성법을 확립

고체 탄소에는 다이아몬드와 그라파이트(흑연)의 두 가지 형태가 있는 것으로 알려져 있는데, 1985년에 영국의 크로토, 미국의 스몰리와 컬에 의해 제3의 형태가 발견되었다. 그들은 그라파이트에

레이저를 조사하여 탄소를 증발시키고 여기에 헬륨을 펄스 형태로 분사하면 안정적인 C_{60} 분자가 생성된다는 것을 알아냈다.

C_{60}는 축구공 구조를 한 정이십면체 대칭의 구이며, 오각형을 한 탄소 환상 분자를 벤젠 고리(육각형)이 감싼 형태를 하고 있다. 이러한 구상 탄소 분자를 '플러린'이라고 부른다.

그런데 발견 당초에는 C_{60}가 분광학적으로 그 존재를 검출할 수 있을 만큼의 미량밖에 생성되지 않아서 1990년에 독일의 크라치머와 미국의 허프만이 매크로한 양의 플러린 분자를 만들어낼 기술을 개발하였다. 그들은 헬륨 속에서 탄소 전구를 방전시켜 탄소 원자로 분해하면 발생된 그을음 속에 다량의 C_{60}가 포함되어 있다는 것을 밝혀냈다.

그런데 C_{60}는 조합하는 물질에 따라서 절연체도 반도체도 그리고 초전도체도 되는 흥미로운 성격을 가지고 있다. 또 강자성을 띨 가능성도 보고되는 등, 풀러린은 20세기 말에 화학과 재료 과학 분야에서도 가장 주목한 물질이다. 또한 크로토, 스콜리, 컬은 1996년 '풀러린 발견'으로 노벨 화학상을 수상하였다.

1991

19세기에 설계된 자동 계산기 완성

1822년에 영국의 수학자 배비지는 톱니바퀴를 짜 맞추어 천문학과 항해에 필요한 설계를 자동적으로 하는 차분 기관이라 명명한 기계를 고안하고 그 모형을 만들었다. 나아가 배비지는 모형만으로는 부족하여 실물 샘플 제작에 도전하였지만 프로젝트는 좌절되었다(◀1847②).

그로부터 약 1세기 반이 지난 1985년에 런던과학박물관에서 19세기의 환상의 계산기를 제작하려는 계획에 돌입하였다. 다행히 배비지가 그린 설계도가 완전한 형태로 남아 있었기 때문이다. 6년의 세월이 흐른 후 1991년에 19세기의 계산기가 드디어 완성되었다. 그리고 배비지가 예상한 대로 작동하였다. 이는 일찍이 전자공학이 없던 시대에 컴퓨터의 기능 원리를 선취한 것이었음이 증명되었다. 배비지 탄생 200년을 눈앞에 둔 시점이었다.

1992

라미두스 원인의 치아 화석을 발견

1974년에 에티오피아의 아파르 저지에서 미국의 요한슨이 320만 년 전의 아파르 원인 화석을 발견하였다. 화석은 여성의 거의 완전한 전신 골격이었다. 구조로 보아 뇌의 크기는 침팬지와 크게 다르지 않으나, 원인은 직립 이족 보행을 한 것으로 밝혀졌다. 발견하였다는 흥분으로 들끓은 밤, 조사대 캠프의 테이프리코더에서 비틀즈의 노래 '루시 인 더 스카이 위드 다이아몬드(Lucy in the

Sky with Diamonds)'가 흘러나왔다. 이에 320만 년의 시간을 초월하여 나타난 원인의 이름을 '루시'라고 붙였다.

그로부터 18년 후인 1992년에 마찬가지로 아파르 저지에서 스와 겐이 440만 년 전 라미두스 원인의 어금니를 발견하였다. 이를 계기로 스와가 속해 있던 국제조사대에 의해 젊은 여성 원인의 거의 완전한 상태의 전신 골격이 발굴되었고, 그녀는 '아르디'라고 이름 붙었다. 그리고 2009년에 공동 연구할 국제팀이 꾸려졌고 아르디의 전신이 복원되었다.

루시보다 120만 년 전에 출현한 아르디는 뇌 사이즈가 루시에 비해 살짝 작고 발가락은 나무 위 생활에 적합한 구조를 하고 있으나, 허리와 무릎을 펴고 직립 이족 보행하였음을 알아냈다. 침팬지처럼 주먹을 지면에 대고 걷는 너클 보행은 하지 않았던 듯하다. 인류의 선조는 나무 위와 땅 위의 두 곳을 생활 공간으로 삼았으며 너클 보행 과정을 거치지 않고 바로 직립하였을 가능성이 제기되었다.

1993

외계 행성의 존재를 확인

17세기에 들어서기까지는 달(위성)을 가진 천체는 오로지 지구뿐이라고 생각하였다. 그런데 갈렐레오의 망원경 관측으로 목성에도 위성이 있음이 발견되면서 달의 존재는 지구의 특수성을 보여주는 사례가 아니라는 인식이 퍼져나갔다(◀1610). 현재는 화성, 토성, 천왕성, 해왕성에도 각각 여러 개의 위성이 있음이 알려져 있다.

이와 같이 위성이 흔한 천체라면 마찬가지로 태양계 이외에도 위성은 지극히 평범하게 존재하지 않을까 하고 추측하게 된다. 오랫동안 그렇게 추측되었지만, 실제로 계외 행성이 확인된 것은 겨우 1993년이 되어서이다.

PSRB1257+12라는 펄서(◀1967①, 1978)에서 3개의 행성이 발견된 것이다. 또 항성 둘레를 공전하는 것으로서는 1995년에 페가수스자리 51번 별에서 계외 행성이 발견되었다. 그리고 2010년 시점이 되면 약 500개의 계외 행성이 확인되기에 이른다.

행성은 스스로 발광하지 못하고 그 옆에서는 밝은 항성이 빛나기 때문에 그 모습을 지구에서 직접 포착하기는 무척 어렵다. 그래서 행성의 중력에 의한 항성의 주기적인 흔들림과 행성이 전면을 통과함으로 인한 항성의 밝기 변화를 관측하는 등 간접적인 방법에 의존할 수밖에 없었다. 하지만 최근 들어 화상 처리 기술이 향상되면서 직접 관측할 수 있는 가능성이 열려 앞으로 더욱 많은 계외 행성이 발견될 것으로 기대된다.

400년 전에 위성을 발견함으로써 갈릴레오가 지구는 결코 특별한 별이 아님을 밝혀낸 것처럼, 계외 행성의 발견은 우리 태양계가 우주에서 극히 평범한 세계임을 가르쳐주었다.

1994

슈메이커-레비 혜성이 목성에 충돌

1993년에 미국의 슈메이커 부부와 레비가 목성 부근에서 20개 이상의 파편(파편 한 개의 크기는 1~5킬로미터로 추정되었다)이 일직선으로 늘어서는 진귀한 혜성을 발견하였다. 이는 그들이 공동으로 발견한 아홉 번째 혜성이라서 슈메이커-레비 제9혜성(SL9)이라고 명명되었다. 혜성은 원래 하나의 작은 천체였는데, 목성 근방을 통과하다가 강한 중력의 영향을 받아서 분열되었고 목성 주변을 돌기 시작하였다.

그리고 1994년 7월에 SL9의 파편은 초속 60킬로미터의 속도로 차례로 목성에 충돌하였다. 그 충격은 지구에서도 또렷하게 관측될 만큼 박력이 있었다. SL9이 남긴 충돌 자국은 지구가 통째로 들어갈 만한 크기였으며, 목성 표면에서 버섯 모양의 구름이 발생하는 것이 포착되었다. 충돌된 곳의 온도는 2만 도를 넘었다.

그런데 우리는 이 사건을 결코 강 건너 불구경하듯이 볼 수 없었다. 실제로 6500만 년 전에 이러한 재난이 지구를 엄습하여 공룡을 비롯한 많은 생물종을 멸종으로 몰아넣었기 때문이다(◀1980). SL9이 펼친 천체 쇼가 행성 과학과 태양계 연구에 귀중한 데이터를 제공한 것은 사실이지만, 지구가 6500만 년 전과 같은 현상을 재차 겪지 않으리라는 보장은 어디에도 없다. 하늘이 언제 무너져 쏟아질지 알 수 없는 것이다. 이것이 스페이스 가드 관측 체제를 강화하여야 한다는 목소리가 나오는 이유이다.

1995①

CERN이 반원자 합성에 성공

디랙이 예언한 대로(◀1930②) 양전자와 반양성자, 반중성자 등의 반입자는 이미 발견되었지만(◀1932②) 이들을 구성하는 반원자를 만들어내기까지의 길은 여전히 먼 상태였다. 하지만 1995년 말에 CERN(유럽 합동 원자핵 기구)이 드디어 반양성자를 크세논 원자에 충돌시켜 발생한 핵반응으로 9개의 반수소 원자(양전자가 반양성자 핵의 둘레를 도는 원자)를 인공적으로 합성하는 실험에 성공하였다. 반원자는 발생한 지 불과 1억 분의 4초 후에 보통의 원자와 충돌하여 소멸하였지만, 이로써 반물질 연구의 새로운 길이 열렸다.

이로부터 15년 후인 2010년에 역시 CERN에서 양전자와 반양성자를 자기장의 작용으로 진공 장치 내에 가두고 둘을 결합시켜 반수소 원자 38개를 만들어내는 데 성공하였다. 이때 반원자는 약 0.2초 동안 장치 내에 존재하였다. 수명이 15년 전에 비해 1000만 배나 늘어난 셈이다. 앞으로 더욱 긴 시간 동안 안정적으로 반원자를 가두어 두는 게 가능해지면 물질과 반물질의 대칭성에 메스를 가하여 우주가 현재 어째서 물질만으로 구성되어 있는가라는 수수께끼를 해명할 수 있을 것으로 기대된다.

1995②

불가사의한 상전이, 보스-아인슈타인 응축에 성공

1925년에 아인슈타인은 에너지 분포 방식이 보스 통계라고 불리는 조건을 충족하는 기체를 기체 상태 그대로 절대 영도 가까이까지 극저온으로 냉각시키면 양자 역학의 효과가 현저한 불가사의한 상전이가 일어날 것이라고 예언하였다. 기체의 모든 원자가 일제히 가장 낮은 에너지 상태로 떨어져, 이른바 에너지에 있어서 기체가 응축된 상태가 발생한다는 것이다. 이를 '보스-아인슈타인 응축'이라고 한다(보스는 양자 역학을 따르는 입자의 통계 이론을 제창한 인도의 물리학자이다). 양자 역학이 취급하는 마이크로 세계에서는 입자에서도 파장으로서의 성질이 함께 나타나는 특징이 관찰되는데, 그 효과로 인해 이와 같은 응축이 발생하면 기체 전체가 하나의 커다란 물질파(◀1923)로서 활동하게 된다.

단, 이를 실현하기 위해서는 아인슈타인의 이론에 따르면 절대온도로 100만 분의 1K라는 극저온이 필요한데, 당시에는 기술적으로 여기까지 기체를 냉각시키는 것이 도저히 불가능하였다. 따라서 이론 검증을 할 방도가 없었다.

이것이 가능해진 것은 1980년대에 들어 레이저 빛을 기체에 조사하여 원자의 움직임을 억제하는 냉각법이 확립된 이후이다. 1995년에 레이저 냉각법과 증발 냉각법이라는 저온 기술을 조합하여 미국의 코넬과 위먼이 루비듐 원자로, 또 케털리가 나트륨 원자로, 저마다 보스-아인슈타인 응축을 실현해내는 데 성공하였다. 아인슈타인이 예언한 때로부터 70년째 되는 해의 일이다. 이 세 사람은 2001년에 노벨 물리학상의 영광에 빛났다.

이 응축에서 보이는 파동성으로 말미암아 정밀한 간섭계 등 다양한 분야에 응용될 것으로 기대된다.

1996

화성에서 날아온 운석에 박테리아 화석이?

1984년에 남극에서 발견된 화성에서 날아온 주먹 크기의 운석에서 화성에 생명체가 존재한 가능성을 보여주는 흔적이 발견되었다는 센세이셔널한 보고가 NASA(미국 항공 우주국)의 연구 그룹에 의해 발표되었다. 운석에 포함된 탄산염 입자에서 약 380나노미터(1나노미터는 10^{-9}미터)의 박테리아 화석과 튜브 형태의 물체가 발견되었다. 그 사이즈와 형상은 지구상의 박테리아 화석과 매우 흡사하다. 또 그러한 전자 현미경으로 살펴보았을 때의 시각적인 사실뿐 아니라 운석에서는 지구상의 박테리아가 생성하는 광물과 동일한 미립자와 생물 사체가 분해될 때 생기는 탄화수소도 함께 검출되었다.

또 화성 운석을 관에 담고 가열하자 미량의 물이 추출되었다. 생명에 반드시 필요한 물이 화성에도 존재하였다는 증거를 얻은 셈이다.

이와 같이 복수의 조건이 갖추어짐으로써 NASA의 발표는 지구 외 생명체에 대한 기대감을 상승시켰고 폭발적으로 주목을 모았다. 하지만 모두 간접적인 상황 증거이기 때문에 튜브형 나노 물체가 과연 박테리아 화석인지 아닌지에 대해서는 과학자의 의견이 나뉘었다. 결론은 사람을 태운 우주선이 도착할 때까지 보류될 듯하다.

어쨌든 간에 19세기에 로웰이 화성 표면에서 '운하'를 목격(◀1877)한 이래로 옆 동네의 붉은 화성은 인간에게 이러한 종류의 로망을 계속 품게 하고 있다.

1997

복제 양 돌리의 탄생을 발표

1996년 7월에 영국의 윌머트와 동료들은 6살 난 암컷 양의 유선 세포에서 핵을 추출하여 이를 다른 양의 미수정란에 이식하였고, 대리모가 될 양의 자궁을 빌려서 복제 양을 탄생시켰다. 이미 기능 분화된 성장한 동물의 체세포로 만들어진 세계 최초의 클론이었다. 이리하여 태어난 양에게는 '돌리'라는 이름을 붙였다.

돌리 탄생에 관한 실험 성과를 담은 논문은 1997년 2월 『네이처』에 게재되었다. 또 신문과 TV 등 미디어에서도 대대적으로 다루어 세간 사람들도 많은 관심을 보였다. 그만큼 사람들의 이목을 끈 것은 클론 기술이 이론적으로는 인간에 적용하는 것도 가능하다는 충격적인 사실 때문이었다. WHO(세계 보건 기구)는 1997년 5월에 인간에게 클론 기술을 적용하는 것은 용인할 수 없다는 취지의 결의를 채택하였고, 이러한 생각이 세계적으로도 널리 수용되고 있다. 과학 기술의 급속한 진보는 때때로 인간의 윤리, 안전, 평화를 위협하기도 하는데, 클론 기술 또한 생명 존중에 대해 생각함에 있어서 무척 무거운 문제를 제기하였다.

또 돌리는 1998년 4월에 새끼를 출산하였지만, 노화 진행 속도가 빨라 2003년 2월에 6살 나이로 안락사되었다. 노화와 클론 기술의 인과 관계는 불명확한 상태이다. 돌리는 현재 박제되어 양으로서는 세계 최초이자 유일하게 에든버러왕립박물관에 전시되어 있다.

1998

스바루 망원경의 퍼스트 라이트

하와이의 마우나케아산 정상에 건설된 일본의 거대 망원경 '스바루'로 1998년 12월부터 이듬해 1월까지 퍼스트 라이트(새로운 망원경에 처음으로 빛을 받아들여 실험 관측하고 성능 체크하는 작업)를 실시하였다. 스바루는 8.2미터에 달하는 세계 최대의 구경을 자랑하는 대형 망원경이자 고정밀도의 망원경이다. 또 일본의 국립 시설이 해외에 설치된 드문 사례이기도 하다. '스바루'란 플레이아데스성단의 일본 명칭이다. 세쇼나곤(清少納言)이 쓴 수필집 『마쿠라노소시(枕草子)』에도 등장하는 것처럼 옛날부터 일본에서도 잘 알려져 있던 성단이다. 황소자리에 있는 별 수백 개의 집단이며, 여섯 개의 밝은 별은 육안으로도 파악할 수 있다. 갈릴레오는 『별세계의 보고』에서 이 여섯 개의 별을 망원경으로 관찰하자 그 주변에 육안에는 보이지 않던 40개 이상의 별이 밀집되어 있었다고 보고하였다(◀1610).

'스바루'는 퍼스트 라이트로 즉시 중력 렌즈 효과(천체의 강한 중력으로 인해 빛이 휘어서 지구에 도착하는 현상)와 가장 먼 퀘이사(◀1963) 관측에 성공하였다. 구경이 큰 주경을 갖춘 '스바루'는 집광력이 뛰어나 본격적인 가동이 시작된 후에도 태양계 내에서 심우주에 이르기까지 수많은 관측 성과를 올렸다.

1999

따오기 인공부화에 성공

따오기는 과거에 일본의 넓은 지역에서 그 모습을 볼 수 있던 아름다운 새였는데 20세기 들어 급감하여 1958년에는 사도섬과 노토반도에 생식하는 11마리로까지 감소하였다. 1981년에는 그 수는 결국 다섯 마리가 되었고, 모두 사도따오기보호센터에서 인공 사육되는 상황에 처하였다. 이에 번식 시도를 하였으나 성공하지 못하였고, 1995년에는 결국 일본산 따오기는 센터에서 보호하는 암컷 '킹' 한 마리만 남게 되었다. 번식 시도는 절망으로 끝났다.

한편 중국에서도 따오기가 멸종 위기에 처하였으나, 1981년에 산시성에서 따오기의 생식이 확인되어 인공 번식으로 개체 수를 계속 늘리고 있다. 또 DNA 해석을 통하여 일본과 중국의 따오기가 동일종인 것으로 확인되었다.

이에 1999년 1월에 중국으로부터 암수 따오기를 한 마리씩 받았고, 그해 5월 21일에 따오기보호센터에서 2세 인공 부화에 성공하였다. 이 기쁜 소식은 TV와 신문에서도 대대적으로 보도하였다. 새끼 새 한 마리의 탄생에 이토록 야단법석하며 세간이 주목한 일은 필시 과거에는 없었을 것이다.

다행히 그 후로도 새끼의 탄생이 계속 이어져 따오기 개체 수는 회복 중이다. 그리고 2008년에 차례로 방사되기에 이르렀다. 27년 만에 따오기가 일본의 자연으로 돌아간 것이다.

또 일본산 최후의 따오기 킹은 2003년에 죽었다. 당시 나이는 36살로 추정된다.

2000

과학 부문에서 13년 만에 일본인이 노벨상 수상

일본인 노벨상 수상자를 과학 세 부문에서 살펴보면 1987년에 도네가와 스스무(의학생리학상)가 수상한 이후로 한동안 수상자가 끊겼다가 20세기 마지막 해에 13년 만에 시라카와 히데키가 '도전성 폴리머(중합체)'의 발견과 개발로 영광스럽게도 화학상을 수상하였다(또 그동안에 오에 겐자부로가 1994년에 문학상을 수상하였다). 노벨상(◀1901) 역사가 딱 1세기를 맞이한 이때까지 노벨 과학상을 수상한 일본인은 6명이다(문학상 부문에서는 오에 겐자부로 이전에 가와바타 야스나리가 1968년에, 평화상 부문에서는 1974년에 사토 에이사쿠가 각각 수상하였다).

노벨상이 창설된 때로부터 일본인 최초의 수상자(유카와 히데키 ◀1949)가 나올 때까지는 반세기가 필요하였지만, 20세기 후반에 들면 수상 페이스에 속도가 붙어 도모나가 신이치로(1965, 물리학), 에사키 레오나(1973, 물리학), 후쿠이 겐이치(1981, 화학), 그리고 도네가와 스스무, 시라카와 히데키가 수상하였다. 그 기세는 21세기에 더욱 가속되고 있으며, 넓은 분야에서 일본의 과학 기술이 더 많은 국제적인 공헌을 할 것으로 기대되고 있다.

에필로그

21세기에 들어서서

20세기는 '물질과학의 시대'라고 형용할 수 있다고 6장의 모두에서 말하였는데, 이와 대비하였을 때 21세기는 다름 아닌 '생명 과학의 시대'가 될 듯한 조짐이 보인다.

20세기 말에 영국에서 성숙한 동물의 체세포로 양을 복제해냈다는 소식이 보도되어 세상을 깜짝 놀라게 하였다. 그 후 잇따라 일본에서는 복제 소가 만들어졌고 미국에서는 복제 쥐가 만들어졌다. 여기까지는 살아 있는 동물의 체세포를 이용한 실험이지만, 21세기에 들어서면 드디어 냉동 보존하던 쥐를 복제하기에 이른다. 앞으로는 멸종 동물을 재생할 가능성도 있어서 복제 과학 부문의 성과에 세간의 폭넓은 관심이 집중되고 있다.

관련 분야의 연구로서 ES 세포와 iPS 세포 개발도 진행 중이다. 20세기 말부터 시작된 휴먼 게놈(사람 유전체) 완전 해독도 국제 협력하에 21세기 초반에 이미 종료되었다. 앞으로는 이러한 성과가 식량 문제, 의료, 신약 개발 등에서 어떻게 응용될 것인가가 주목을 모으고 있다. 한편, 생명을 인공적으로 조작할 수 있는 기술의 확립과 발전은 윤리면과 안전면 등에서 많은 어려운 문제를 안고 있어서 과학뿐 아니라 폭넓은 논의와 검토가 요구된다.

한편, 세포와 DNA는 마이크로 레벨의 대상이지만, 대극적으로 인간을 포함하는 생물 전반에 대한 환경 보존과 생태계 보전 등 매크로 레벨의 문제도 21세기에는 점점 중요시될 듯하다. 일본의 탐사기 '가구야'가 달에서 촬영한 우주에 홀로 떠 있는 푸른 지구는 숨 막히도록 아름답다. 황량한 죽음의 세계인 달 표면의 적막함과는 대조적으로 지구에는 물이 있고 녹음이 있고 생명이 숨 쉬는 온기와 따스함이 있다. 그 환경과 생태계를 따뜻하게 지키는 것이 21세기 과학과 인류의 지혜에게 맡겨진 중요한 과제이다.

20세기부터 21세기까지 넓은 의미에서 물리학이 마이크로한 소립자부터 매크로한 물질, 나아가 초매크로한 우주까지 포함하여 총체적인 진보를 이룬 것처럼 생명 관련 과학도 마이크로한 DNA와 세포부터 매크로한 지구 환경과 생태계까지 포괄적으로 시야에 넣고 발전하여 나갈 것이 앞으로 기대된다.

한편 21세기에 들어 일본인 노벨상 수상자가 급증한 것을 알 수 있다. 2010년까지의 10년간을 잘라놓고 보면, 물리학상은 고시바 마사토시(2002), 난부 요이치로, 고바야시 마코토, 마스카와 도시히데(이상은 2008), 화학상은 노요리 료지(2001), 다나카 고이치(2002), 시모무라 오사무(2008), 스즈키 아키라, 네기시 에이치(이상은 2010) 등 9명이나 된다(난부의 국적은 미국).

노벨상 초창기 10년(1901~1910)은 어떠하였는가. 과학 세 부문의 국가별 수상자 수를 살펴보면 독일 12명, 프랑스 6명, 영국 5명, 네덜란드 4명, 이탈리아 2명, 러시아 2명, 그리고 스웨덴 1명, 덴마크 1명, 스위스 1명, 스페인 1명, 미국 1명이 수상하였다. 이상의 분포를 보면 과학의 중심이 유럽에 집중되어 있었음을 알 수 있다. 오늘날 압도적 우위를 자랑하는 과학 대국 미국도 당시에는 1907

년에 물리학상을 수상한 마이컬슨 한 명을 배출하였을 뿐이다. 일본을 포함한 아시아에서는 한 명도 수상하지 못하였다.

20세기 초의 상황과 비교하면 21세기 초반 10년 동안 일본인 9명이 노벨상을 수상한 실적은 100년 전으로 치면 독일을 잇는 인원수로 눈부신 약진을 하였음을 잘 알 수 있다. 또 과거의 업적뿐 아니라 21세기에 진행 및 발전 중인 연구에 있어서도 일본인의 활약이 눈에 띈다는 것을 연표를 작성하며 새삼 실감하였다. 그중에서 앞으로 새로운 노벨상 수상자가 탄생할 가능성도 높다.

21세기의 또 하나의 특징은 큰 프로젝트를 추진할 때 국제적 협력이 여태까지보다 훨씬 강화되었다는 것을 들 수 있다. CERN 소립자 실험, '스바루' 등의 거대 망원경과 '허블 우주 망원경'에 의한 천체 관측, 또 인간 게놈 해독 등의 연구로 상징되듯이 국제적인 공동 연구, 시설의 공동 이용, 데이터 공유가 추진되고 있다. 과학은 원래 본질적으로 국제적인 성격과 색채가 강한 활동이다. 그만큼 이와 같은 국가와 지역을 넘어선 협력 체계와 네트워크의 구축이 한층 중요해질 것으로 전망된다.

2001

CP 대칭성의 깨짐을 실험으로 검증

입자와 반입자(◀1930②, 1932②)의 붕괴 방식에 미묘한 차이가 관찰되는 것을 나타내는 'CP 대칭성 깨짐'은 1973년에 고바야시 마코토와 마스카와 도시히데에 의해 이론적으로 해명되었다. 그리고 2001년에 '고바야시-마스카와 이론'이 맞다는 것이 'B 팩토리'라는 일본과 미국의 고에너지 가속기 시설의 실험으로 검증되기에 이른다.

일본의 고에너지가속기연구기구와 미국의 스탠퍼드선형가속기센터는 각각 전자와 양전자의 충돌에 의해 쌍으로 발생한 중성 B 중간자와 그 반입자를 이용하여 둘이 붕괴되는 모습에 미묘한 차이가 있음을 확인하였다. 고바야시와 마스카와는 2008년에 'CP 대칭성 깨짐의 기원 발견'이라는 명목으로 노벨 물리학상을 수상하였다.

이 문제는 우주에는 반물질에 비해 물질이 압도적으로 많이 존재하는 비대칭성의 수수께끼와 깊이 관련되어 있으며, 앞으로 한층 연구가 진전을 보일 것으로 기대된다(◀1995①).

2002

DNA 분석으로 개의 조상을 해명

개의 선조에 해당하는 동물이 무엇인가에 관해서는 늑대, 코요테, 자칼 등 여러 설이 있지만, 2002년에 스웨덴의 사볼라이넨과 동료들은 미트콘드리아 DNA의 염기 배열을 비교하여 약 1만 5000년 전에 동아시아의 늑대가 가축화되어 개가 되었다는 연구 결과를 발표하였다. 그리고 사람이 이동함에 따라서 거기에 다른 늑대 아종의 피가 섞여 나갔고, 나아가 품종 개량까지 되어서 오늘날과 같이 다양한 품종으로 늘어난 듯하다. 또 선조 늑대와 유사한 개 품종에는 시베리안허스키, 아프간하운드, 중국의 차우차우, 일본견 등이 있다.

얼마 전까지만 해도 이러한 해명은 오로지 동물의 형태와 생태, 고고학적인 연구 등 소위 매크로한 시점에서 이루어졌지만, 오늘날에는 DNA라는 유력한 마이크로 시점이 추가되면서 다양한 곳에서 큰 성과를 올리고 있다. 참고로 개보다 몇 년 늦게 미국과 영국의 연구팀이 DNA 분석을 한 후 고양이의 선조는 약 1만 년 전의 아프리카 살쾡이라고 보고하였다.

개와 고양이는 애완동물의 대표인데, 이렇게 보면 인간과 교제한 세월은 개가 약 5000년가량 더 오래되었음을 알 수 있다.

2003

휴먼 게놈 해독 완료

DNA(유전자)의 이중 나선 구조가 해명된 것은 1953년이다(◀1953①). 이를 계기로 20세기 후반에는 'DNA'라는 말이 널리 정착되었고, 시대를 반영하는 중요한 키워드가 되었을 정도이다. 그로부터 딱 50년이 흐른 2003년에 드디어 휴먼 게놈(인간의 유전 정보 전체)의 해독이 완료되었다.

이 작업은 1991년에 일본, 미국, 영국, 프랑스, 독일, 중국의 6개국가 연구 기관의 국제 공동 연구로서 출범되었다. 일반적으로 과학 연구에서는 어떤 테마가 중요하면 중요할수록 선취권 취득을 둘러싸고 치열한 선두 싸움을 펼치는 법이다. 그런데 휴먼 게놈 계획은 DNA의 전 염기 배열을 결정하겠다는 공통된 골을 향해 많은 기관이 역할 분담을 하여 이른바 이인삼각이 아니라 '다인다각'의 협력 시스템하에 목적을 완수하였다. 연구 성과뿐 아니라 새로운 시대에 어울리는 연구 체제의 구축이라는 점에서도 휴먼 게놈 계획은 주목을 받았다.

그러나 해독은 완료되었지만, 이제 겨우 배열을 알아낸 단계일 뿐 궁극적으로 골인한 것은 아니다. 신약 개발, 병 치료, 체질 해명 등 이를 새로운 출발점으로 삼아서 착수하여야 할 테마는 산적해 있다. 공동 작업으로 축적된 공유 데이터를 바탕으로 이번에는 다시 한 번 각각의 분야에서 치열한 선두 싸움이 전개될 듯하다. 그리고 이러한 경쟁을 통해 많은 성과가 나올 것으로 예상된다.

2004

유전자 조작으로 파란 장미를 개화

『다케토리 이야기』에서 가구야 공주는 구혼하는 귀현들에게 세상에 흔히 없는 진귀한 물건을 찾아오면 결혼을 승낙하겠다고 말한다. 공주가 찾아오라는 물건은 제비의 자패(제비가 산란할 때 제비의 몸속에 생기는 조개), 봉래의 구슬 가지(뿌리는 백은, 줄기는 황금, 열매는 진주로 된 나뭇가지) 등 아무도 본 적 없는 신비로운 것들뿐이었다. 소위 난문 구혼담이다. 비슷한 이야기는 중국에도 전해져 내려오는데, 중국에서는 아름다운 왕녀가 푸른 장미를 찾아오는 남자와 결혼하겠다고 말한다.

제비의 자패와 봉래의 구슬 가지와 마찬가지로 파란 장미도 이 세상에는 존재하지 않는다(2004년까지는).

옛날부터 육종가들은 교배를 통하여 개량을 반복하였고, 또 깊은 산과 들에서 아직까지 발견되지 않은 야생 장미가 있지 않을까 하고 계속 찾았지만, 푸른 장미는 여전히 환상의 장미로 남아 있는 상태였다. 또한 애당초 장미에는 푸른 색소를 만드는 능력이 없다.

그런데 현대 바이오 테크놀로지가 환상의 장미를 현실의 장미로 바꾸어놓았다. 일본 기업 산토리와 오스트리아의 벤처 기업이

1990년에 공동으로 푸른 장미 프로젝트에 돌입하였고, 14년간 고생한 끝에 2004년에 드디어 푸른 장미를 개화하는 데 성공하였다. 두 기업은 팬지에서 푸른 색소 합성에 필요한 유전자를 추출한 후 이를 장미 잎 세포에 도입하여 증식시킴으로써 푸른 장미를 육성해냈다.

또 유전자 변형 생물은 생태계에 영향을 끼칠 수 있으므로 충분한 안전 확인이 필요하다. 이를 위한 다양한 실험까지 모두 마친 2009년에 푸른 장미는 상품화되어 판매 개시되었다. 앞으로는 난문 구혼담에서 푸른 장미를 더이상 쓸 수 없을 듯하다.

2005

대왕오징어의 생태 촬영에 성공

허먼 멜빌의 해양 소설 『백경(Moby Dick)』을 보면 해양 위에서 수많은 긴 팔을 말기도 하고 꿈틀거리기도 하는 거대하고 기이한 생명체의 모습이 묘사되어 있다. 대왕오징어이다. 이 생물은 목격되는 일이 극히 드물어 1861년에 프랑스 해군이 대왕오징어의 신체 일부를 끌어올릴 때까지는 반쯤 전설상의 존재로 취급되었다.

수수께끼의 생물에 처음으로 과학이라는 메스가 가해진 것은 1980년이다. 메사추세츠주 해안으로 떠오른 사체가 스미소니언연구소 자연사박물관으로 운반되어 해부되었다. 그러나 이처럼 표착한 사체가 발견되는 일은 간혹 있었으나, 심해에 사는 살아 있는 거대한 오징어의 생태는 여전히 베일에 싸여 있었다.

그런데 2005년에 구보데라 쓰네미(국립과학박물관)와 동료들이 세계 최초로 오가사와라 제도 앞바다의 900미터 심해에서 먹이를 공격하는 대왕오징어(전체 길이 8미터 이상으로 추정)의 모습을 촬영하는 데 성공하였다. 그 다이나믹한 영상은 TV를 통해서도 소개되었다. 몸이 거대하므로 동작이 느릴 것으로 추측되었는데, 이번 촬영으로 이 가설은 부정되었다.

2006

iPS 세포 제작에 성공

이해에 야마나카 신야는 쥐의 피부 세포에 네 종류의 유전자를 도입 및 배양하여 ES 세포처럼 다양한 장기와 조직 세포로 분화할 수 있는 iPS 세포(유도만능줄기세포 또는 인공다능성줄기세포)를 세계 최초로 만들어냈다. 이듬해에는 인간의 피부 세포에서도 iPS 세포를 제작하는 데 성공하였다. 이로써 재생 치료, 신약 개발, 병의 원인과 발증 메커니즘 해명 등의 분야가 약진할 것으로 기대된다.

ES 세포(배성간 세포)가 이미 만능 세포로 알려져 있지만, 이쪽은 수정란을 소재로 삼기 때문에 생명 윤리의 관점에서 이용면에 있어 여러 가지 논의가 필요하다. 한편 iPS 세포는 이러한 문제에 저축되지 않으면서 연구를 진행할 수 있다는 이점이 있다.

앞으로는 동물 실험 등을 통하여 실용화를 목표로 많은 연구팀에 의해 안전성 확인과 치료 효과 검증이 반복될 것으로 예상된다.

2007

탐사기 '가구야'가 달 표면을 관측 시작

지구에서는 볼 수 없는 달의 뒷면을 처음으로 확인한 것은 1959년 소련의 탐사기였다(◀1959). 단, 이때는 꽤 떨어진 고도에서 달 표면을 촬영하였기 때문에 지형의 대략적인 모습밖에는 볼 수 없었다.

달의 뒷면과 남북의 양극을 포함하는 달 표면 전역에 대한 상세한 관측은 2007년 일본의 JAXA(우주 항공 연구 개발 기구)가 쏘아 올린 '가구야'에 의해 처음으로 이루어졌다. '가구야'는 고도 100킬로미터의 원 궤도를 2시간 주기로 돌며 2007년 10월에 미션을 개시하였다. 관측은 2009년 6월까지 계속되었으며 달 표면의 지형, 중력, 광물 분포, 자기장 등에 대한 방대한 데이터를 지구에 송신하였다. 이 데이터는 달의 기원과 진화에 대한 해명, 장래 달 기지 건설 등에 활용될 것이다.

이와 같은 큰 성과를 올렸을 뿐 아니라 한 가지 더 압권이었던 것은 '가구야'에 탑재된 하이비전 카메라를 통하여 달 표면의 모습을 가정의 거실에서 감상한 점이다. 달의 지평선 위로 태양의 빛을 받은 푸른 지구가 천천히 올라온 장면은 아름답고 감동적이었다. 처음으로 우주 비행을 한 가가린의 "지구는 푸르다"는 말이 떠올랐다(◀1961). '가구야'가 보내온 영상을 보고 있자니 마치 내가 탐사기를 타고 달에 가 있는 듯한 착각까지 들었다.

'가구야'는 소형 버스만 한 크기이다. 그러고 보면 『다케토리 이야기』에 묘사된 가구야 공주를 달로 데리고 돌아간 '하늘을 나는 자동차'도 분명히 그 정도 크기였던 듯하다.

2008

동결된 쥐 시체로 쥐 복제에 성공

복제 양 '돌리'(◀1997) 이후에도 클론은 계속 탄생하였지만, 이들은 하나같이 살아 있는 동물의 체세포를 이용한 시도였다.

그런데 2008년에 이화학연구소에서 -20℃ 온도에서 동결 보관하던 쥐 사체의 세포로 클론을 만드는 데 세계 최초로 성공하였다는 뉴스가 크게 보도되었다. 이러한 기술이 확립되면 예를 들어 시베리아의 영구 동토에서 발굴한 매머드의 세포핵을 추출하여 코끼리의 재핵 난자에 이식하여 매머드를 부활시키는 것도 이론적으로 가능하게 된다. 호박에 밀봉된 모기로부터 모기가 빤 공룡의 혈액을 채취한 다음 파충류를 써서 복제 공룡을 현대에 되살려

낸다는 것이 마이클 크라이튼의 SF 소설『쥬라기 공원』의 아이디어인데, 그와 흡사한 일이 지금 일어나려 하고 있다.

지구상에서 모습을 감춘 동물들을 다시 한 번 부활시키는 장대한 프로젝트에는 매력과 로망을 느낀다. 그와 동시에 그들이 생식하던 시대와는 환경이 크게 달라진 현대의 이곳에 부활시킴으로써 발생할 수 있는 새로운 문제도 염려된다. 그리고 무엇보다도 인간이 생명을 그렇게까지 조작할 수 있게 되는 것에 대한 모종의 공포도 피어오른다.

21세기에는 이 분야가 눈부시게 발전할 것으로 예상된다. 그만큼 과학의 범위를 넘어서 생각하여야 하는 과제도 많아질 듯하다.

2009

허블 우주 망원경, 최후의 수리에 성공

1990년에 우주왕복선이 NASA(미국 항공 우주국)와 ESA(유럽 우주 기관)가 개발한 허블 우주 망원경을 대기권 밖으로 운반하여 고도 600킬로미터의 지구 주회 궤도에 올려놓았다. 그 후 허블 우주 망원경은 지상의 망원경으로는 피할 수 없는 대기 흔들림에 방해받지 않으며 선명한 우주의 모습을 줄곧 포착하여 왔다.

하지만 고장도 많아서 1993년에는 우주 왕복선으로 접근하여 우주 비행사가 주경을 보수하였다. 이후 이러한 상당히 위험을 동반하는 미션이 도합 네 번 실행되었다. 당초에는 2004년에 다섯 번째 수리를 실시할 계획이었는데, 전년도에 '컬럼비아호'의 사고가 발생한 탓에 우주 비행선을 쏘아 올리려던 계획이 중지되었다. 그로부터 5년 후인 2009년에 '애틀랜티스호'에 탑승한 우주 비행사가 원만하게 수리하여 허블의 성능은 더욱 향상되었다.

새로운 관측 장치를 설치한 허블은 적어도 2014년까지 우주 초기에 형성된 은하 등을 관측할 예정이다.

2010①

멸종 어류 구니마스를 70년 만에 재발견

70년 전에 멸종한 것으로 알려져 있던 민물고기 구니마스(일본 연어, Oncorhynchus nerka kawamurae)가 2010년에 사이 호수(야마나시현)에서 포획되었다. 사이 호수에는 히메마스(일본 연어, Oncorhynchus nerka)도 생식하는데, 유전자 해석을 한 결과 히메마스와 교잡된 흔적도 없었다. 1938년에 남아프리카 앞바다에서 실러캔스가 발견되었다는 빅 뉴스가 났었다(◀1938①). 하지만 이는 무대가 광대한 바다일 때의 이야기이다. 구니마스는 작은 호수에서 70년간이나 사람 눈에 띄지 않고 잘도 살아남았다 싶다(필시 때때로 낚시꾼이 잡았더라도 멸종 어류라는 것을 알지 못하였을 것이다).

구니마스는 본래 다자와 호수(아키타현)의 고유종이며 고향에서는 1940년에 멸종되었지만, 약 5년 전에 사이 호수로 흘러든 알이 이번의 재발견으로 이어진 것이다.

한편 환경성의 레드리스트에서 멸종위기종으로 분류된 일본 수달의 경우에는 1979년에 고치현에서 발견된 것을 마지막으로 모습을 감추었다. 1999년에 아키타현 해안에서 일본 수달의 것일 가능성이 높은 배설물이 발견되어 아직 생존할 가능성에 기대가 모아졌으나 재발견으로 이어지지는 않았다. 또 1905년에 멸종된 것으로 보고된 일본 늑대를 목격하였다는 목격 정보가 때때로 보고되고 있다. 구니마스에 이어서 이와 같은 동물들이 재차 모습을 드러낼 날이 과연 찾아올 것인가.

2010②

소행성 탐사기 '하야부사'의 귀환

2003년 5월 9일에 우주과학연구소(나중에 JAXA로 통합)는 소행성 이토카와의 암석 샘플을 채취해서 지구로 가져오는 어렵고 장대한 임무를 맡긴 탐사기 '하야부사'를 쏘아 올렸다. 2005년 11월에 '하야부사'는 이토카와에 착륙하여 샘플을 캡슐에 담은 후 2010년 6월 13일에 총 비행 거리 60억 킬로미터의 여행을 끝마치고 지구로 돌아왔다.

하지만 그 여행은 트러블의 연속이었다. 자세 제어용 엔진의 파손, 배터리 기능의 상실, 2개월에 걸친 통신 두절, 이온 엔진 불량 등 수많은 고난을 겪었다. 그야말로 만신창이 상태로 '하야부사'는 훌륭하게 사명을 완수해냈다. "결코 포기하지 말라! 끝까지 전력을 다하라!"는 메시지를 사람들에게 전하며 대기권에 돌입하였고 본체는 유성이 되어 쏟아지며 불타 없어졌다. 장절한 최후였다. 그리고 이토카와 샘플이 담긴 캡슐은 낙하지점인 오스트리아 사막에서 무사히 회수되었다.

캡슐 안에는 1500개 이상의 미립자가 포함되어 있었고, 분석 결과 이토카와의 것으로 판명되었다. 인간이 수행한 미션 최초로 달보다 먼 천체의 물질을 가지고 돌아오는 것에 성공하였다.

'하야부사'는 기계다. 영혼이 깃들어 있지 않다. 하지만 고독한 우주여행 동안 차례로 찾아든 역경을 물리치며 사명을 완수하고 일생을 끝마친 그 모습은 우리에게 감동과 용기와 희망을 주었다. 언젠가 사람들이 의인화하여 '하야부사 씨'라고 부른 것에도 수긍이 간다.

과학적 성과를 올렸을 뿐 아니라 동시에 사람들의 마음까지도 뜨겁게 만든 신비한 사회 현상을 가져온 아주 드문 미션이었다.

노벨상 수상자 목록

(볼드체 표기는 본서에 등장하는 인물. 인명 색인 참조)

〈물리학상〉

1901 : **뢴트겐**
1902 : **로렌츠**
제이만
1903 : **베크렐**
P. 퀴리
M. 퀴리
1904 : **레일리**
1905 : **레나르트**
1906 : **J.J. 톰슨**
1907 : **마이컬슨**
1908 : G. 리프만
1909 : G. 마르코니
K.F. 브라운
1910 : **판데르발스**
1911 : W. 빈
1912 : N.G. 달렌
1913 : **카메를링 오너스**
1914 : **라우에**
1915 : **브래그〈아버지〉**
브래그〈아들〉
1916 : 수상자 없음
1917 : C.G. 바클라
1918 : **플랑크**
1919 : J. 슈타르크
1920 : C.E. 기욤
1921 : **아인슈타인**
1922 : **보어**
1923 : **밀리컨**
1924 : **시그반**
1925 : **프랑크**
G.L. 헤르츠
1926 : **페랭**
1927 : **컴튼**
C.T.R. 윌슨
1928 : O.W. 리처드슨
1929 : **드브로이**
1930 : **라만**
1931 : 수상자 없음
1932 : **하이젠베르크**
1933 : **디랙**
슈뢰딩거
1934 : 수상자 없음
1935 : **채드윅**
1936 : V.F. 헤스
앤더슨
1937 : **데이비슨**
G.P. 톰슨
1938 : **페르미**
1939 : E. 로렌스
1940 : 수상자 없음
1941 : 수상자 없음
1942 : 수상자 없음
1943 : O. 슈테른
1944 : I.I. 라비
1945 : **파울리**
1946 : P.W. 브리지먼
1947 : E.V. 애플턴
1948 : P.M.S. 블래킷
1949 : **유카와 히데키**
1950 : **파월**
1951 : **코크로프트**
월턴
1952 : F. 블로흐
퍼셀
1953 : F. 프리츠 제르니커
1954 : **보른**
보테
1955 : W. E. 램
P. 쿠시
1956 : **쇼클리**
바딘
브래튼
1957 : **양첸닝**
리정다오
1958 : **체렌코프**
프랑크
탐
1959 : E. 세그레
O. 체임벌린
1960 : D.A. 글레이저
1961 : R. 호프스태터
뫼스바우어
1962 : **란다우**
1963 : E. 위그너
M.G. 메이어
J.H.D. 옌젠
1964 : **타운스**
바소프
프로호로프
1965 : **도모나가 신이치로**
슈윙거
파인만
1966 : A. 카스틀레르
1967 : **베테**
1968 : **앨버레즈**
1969 : **겔만**
1970 : H. 알벤
L. 네엘
1971 : D. 가보르
1972 : **바딘**

쿠퍼
슈리퍼
1973 : **에사키 레오나**
I. 예베르
B.D. 조지프슨
1974 : **라일**
휴이시
1975 : A. 보어
B.R. 모텔손
J. 레인워터
1976 : **릭터**
팅
1977 : P.W. 앤더슨
N.F. 모트
J.H 밴블렉
1978 : **카피차**
펜지어스
윌슨
1979 : **글래쇼**
살람
와인버그
1980 : J. 크로닌
V. 피치
1981 : N. 블룸베르헌
A.L. 숄로
시그반
1982 : K.G. 윌슨
1983 : S. 찬드라세카르
W.A. 파울러
1984 : **루비아**
판데르메이르
1985 : K. 클리칭
1986 : E. 루스카
G. 비니히
H. 로러
1987 : **베드노르츠**
뮐러
1988 : **레더먼**
M. 슈바르츠
J. 스타인버거
1989 : N.F. 램지
H.G. 데멜트
W. 파울
1990 : **프리드먼**
켄들
R. 테일러
1991 : P.G. 드젠
1992 : G. 샤르파크
1993 : **헐스**
J. 테일러
1994 : B.N. 브록하우스
C.G. 슐
1995 : M.L. 펄
F. 라이너스
1996 : D.M. 리
D.D. 오셔로프
R.C. 리처드슨
1997 : S. 추
C. 코앙 타누지
W.D. 필립스
1998 : R.B. 로플린
H.L. 슈퇴르머
D.C. 추이
1999 : G. 엇호프트
M.J.G. 펠트만
2000 : Z.I. 알페로프
H. 크뢰머
J.S. 킬비
2001 : **E.A. 코넬**
W. 케털리
C.E. 위먼
2002 : R. 데이비스
고시바 마사토시
R. 지아코니
2003 : A.A. 아브리코소프
V.L. 긴즈부르크
A.J. 레깃
2004 : D.J. 그로스
H.D. 폴리처
F. 윌첵
2005 : R.J. 글라우버
J.L. 홀
T.W. 헨슈
2006 : G.F. 스무트
J.C. 매더
2007 : A. 페르
P. 그륀베르크
2008 : **난부 요이치로**
고바야시 마코토
마스카와 도시히데
2009 : C.K. 가오
W.S. 보일
G.E. 스미스
2010 : A. 가임
K. 노보셀로프
2011 : S. 펄머터
B.P. 슈밋
A. 리스
2012 : S. 아로슈
D.J. 와인랜드
2013 : F. 앙글레르
P. 힉스
2014 : 아카사키 이사무
아마노 히로시
나카무라 슈지
2015 : 가지타 다카아키
A.B. 맥도널드
2016 : D.J. 사울레스
D. 홀데인
J.M. 코스털리츠

〈화학상〉

1901 : **판트호프**
1902 : H.E. 피셔
1903 : **아레니우스**
1904 : **램지**
1905 : J.F.W.A. 베이어
1906 : H. 무아상
1907 : E. 부흐너
1908 : **러더퍼드**
1909 : W. 오스트발트
1910 : O. 발라흐
1911 : **M. 퀴리**
1912 : V. 그리냐르

P. 사바티에
1913 : A. 베르너
1914 : T.W. 리처즈
1915 : R.M. 빌슈테터
1916 : 수상자 없음
1917 : 수상자 없음
1918 : F. 하버
1919 : 수상자 없음
1920 : **네른스트**
1921 : **소디**
1922 : F.W. 애스턴
1923 : F. 프레글
1924 : 수상자 없음
1925 : R.A. 지그몬디
1926 : T. 스베드베리
1927 : H.O. 빌란트
1928 : A.O.R. 빈다우스
1929 : A. 하든
H.K.A.S. 오일러 켈핀
1930 : H. 피셔
1931 : C. 보슈
F. 베르기우스
1932 : I. 랭뮤어
1933 : 수상자 없음
1934 : **유리**
1935 : **F. 졸리오퀴리**
I. 졸리오퀴리
1936 : P.J.W. 디바이
1937 : W.N. 호어스
P. 카러
1938 : R. 쿤
1939 : A.F.J. 부테난트
L. 루지치카
1940 : 수상자 없음
1941 : 수상자 없음
1942 : 수상자 없음
1943 : **헤베시**
1944 : **한**
1945 : A.I. 비르타넨
1946 : J.B. 섬너
J.H. 노스럽
W.M. 스탠리
1947 : R. 로빈슨
1948 : A.W.K. 티셀리우스
1949 : W.F. 지오크
1950 : O.P.H. 딜스
K. 알더
1951 : **맥밀런**
시보그
1952 : A.J.P 마틴
R.L.M 싱
1953 : H. 슈타우딩거
1954 : **폴링**
1955 : V. 뒤비뇨
1956 : C.N. 힌셜우드
N.N. 세묘노프
1957 : A.R. 토드
1958 : **생어**
1959 : J. 헤이로프스키
1960 : **리비**
1961 : M. 캘빈
1962 : M.F. 페루츠
J.C. 켄드루
1963 : K. 치글러
G. 나타
1964 : D.C. 호지킨
1965 : R.B. 우드워드
1966 : R.S. 멀리컨
1967 : M. 아이겐
R.G.W. 노리시
G. 포터
1968 : L. 온사게르
1969 : D.H.R. 바턴
O. 하셀
1970 : L.F. 를루아르
1971 : G. 헤르츠베르크
1972 : C.B. 안핀슨
S. 무어
W.H. 스타인
1973 : E.O. 피셔
G. 윌킨슨
1974 : P.J. 플로리
1975 : J.W. 콘포스
V. 프렐로그
1976 : W.N. 립스콤
1977 : I. 프리고진
1978 : P.D. 미첼
1979 : H.C. 브라운
G. 비티히
1980 : P. 버그
W. 길버트
생어
1981 : **후쿠이 겐이치**
R. 호프만
1982 : A. 클루그
1983 : H. 타우버
1984 : R.B. 메리필드
1985 : H.A. 허버트 하우프트만
J. 칼
1986 : D.R. 허슈바흐
리위안저
J.C. 폴라니
1987 : D.J. 크램
J.M. 렌
C.J. 페더슨
1988 : J. 다이젠호퍼
R. 후버
H. 미헬
1989 : S. 올트먼
T.R. 체크
1990 : E.J. 코리
1991 : R.R 에른스트
1992 : R.A. 마커스
1993 : K.B. 멀리스
M. 스미스
1994 : G.A. 올라
1995 : **크루첸**
몰리나
롤런드
1996 : **컬**
크로토
스몰리
1997 : P.D. 보이어
J.E. 워커
J.C. 스코우
1998 : W. 콘

J.A. 포플
1999 : A.H. 즈웨일
2000 : A.J. 히거
A.G. 맥더미드
시라카와 히데키
2001 : W.S. 놀스
노요리 료지
K.B. 샤플리스
2002 : J.B. 펜
다나카 고이치
K. 뷔트리히
2003 : P. 애그리
R. 매키넌
2004 : A. 치에하노베르
A.H. 헤르슈코
I. 로즈
2005 : Y.C. 쇼뱅
R.H. 그럽스
R.R. 슈록
2006 : R.D. 콘버그
2007 : G. 에르틀
2008 : **시모무라 오사무**
M. 챌피
R.Y. 첸
2009 : V. 라마크리슈난
T.A. 스타이츠
A.E. 요나트
2010 : R.F. 헤크
스즈키 아키라
네기시 에이치
2011 : D. 셰흐트만
2012 : R.J. 레프코위츠
B.K. 코빌카
2013 : M. 카르플루스
M. 레빗
A. 와르셸
2014 : E. 베치그
S. 헬
W.E. 머너
2015 : T. 린달
P.L. 모드리치
A. 산자르
2016 : J.P. 소바주
F. 스토더트
B.L 페링하

〈의학생리학상〉

1901 : **폰 베링**
1902 : R. 로스
1903 : N.R. 핀센
1904 : I.P 파블로프
1905 : R. 코흐
1906 : C. 골지
S. 라몬 이 카할
1907 : C.L.A. 라브랑
1908 : I.I. 메치니코프
P. 에를리히
1909 : E.T. 코허
1910 : A. 코셀
1911 : A. 굴스트란드
1912 : A. 카렐
1913 : C.R. 리셰
1914 : R. 바라니
1915 : 수상자 없음
1916 : 수상자 없음
1917 : 수상자 없음
1918 : 수상자 없음
1919 : J. 보르데
1920 : S.A.S. 크로그
1921 : 수상자 없음
1922 : A.V. 힐
O.F. 마이어호프
1923 : F.G. 밴팅
J.J.R. 매클라우드
1924 : W. 에인트호번
1925 : 수상자 없음
1926 : **피비게르**
1927 : J. 바그너야우레크
1928 : C.J.H. 니콜
1929 : C. 에이크만
F.G. 홉킨스
1930 : K. 란트슈타이너
1931 : O.H. 바르부르크
1932 : C.S. 셰링턴
E.D. 에이드리언
1933 : T.H. 모건
1934 : G.H. 휘플
G.R. 마이넛
W.P. 머피
1935 : H. 슈페만
1936 : H.H. 데일
O. 뢰비
1937 : A. 센트죄르지
1938 : C.J.F. 하이만스
1939 : G. 도마크
1940 : 수상자 없음
1941 : 수상자 없음
1942 : 수상자 없음
1943 : H.C.P. 담
E.A. 도이지
1944 : J. 얼랭어
H.S. 개서
1945 : A. 플레밍
E.B. 체인
H.W. 플로리
1946 : H.J. 멀러
1947 : C.F. 코리
G.T. 코리
B.A. 우사이
1948 : P.H. 뮐러
1949 : W.R. 헤스
A.C.A.F.E. 모니스
1950 : E.C. 켄들
T. 라이히슈타인
P.S. 헨치
1951 : M. 타일러
1952 : S.A. 왁스먼
1953 : H.A. 크렙스
F.A. 리프만
1954 : J.F. 엔더스
T.H. 웰러
F.C. 로빈스
1955 : A.H.T. 테오렐
1956 : A.F. 쿠르낭

W. 포르스만
D. W 리처즈
1957 : D. 보베
1958 : G.W. 비들
E.L. 테이텀
J. 레더버그
1959 : S. 오초아
A. 콘버그
1960 : F.M. 버넷
P.B. 메더워
1961 : G. 베케시
1962 : **크릭**
왓슨
윌킨스
1963 : J.C. 에클스
A.L. 호지킨
A.F. 헉슬리
1964 : K. 블로흐
F. 리넨
1965 : F. 자코브
A. 루오프
모노
1966 : **라우스**
C.B. 허긴스
1967 : R. 그라니트
H.K. 하틀라인
G. 월드
1968 : R.W. 홀리
H.G. 코라나
M.W. 니런버그
1969 : M. 델브뤼크
A.D. 허시
S.E. 루리아
1970 : B. 카츠
U. 오일러
J. 액설로드
1971 : E.W. 서덜랜드
1972 : G.M. 에덜먼
R.R. 포터
1973 : **프리슈**
로렌츠
틴베르헌
1974 : A. 클로드
C. 드뒤브
G.E. 펄레이드
1975 : D. 볼티모어
R. 둘베코
H.M. 테민
1976 : B.S. 블럼버그
D.C. 가이듀섹
1977 : R. 기유맹
A.V. 섈리
R. 얄로우
1978 : W. 아르버
D. 네이선스
H.O. 스미스
1979 : A.M. 코맥
G.N. 하운스필드
1980 : B. 베나세라프
J. 도세
G.D. 스넬
1981 : R.W. 스페리
D.H. 허블
T.N. 비셀
1982 : S.K. 베리스트룀
B.I. 사무엘손
J.R. 베인
1983 : B. 매클린톡
1984 : N.K. 예르네
G.J.F. 쾰러
C. 밀스테인
1985 : M.S. 브라운
J.L. 골드스타인
1986 : S. 코언
R. 레비몬탈치니
1987 : **도네가와 스스무**
1988 : J.W. 블랙
G.B. 엘리언
G.H. 히칭스
1989 : J.M. 비숍
H.E. 바머스
1990 : J.E. 머리
E.D. 토머스
1991 : E. 네어
B. 자크만
1992 : E.H. 피셔
E.G. 크렙스
1993 : R.J. 로버츠
P.A. 샤프
1994 : A.G. 길먼
M. 로드벨
1995 : E.B. 루이스
C. 뉘슬라인 폴하르트
E.F. 비샤우스
1996 : P.C. 도허티
R. 칭커나겔
1997 : S.B. 프루시너
1998 : R.F. 퍼치고트
L.J. 이그내로
F. 머래드
1999 : G. 블로벨
2000 : A. 칼손
P. 그린가드
E.R. 캔들
2001 : L.H. 하트웰
R.T. 헌트
P.M. 너스
2002 : S. 브레너
H.R. 호비츠
J.E. 설스턴
2003 : P.C. 라우터버
P. 맨스필드
2004 : R. 액설
L.B. 벅
2005 : B.J. 마셜
J.R. 워런
2006 : A.Z. 파이어
C.C. 멜로
2007 : M.R. 카페키
M.J. 에번스
O. 스미시스
2008 : H. 추어하우젠
F. 바레시누시
L. 몽타니에
2009 : E.H. 블랙번
C.W. 그리더

J.W. 쇼스택
2010 : R.G. 에드워즈
2011 : B. 보이틀러
J.A. 호프만
R.M. 슈타인만
2012 : J. 거든
야마나카 신야
2013 : R. 셰크먼
J. 로스먼
T.C. 쥐트호프
2014 : J. 오키프
M-B. 모세르
E.I. 모세르
2015 : W.C. 캠벨
오무라 사토시
투유유
2016 : 오스미 요시노리

인명 색인

〈라〉

〈마〉

〈바〉

〈사〉

〈아〉

〈자〉

〈차〉

〈카〉

〈타〉

〈파〉

〈하〉

창작을 꿈꾸는 이들을 위한 안내서
AK 트리비아 시리즈

-AK TRIVIA BOOK

No. 01 도해 근접무기

오나미 아츠시 지음 | 이창협 옮김 | 228쪽 | 13,000원

근접무기, 서브 컬처적 지식을 고찰하다!

검, 도끼, 창, 곤봉, 활 등 현대적인 무기가 등장하기 전에 사용되던 냉병기에 대한 개설서. 각 무기의 형상과 기능, 유형부터 사용 방법은 물론 서브컬처의 세계에서 어떤 모습으로 그려지는가에 대해서도 상세히 해설하고 있다.

No. 02 도해 크툴루 신화

모리세 료 지음 | AK커뮤니케이션즈 편집부 옮김 | 240쪽 | 13,000원

우주적 공포, 현대의 신화를 파헤치다!

현대 환상 문학의 거장 H.P 러브크래프트의 손에 의해 창조된 암흑 신화인 크툴루 신화. 111가지의 키워드를 선정, 각종 도해와 일러스트를 통해 크툴루 신화의 과거와 현재를 해설한다.

No. 03 도해 메이드

이케가미 료타 지음 | 코트랜스 인터내셔널 옮김 | 238쪽 | 13,000원

메이드의 모든 것을 이 한 권에!

메이드에 대한 궁금증을 확실하게 해결해주는 책. 영국, 특히 빅토리아 시대의 사회를 중심으로, 실존했던 메이드의 삶을 보여주는 가이드북.

No. 04 도해 연금술

쿠사노 타쿠미 지음 | 코트랜스 인터내셔널 옮김 | 220쪽 | 13,000원

기적의 학문, 연금술을 짚어보다!

연금술사들의 발자취를 따라 연금술에 대해 자세하게 알아보는 책. 연금술에 대한 풍부한 지식을 쉽고 간결하게 정리하여, 체계적으로 해설하며, '진리'를 위해 모든 것을 바친 이들의 기록이 담겨있다.

No. 05 도해 핸드웨폰

오나미 아츠시 지음 | 이창협 옮김 | 228쪽 | 13,000원

모든 개인화기를 총망라!

권총, 기관총, 어설트 라이플, 머신건 등, 개인 화기를 지칭하는 다양한 명칭들은 대체 무엇을 기준으로 하며 어떻게 붙여진 것일까? 개인 화기의 모든 것을 기초부터 해설한다.

No. 06 도해 전국무장

이케가미 료타 지음 | 이재경 옮김 | 256쪽 | 13,000원

전국시대를 더욱 재미있게 즐겨보자!

소설이나 만화, 게임 등을 통해 많이 접할 수 있는 일본 전국시대에 대한 입문서. 무장들의 활약상, 전국시대의 일상과 생활까지 상세히 서술, 전국시대에 쉽게 접근할 수 있도록 구성했다.

No. 07 도해 전투기

가와노 요시유키 지음 | 문우성 옮김 | 264쪽 | 13,000원

빠르고 강력한 병기, 전투기의 모든 것!

현대전의 정점인 전투기. 역사와 로망 속의 전투기에서 최신예 스텔스 전투기에 이르기까지, 인류의 전쟁사를 바꾸어놓은 전투기에 대하여 상세히 소개한다.

No. 08 도해 특수경찰

모리 모토사다 지음 | 이재경 옮김 | 220쪽 | 13,000원

실제 SWAT 교관 출신의 저자가 특수경찰의 모든 것을 소개!

특수경찰의 훈련부터 범죄 대처법, 최첨단 수사 시스템, 기밀 작전의 아슬아슬한 부분까지 특수경찰을 저자의 풍부한 지식으로 폭넓게 소개한다.

No. 09 도해 전차

오나미 아츠시 지음 | 문우성 옮김 | 232쪽 | 13,000원

지상전의 왕자, 전차의 모든 것!

지상전의 지배자이자 절대 강자 전차를 소개한다. 전차의 힘과 이를 이용한 다양한 전술, 그리고 그 독특한 모습까지. 알기 쉬운 해설과 상세한 일러스트로 전차의 매력을 전달한다.

No. 10 도해 헤비암즈

오나미 아츠시 지음 | 이재경 옮김 | 232쪽 | 13,000원

전장을 압도하는 강력한 화기, 총집합!

전장의 주역, 보병들의 든든한 버팀목인 강력한 화기를 소개한 책. 대구경 기관총부터 유탄 발사기, 무반동총, 대전차 로켓 등, 압도적인 화력으로 전장을 지배하는 화기에 대하여 알아보자!

No. 11 도해 밀리터리 아이템

오나미 아츠시 지음 | 이재경 옮김 | 236쪽 | 13,000원

군대에서 쓰이는 군장 용품을 완벽 해설!

이제 밀리터리 세계에 발을 들이는 입문자들을 위해 '군장 용품'에 대해 최대한 알기 쉽게 다루는 책. 세부적인 사항에 얽매이지 않고, 상식적으로 갖추어야 할 기초지식을 중심으로 구성되어 있다.

No. 12 도해 악마학

쿠사노 타쿠미 지음 | 김문광 옮김 | 240쪽 | 13,000원

악마에 대한 모든 것을 담은 총집서!

악마학의 시작부터 현재까지의 그 연구 및 발전 과정을 한눈에 알아볼 수 있도록 구성한 책. 단순한 흥미를 뛰어넘어 영적이고 종교적인 지식의 깊이까지 더할 수 있는 내용으로 구성.

No. 13 도해 북유럽 신화

이케가미 료타 지음 | 김문광 옮김 | 228쪽 | 13,000원

세계의 탄생부터 라그나로크까지!

북유럽 신화의 세계관, 등장인물, 여러 신과 영웅들이 사용한 도구 및 마법에 대한 설명까지! 당시 북유럽 국가들의 생활상을 통해 북유럽 신화에 대한 이해도를 높일 수 있도록 심층적으로 해설한다.

No. 14 도해 군함

다카하라 나루미 외 1인 지음 | 문우성 옮김 | 224쪽 | 13,000원

20세기의 전함부터 항모, 전략 원잠까지!

군함에 대한 입문서. 종류와 개발사, 구조, 제원 등의 기본부터, 승무원의 일상, 정비 비용까지 어렵게 여겨질 만한 요소를 도표와 일러스트로 쉽게 해설한다.

No. 15 도해 제3제국

모리세 료 외 1인 지음 | 문우성 옮김 | 252쪽 | 13,000원

나치스 독일 제3제국의 역사를 파헤친다!

아돌프 히틀러 통치하의 독일 제3제국에 대한 개론서. 나치스가 권력을 장악한 과정부터 조직 구조, 조직을 이끈 핵심 인물과 상호 관계와 갈등, 대립 등, 제3제국의 역사에 대해 해설한다.

No. 16 도해 근대마술

하니 레이 지음 | AK커뮤니케이션즈 편집부 옮김 | 244쪽 | 13,000원

현대 마술의 개념과 원리를 철저 해부!

마술의 종류와 개념, 이름을 남긴 마술사와 마술 단체, 마술에 쓰이는 도구 등을 설명한다. 겉핥기식의 설명이 아닌, 역사와 각종 매체 속에서 마술이 어떤 영향을 주었는지 심층적으로 해설하고 있다.

No. 17 도해 우주선

모리세 료 외 1인 지음 | 이재경 옮김 | 240쪽 | 13,000원

우주를 꿈꾸는 사람들을 위한 추천서!

우주공간의 과학적인 설명은 물론, 우주선의 태동에서 발전의 역사, 재질, 발사와 비행의 원리 등, 어떤 원리로 날아다니고 착륙할 수 있는지, 자세한 도표와 일러스트를 통해 해설한다.

No. 18 도해 고대병기

미즈노 히로키 지음 | 이재경 옮김 | 224쪽 | 13,000원

역사 속의 고대병기, 집중 조명!

지혜와 과학의 결정체, 병기. 그중에서도 고대의 병기를 집중적으로 조명, 단순한 병기의 나열이 아닌, 각 병기의 탄생 배경과 활약상, 계보, 작동 원리 등을 상세하게 다루고 있다.

No. 19 도해 UFO

사쿠라이 신타로 지음 | 서형주 옮김 | 224쪽 | 13,000원

UFO에 관한 모든 지식과, 그 허와 실.

첫 번째 공식 UFO 목격 사건부터 현재까지, 세계를 떠들썩하게 만든 모든 UFO 사건을 다룬다. 수많은 미스터리는 물론, 종류, 비행 패턴 등 UFO에 관한 모든 지식들을 알기 쉽게 정리했다.

No. 20 도해 식문화의 역사

다카하라 나루미 지음 | 채다인 옮김 | 244쪽 | 13,000원

유럽 식문화의 변천사를 조명한다!

중세 유럽을 중심으로, 음식문화의 변화를 설명한다. 최초의 조리 역사부터 식재료, 예절, 지역별 선호메뉴까지, 시대상황과 분위기, 사람들의 인식이 어떠한 영향을 끼쳤는지 흥미로운 사실을 다룬다.

No. 21 도해 문장

신노 케이 지음 | 기미정 옮김 | 224쪽 | 13,000원

역사와 문화의 시대적 상징물, 문장!

기나긴 역사 속에서 문장이 어떻게 만들어졌고, 어떤 도안들이 이용되었는지, 발전 과정과 유럽 역사 속 위인들의 문장이나 특징적인 문장의 인물에 대해 설명한다.

No. 22 도해 게임이론

와타나베 타카히로 지음 | 기미정 옮김 | 232쪽 | 13,000원

이론과 실용 지식을 동시에!

죄수의 딜레마, 도덕적 해이, 제로섬 게임 등 다양한 사례 분석과 알기 쉬운 해설을 통해, 누구나가 쉽고 직관적으로 게임이론을 이해하고 현실에 적용할 수 있도록 도와주는 최고의 입문서.

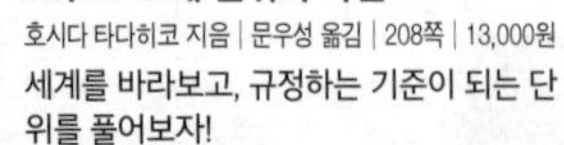

No. 23 도해 단위의 사전

호시다 타다히코 지음 | 문우성 옮김 | 208쪽 | 13,000원

세계를 바라보고, 규정하는 기준이 되는 단위를 풀어보자!

전 세계에서 사용되는 108개 단위의 역사와 사용 방법 등을 해설하는 본격 단위 사전. 정의와 기준, 유래, 측정 대상 등을 명쾌하게 해설한다.

No. 24 도해 켈트 신화

이케가미 료타 지음 | 곽형준 옮김 | 264쪽 | 13,000원

쿠 훌린과 핀 막 쿨의 세계!

켈트 신화의 세계관, 각 설화와 전설의 주요 등장인물들! 이야기에 따라 내용뿐만 아니라 등장인물까지 뒤바뀌는 경우도 있는데, 그런 특별한 사항까지 다루어, 신화의 읽는 재미를 더한다.

No. 25 도해 항공모함

노가미 아키토 외 1인 지음 | 오광웅 옮김 | 240쪽 | 13,000원

군사기술의 결정체, 항공모함 철저 해부!

군사력의 상징이던 거대 전함을 과거의 유물로 전락시킨 항공모함. 각 국가별 발달의 역사와 임무, 영향력에 대한 광범위한 자료를 한눈에 파악할 수 있다.

No. 26 도해 위스키

츠치야 마모루 지음 | 기미정 옮김 | 192쪽 | 13,000원

위스키, 이제는 제대로 알고 마시자!

다양한 음용법과 글라스의 차이, 바 또는 집에서 분위기 있게 마실 수 있는 방법까지, 위스키의 맛을 한층 돋아주는 필수 지식이 가득! 세계적인 위스키 평론가가 전하는 입문서의 결정판.

No. 27 도해 특수부대

오나미 아츠시 지음 | 오광웅 옮김 | 232쪽 | 13,000원

불가능이란 없다! 전장의 스페셜리스트!

특수부대의 탄생 배경, 종류, 규모, 각종 임무, 그들만의 특수한 장비. 어떠한 상황에서도 살아남기 위한 생존 기술까지 모든 것을 보여주는 책. 왜 그들이 스페셜리스트인지 알게 될 것이다.

No. 28 도해 서양화

다나카 쿠미코 지음 | 김상호 옮김 | 160쪽 | 13,000원

서양화의 변천사와 포인트를 한눈에!

르네상스부터 근대까지, 시대를 넘어 사랑받는 명작 84점을 수록. 각 작품들의 배경과 특징, 그림에 담겨있는 비유적 의미와 기법 등, 감상 포인트를 명쾌하게 해설하였으며, 더욱 깊은 이해를 위한 역사와 종교 관련 지식까지 담겨있다.

No. 29 도해 갑자기 그림을 잘 그리게 되는 법

나카야마 시게노부 지음 | 이연희 옮김 | 204쪽 | 13,000원

멋진 일러스트의 초간단 스킬 공개!

투시도와 원근법만으로, 멋지고 입체적인 일러스트를 그릴 수 있는 방법! 그림에 대한 재능이 없다 생각 말고 읽어보자. 그림이 극적으로 바뀔 것이다.

No. 30 도해 사케

키미지마 사토시 지음 | 기미정 옮김 | 208쪽 | 13,000원

사케를 더욱 즐겁게 마셔 보자!

선택 법, 온도, 명칭, 안주와의 궁합, 분위기 있게 마시는 법 등, 사케의 맛을 한층 더 즐길 수 있는 모든 지식이 담겨 있다. 일본 요리의 거장이 전해주는 사케 입문서의 결정판.

No. 31 도해 흑마술

쿠사노 타쿠미 지음 | 곽형준 옮김 | 224쪽 | 13,000원

역사 속에 실존했던 흑마술을 총망라!

악령의 힘을 빌려 행하는 사악한 흑마술을 총망라한 책. 흑마술의 정의와 발전, 기본 법칙을 상세히 설명한다. 또한 여러 국가에서 행해졌던 흑마술 사건들과 관련 인물들을 소개한다.

No. 32 도해 현대 지상전

모리 모토사다 지음 | 정은택 옮김 | 220쪽 | 13,000원

아프간 이라크! 현대 지상전의 모든 것!!

저자가 직접, 실제 전장에서 활동하는 군인은 물론 민간 군사기업 관계자들과도 폭넓게 교류하면서 얻은 정보들을 아낌없이 공개한 책. 현대전에 투입되는 지상전의 모든 것을 해설한다.

No. 33 도해 건파이트

오나미 아츠시 지음 | 송명규 옮김 | 232쪽 | 13,000원

총격전에서 일어나는 상황을 파헤친다!

영화, 소설, 애니메이션 등에서 볼 수 있는 총격전. 그 장면들은 진짜일까? 실전에서는 총기를 어떻게 다루고, 어디에 몸을 숨겨야 할까. 자동차 추격전에서의 대처법 등 건 액션의 핵심 지식.

No. 34 도해 마술의 역사

쿠사노 타쿠미 지음 | 김진아 옮김 | 224쪽 | 13,000원

마술의 탄생과 발전 과정을 알아보자!

고대에서 현대에 이르기까지 마술은 문화의 발전과 함께 널리 퍼져나갔으며, 다른 마술과 접촉하면서 그 깊이를 더해왔다. 마술의 발생시기와 장소, 변모 등 역사와 개요를 상세히 소개한다.

No. 35 도해 군용 차량

노가미 아키토 지음 | 오광웅 옮김 | 228쪽 | 13,000원

지상의 왕자, 전차부터 현대의 바퀴달린 사역마까지!!

전투의 핵심인 전투 차량부터 눈에 띄지 않는 무대에서 묵묵히 임무를 다하는 각종 지원 차량까지. 각자 맡은 임무에 충실하도록 설계되고 고안된 군용 차량만의 다채로운 세계를 소개한다.

No. 36 도해 첩보·정찰 장비

사카모토 아키라 지음 | 문성호 옮김 | 228쪽 | 13,000원

승리의 열쇠 정보! 정보전의 모든 것!

소음총, 소형 폭탄, 소형 카메라 및 통신기 등 영화에서나 등장할 법한 첩보원들의 특수 장비부터 정찰 위성에 이르기까지 첩보 및 정찰 장비들을 400점의 사진과 일러스트로 설명한다.

No. 37 도해 세계의 잠수함

사카모토 아키라 지음 | 류재학 옮김 | 242쪽 | 13,000원

바다를 지배하는 침묵의 자객, 잠수함.

잠수함은 두 번의 세계대전과 냉전기를 거쳐, 최첨단 기술로 최신 무장시스템을 갖추어왔다. 원리와 구조, 승조원의 훈련과 임무, 생활과 전투 방법 등을 사진과 일러스트로 철저히 해부한다.

No. 38 도해 무녀

토키타 유스케 지음 | 송명규 옮김 | 236쪽 | 13,000원

무녀와 샤머니즘에 관한 모든 것!

무녀의 기원부터 시작하여 일본의 신사에서 치르고 있는 각종 의식, 그리고 델포이의 무녀, 한국의 무당을 비롯한 세계의 샤머니즘과 각종 종교를 106가지의 소주제로 분류하여 해설한다!

No. 39 도해 세계의 미사일 로켓 병기

사카모토 아키라 | 유병준·김성훈 옮김 | 240쪽 | 13,000원

ICBM부터 THAAD까지!

현대전의 진정한 주역이라 할 수 있는 미사일. 보병이 휴대하는 대전차 로켓부터 공대공 미사일, 대륙간 탄도탄, 그리고 근래 들어 언론의 주목을 받고 있는 ICBM과 THAAD까지 미사일의 모든 것을 해설한다!

No. 40 독과 약의 세계사

후나야마 신지 지음 | 진정숙 옮김 | 292쪽 | 13,000원

독과 약의 차이란 무엇인가?

화학물질을 어떻게 하면 유용하게 활용할 수 있는가 하는 것은 인류에 있어 중요한 과제 가운데 하나라 할 수 있다. 독과 약의 역사, 그리고 우리 생활과의 관계에 대하여 살펴보도록 하자.

No. 41 영국 메이드의 일상

무라카미 리코 지음 | 조아라 옮김 | 460쪽 | 13,000원

빅토리아 시대의 아이콘 메이드!

가사 노동자이며 직장 여성의 최대 다수를 차지했던 메이드의 일과 생활을 통해 영국의 다른 면을 살펴본다. 『엠마 빅토리안 가이드』의 저자 무라카미 리코의 빅토리안 시대 안내서.

No. 42 영국 집사의 일상

무라카미 리코 지음 | 기미정 옮김 | 292쪽 | 13,000원

집사, 남성 가사 사용인의 모든 것!

Butler, 즉 집사로 대표되는 남성 상급 사용인. 그들은 어떠한 일을 했으며 어떤 식으로 하루를 보냈을까? 『엠마 빅토리안 가이드』의 저자 무라카미 리코의 빅토리안 시대 안내서 제2탄.

No. 43 중세 유럽의 생활

가와하라 아쓰시 외 1인 지음 | 남지연 옮김 | 260쪽 | 13,000원

새롭게 조명하는 중세 유럽 생활사

철저히 분류되는 중세의 신분. 그 중 「일하는 자」의 일상생활은 어떤 것이었을까? 각종 도판과 사료를 통해, 중세 유럽에 대해 알아보자.

No. 44 세계의 군복

사카모토 아키라 지음 | 진정숙 옮김 | 130쪽 | 13,000원

세계 각국 군복의 어제와 오늘!!

형태와 기능미가 절묘하게 융합된 의복인 군복. 제2차 세계대전에서 현대에 이르기까지, 각국의 전투복과 정복 그리고 각종 장구류와 계급장, 훈장 등, 군복만의 독특한 매력을 느껴보자!

No. 45 세계의 보병장비

사카모토 아키라 지음 | 이상언 옮김 | 234쪽 | 13,000원

현대 보병장비의 모든 것!

군에 있어 가장 기본이 되는 보병! 개인화기, 전투복, 군장, 전투식량, 그리고 미래의 장비까지. 제2차 세계대전 이후 눈부시게 발전한 보병 장비와 현대전에 있어 보병이 지닌 의미에 대하여 살펴보자.

No. 46 해적의 세계사

모모이 지로 지음 | 김효진 옮김 | 280쪽 | 13,000원

「영웅」인가, 「공적」인가?

지중해, 대서양, 카리브해, 인도양에서 활동했던 해적을 중심으로, 영웅이자 약탈자, 정복자, 야심가 등 여러 시대에 걸쳐 등장했던 다양한 해적들이 세계사에 남긴 발자취를 더듬어본다.

No. 47 닌자의 세계

야마키타 아츠시 지음 | 송명규 옮김 | 232쪽 | 13,000원

실제 닌자의 활약을 살펴본다!

어떠한 임무라도 완수할 수 있도록 닌자는 온갖 지혜를 짜내며 궁극의 도구와 인술을 만들어냈다. 과연 닌자는 역사 속에서 어떤 활약을 펼쳤을까.

No. 48 스나이퍼

오나미 아츠시 지음 | 이상언 옮김 | 240쪽 | 13,000원

스나이퍼의 다양한 장비와 고도의 테크닉!

아군의 절체절명 위기에서 한 끗 차이의 절묘한 타이밍으로 전세를 역전시키기도 하는 스나이퍼의 세계를 알아본다.

No. 49 중세 유럽의 문화

이케가미 쇼타 지음 | 이은수 옮김 | 256쪽 | 13,000원

심오하고 매력적인 중세의 세계!

기사, 사제와 수도사, 음유시인에 숙녀, 그리고 농민과 상인과 기술자들. 중세 배경의 판타지 세계에서 자주 보았던 그들의 리얼한 생활을 풍부한 일러스트와 표로 이해한다!

No. 50 기사의 세계

이케가미 슌이치 지음 | 남지연 옮김 | 232 쪽 | 15,000 원

중세 유럽 사회의 주역이었던 기사!

기사들은 과연 무엇을 위해 검을 들었는가. 지향하는 목표는 무엇이었는가. 기사의 탄생에서 몰락까지, 역사의 드라마를 따라가며 그 진짜 모습을 파헤친다.

No. 51 영국 사교계 가이드

무라카미 리코 지음 | 문성호 옮김 | 216쪽 | 15,000원

19세기 영국 사교계의 생생한 모습!

당시에 많이 출간되었던 「에티켓 북」의 기술을 바탕으로, 빅토리아 시대 중류 여성들의 사교 생활을 알아보며 그 속마음까지 들여다본다.

No. 52 중세 유럽의 성채 도시

가이하쓰샤 지음 | 김진희 옮김 | 232 쪽 | 15,000 원

견고한 성벽으로 도시를 둘러싼 성채 도시!

성채 도시는 시대의 흐름에 따라 문화, 상업, 군사 면에서 진화를 거듭한다. 궁극적인 기능미의 집약체였던 성채 도시의 주민 생활상부터 공성전 무기, 전술까지 상세하게 알아본다.

No. 53 마도서의 세계

쿠사노 타쿠미 지음 | 남지연 옮김 | 236쪽 | 15,000원

마도서의 기원과 비밀!

천사와 악마 같은 영혼을 소환하여 자신의 소망을 이루는 마도서의 원리를 설명한다.

No. 54 영국의 주택

야마다 카요코 외 지음 | 문성호 옮김 | 252쪽 | 17,000원

영국인에게 집은 「물건」이 아니라 「문화」다!

영국 지역에 따른 집들의 외관 특징, 건축 양식, 재료 특성, 각종 주택 스타일을 상세하게 설명한다.

No. 55 발효

고이즈미 다케오 지음 | 장현주 옮김 | 224쪽 | 15,000원

미세한 거인들의 경이로운 세계!

세계 각지 발효 문화의 놀라운 신비와 의의를 살펴본다. 발효를 발전시켜온 인간의 깊은 지혜와 훌륭한 발상이 보일 것이다.

No. 56 중세 유럽의 레시피

코스트마리 사무국 슈 호카 지음 | 김효진 옮김 | 164쪽 | 15,000원

간단하게 중세 요리를 재현!

당시 주로 쓰였던 향신료, 허브 등 중세 요리에 대한 풍부한 지식은 물론 더욱 맛있게 즐길 수 있는 요리법도 함께 소개한다.

No. 57 알기 쉬운 인도 신화

천축 기담 지음 | 김진희 옮김 | 228 쪽 | 15,000 원

전쟁과 사랑 속의 인도 신들!

강렬한 개성이 충돌하는 무아와 혼돈의 이야기를 담았다. 2대 서사시 『라마야나』와 『마하바라타』의 세계관부터 신들의 특징과 일화에 이르는 모든 것을 파악한다.

No. 58 방어구의 역사

다카히라 나루미 지음 | 남지연 옮김 | 244 쪽 | 15,000원

역사에 남은 다양한 방어구!

기원전 문명의 아이템부터 현대의 방어구인 헬멧과 방탄복까지 그 역사적 변천과 특색·재질·기능을 망라하였다.

-TRIVIA SPECIAL

환상 네이밍 사전

신키겐샤 편집부 지음 | 유진원 옮김 | 288쪽 | 14,800원

의미 없는 네이밍은 이제 그만!

운명은 프랑스어로 무엇이라고 할까? 독일어, 일본어로는? 중국어로는? 더 나아가 이탈리아어, 러시아어, 그리스어, 라틴어, 아랍어에 이르기까지. 1,200개 이상의 표제어와 11개국어, 13,000개 이상의 단어를 수록!!

중2병 대사전

노무라 마사타카 지음 | 이재경 옮김 | 200쪽 | 14,800원

이 책을 보는 순간, 당신은 이미 궁금해하고 있다!

사춘기 청소년이 행동할 법한, 손발이 오그라드는 행동이나 사고를 뜻하는 중2병. 서브컬처 작품에 자주 등장하는 중2병의 의미와 기원 등, 102개의 항목에 대해 해설과 칼럼을 곁들여 알기 쉽게 설명 한다.

크툴루 신화 대사전

고토 카츠 외 1인 지음 | 곽형준 옮김 | 192쪽 | 13,000원

신화의 또 다른 매력, 무한한 가능성!

H.P. 러브크래프트를 중심으로 여러 작가들의 설정이 거대한 세계관으로 자리잡은 크툴루 신화. 현대 서브 컬처에 지대한 영향을 끼치고 있다. 대중 문화 속에 알게 모르게 자리 잡은 크툴루 신화의 요소를 설명하는 본격 해설서.

문양박물관

H. 돌메치 지음 | 이지은 옮김 | 160쪽 | 8,000원

세계 문양과 장식의 정수를 담다!

19세기 독일에서 출간된 H.돌메치의 『장식의 보고』를 바탕으로 제작된 책이다. 세계 각지의 문양 장식을 소개한 이 책은 이론보다 실용에 초점을 맞춘 입문서. 화려하고 아름다운 전 세계의 문양을 수록한 실용적인 자료집으로 손꼽힌다.

고대 로마군 무기·방어구·전술 대전

노무라 마사타카 외 3인 지음 | 기미정 옮김 | 224쪽 | 13,000원

위대한 정복자, 고대 로마군의 모든 것!

부대의 편성부터 전술, 장비 등, 고대 최강의 군대라 할 수 있는 로마군이 어떤 집단이었는지 상세하게 분석하는 해설서. 압도적인 군사력으로 세계를 석권한 로마 제국. 그 힘의 전모를 철저하게 검증한다.

도감 무기 갑옷 투구

이치카와 사다하루 외 3인 지음 | 남지연 옮김 | 448쪽 | 29,000원

역사를 망라한 궁극의 군장도감!

고대로부터 무기는 당시 최신 기술의 정수와 함께 철학과 문화, 신념이 어우러져 완성되었다. 이 책은 그러한 무기들의 기능, 원리, 목적 등과 더불어 그 기원과 발전 양상 등을 그림과 표를 통해 알기 쉽게 설명하고 있다. 역사상 실재한 무기와 갑옷, 투구들을 통사적으로 살펴보자!

중세 유럽의 무술, 속 중세 유럽의 무술

오사다 류타 지음 | 남유리 옮김 |
각 권 672쪽~624쪽 | 각 권 29,000원

본격 중세 유럽 무술 소개서!

막연하게만 떠오르는 중세 유럽~르네상스 시대에 활약했던 검술과 격투술의 모든 것을 담은 책. 영화 등에서만 접할 수 있었던 유럽 중세시대 무술의 기본이념과 자세, 방어, 보법부터, 시대를 풍미한 각종 무술까지, 일러스트를 통해 알기 쉽게 설명한다.

최신 군용 총기 사전

토코이 마사미 지음 | 오광웅 옮김 | 564쪽 | 45,000원

세계 각국의 현용 군용 총기를 총망라!

주로 군용으로 개발되었거나 군대 또는 경찰의 대테러부대처럼 중무장한 조직에 배치되어 사용되고 있는 소화기가 중점적으로 수록되어 있으며, 이외에도 각 제작사에서 국제 군수시장에 수출할 목적으로 개발, 시제품만이 소수 제작되었던 총기류도 함께 실려 있다.

초패미컴, 초초패미컴

타네 키요시 외 2인 지음 | 문성호 외 1인 옮김 |
각 권 360, 296쪽 | 각 14,800원

게임은 아직도 패미컴을 넘지 못했다!

패미컴 탄생 30주년을 기념하여, 1983년 『동키콩』 부터 시작하여, 1994년 『타카하시 명인의 모험도 IV』까지 총 100여 개의 작품에 대한 리뷰를 담은 영구 소장판. 패미컴과 함께했던 아련한 추억을 간직하고 있는 모든 이들을 위한 책이다.

초쿠소게 1,2

타네 키요시 외 2인 지음 | 문성호 옮김 |
각 권 224, 300쪽 | 각 권 14,800원

망작 게임들의 숨겨진 매력을 재조명!

『쿠소게クソゲ-』란 '똥-クソ'과 '게임-Game'의 합성어로, 어감 그대로 정말 못 만들고 재미없는 게임을 지칭할 때 사용되는 조어이다. 우리말로 바꾸면 망작 게임 정도가 될 것이다. 레트로 게임에서부터 플레이스테이션3까지 게이머들의 기대를 보란듯이 저버렸던 수많은 쿠소게들을 총망라하였다.

초에로게, 초에로게 하드코어

타네 키요시 외 2인 지음 | 이은수 옮김 |
각 권 276쪽 , 280쪽 | 각 권 14,800원

명작 18금 게임 총출동!

에로게란 '에로-エロ'와 '게임-Game'의 합성어로, 말 그대로 성적인 표현이 담긴 게임을 지칭한다. '에로게 헌터'라 자처하는 베테랑 저자들의 엄격한 심사(?!)를 통해 선정된 '명작 에로게'들에 대한 본격 리뷰집!!

세계의 전투식량을 먹어보다

키쿠즈키 토시유키 지음 | 오광웅 옮김 | 144쪽 | 13,000원

전투식량에 관련된 궁금증을 한권으로 해결!

전투식량이 전장에서 자리를 잡아가는 과정과, 미국의 독립전쟁부터 시작하여 역사 속 여러 전쟁의 전투식량 배급 양상을 살펴보는 책. 식품부터 식기까지, 수많은 전쟁 속에서 전투식량이 어떠한 모습으로 등장하였고 병사들은 이를 어떻게 취식하였는지, 흥미진진한 역사를 소개하고 있다.

세계장식도 Ⅰ, Ⅱ

오귀스트 라시네 지음 | 이지은 옮김 | 각 권 160쪽 | 각 권 8,000원

공예 미술계 불후의 명작을 농축한 한 권!

19세기 프랑스에서 가장 유명한 디자이너였던 오귀스트 라시네의 대표 저서 『세계장식 도집성』에서 인상적인 부분을 뽑아내 콤팩트하게 정리한 다이제스트판. 공예 미술의 각 분야를 포괄하는 내용을 담은 책으로, 방대한 예시를 더욱 정교하게 소개한다.

서양 건축의 역사

사토 다쓰키 지음 | 조민경 옮김 | 264쪽 | 14,000원

서양 건축사의 결정판 가이드 북!

건축의 역사를 살펴보는 것은 당시 사람들의 의식을 들여다보는 것과도 같다. 이 책은 고대에서 중세, 르네상스기로 넘어오며 탄생한 다양한 양식들을 당시의 사회, 문화, 기후, 토질 등을 바탕으로 해설하고 있다.

세계의 건축

코우다 미노루 외 1인 지음 | 조민경 옮김 | 256쪽 | 14,000원

고품격 건축 일러스트 자료집!

시대를 망라하여, 건축물의 외관 및 내부의 장식을 정밀한 일러스트로 소개한다. 흔히 보이는 풍경이나 딱딱한 도시의 건축물이 아닌, 고풍스러운 건물들을 섬세하고 세밀한 선화로 표현하여 만화, 일러스트 자료에 최적화된 형태로 수록하고 있다

지중해가 낳은 천재 건축가 -안토니오 가우디

이리에 마사유키 지음 | 김진아 옮김 | 232쪽 | 14,000원

천재 건축가 가우디의 인생, 그리고 작품

19세기 말~20세기 초의 카탈루냐 지역 및 그의 작품들이 지어진 바르셀로나의 지역사, 그리고 카사 바트요, 구엘 공원, 사그라다 파밀리아 성당 등의 작품들을 통해 안토니오 가우디의 생애를 본격적으로 살펴본다.

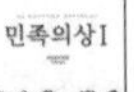

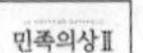

민족의상 1,2

오귀스트 라시네 지음 | 이지은 옮김 | 각 권 160쪽 | 각 8,000원

화려하고 기품 있는 색감!!

디자이너 오귀스트 라시네의 『복식사』 전 6권 중에서 민족의상을 다룬 부분을 바탕으로 제작되었다. 당대에 정점에 올랐던 석판 인쇄 기술로 완성되어, 시대가 흘렀음에도 그 세세하고 풍부하고 아름다운 색감이 주는 감동은 여전히 빛을 발한다.

중세 유럽의 복장

오귀스트 라시네 지음 | 이지은 옮김 | 160쪽 | 8,000원

고품격 유럽 민족의상 자료집!!

19세기 프랑스의 유명한 디자이너 오귀스트 라시네가 직접 당시의 민족의상을 그린 자료집. 유럽 각지에서 사람들이 실제로 입었던 민족의상의 모습을 그대로 풍부하게 수록하였다. 각 나라의 특색과 문화가 담겨 있는 민족의상을 감상할 수 있다.

그림과 사진으로 풀어보는 이상한 나라의 앨리스

구와바라 시게오 지음 | 조민경 옮김 | 248쪽 | 14,000원

매혹적인 원더랜드의 논리를 완전 해설!

산업 혁명을 통한 눈부신 문명의 발전과 그 그늘. 도덕주의와 엄숙주의, 위선과 허영이 병존하던 빅토리아 시대는 『원더랜드』의 탄생과 그 배경으로 어떻게 작용했을까? 순진 무구한 소녀 앨리스가 우연히 발을 들인 기묘한 세상의 완전 가이드북!!

그림과 사진으로 풀어보는 알프스 소녀 하이디

지바 가오리 외 지음 | 남지연 옮김 | 224쪽 | 14,000원

하이디를 통해 살펴보는 19세기 유럽사!

『하이디』라는 작품을 통해 19세기 말의 스위스를 알아본다. 또한 원작자 슈피리의 생애를 교차시켜 『하이디』의 세계를 깊이 파고든다. 『하이디』를 읽을 사람은 물론, 작품을 보다 깊이 감상하고 싶은 사람에게 있어 좋은 안내서가 되어줄 것이다.

영국 귀족의 생활

다나카 료조 지음 | 김상호 옮김 | 192쪽 | 14,000원

영국 귀족의 우아한 삶을 조명한다

현대에도 귀족제도가 남아있는 영국. 귀족이 영국 사회에서 어떠한 의미를 가지고 또 기능하는지, 상세한 설명과 사진자료를 통해 귀족 특유의 화려함과 고상함의 이면에 자리 잡은 책임과 무게, 귀족의 삶 깊숙한 곳까지 스며든 '노블레스 오블리주'의 진정한 의미를 알아보자.

요리 도감

오치 도요코 지음 | 김세원 옮김 | 384쪽 | 18,000원

요리는 힘! 삶의 저력을 키워보자!!

이 책은 부모가 자식에게 조곤조곤 알려주는 요리 조언집이다. 처음에는 요리가 서툴고 다소 귀찮게 느껴질지 모르지만, 약간의 요령과 습관만 익히면 스스로 요리를 완성한다는 보람과 매력, 그리고 요리라는 삶의 지혜에 눈을 뜨게 될 것이다.

초콜릿어 사전

Dolcerica 가가와 리카코 지음 | 이지은 옮김 | 260쪽 | 13,000원

사랑스러운 일러스트로 보는 초콜릿의 매력!

나른해지는 오후, 기력 보충 또는 기분 전환 삼아 한 조각 먹게 되는 초콜릿. 『초콜릿어 사전』은 초콜릿의 역사와 종류, 제조법 등 기본 정보와 관련 용어 그리고 그 해설을 유머러스하면서도 사랑스러운 일러스트와 함께 싣고 있는 그림 사전이다.

사육 재배 도감

아라사와 시게오 지음 | 김민영 옮김 | 384쪽 | 18,000원

동물과 식물을 스스로 키워보자!

생명을 돌보는 것은 결코 쉬운 일이 아니다. 꾸준히 손이 가고, 인내심과 동시에 책임감을 요구하기 때문이다. 그럴 때 이 책과 함께 한다면 어떨까? 살아있는 생명과 함께하며 성숙해진 마음은 그 무엇과도 바꿀 수 없는 보물로 남을 것이다.

판타지세계 용어사전

고타니 마리 감수 | 전홍식 옮김 | 248쪽 | 18,000원

판타지의 세계를 즐기는 가이드북!

온갖 신비로 가득한 판타지의 세계. 『판타지세계 용어사전』은 판타지의 세계에 대한 이해를 돕고 보다 깊이 즐길 수 있도록, 세계 각국의 신화, 전설, 역사적 사건 속의 용어들을 뽑아 해설하고 있으며, 한국어판 특전으로 역자가 엄선한 한국 판타지 용어 해설집을 수록하고 있다.

식물은 대단하다

다나카 오사무 지음 | 남지연 옮김 | 228쪽 | 9,800원

우리 주변의 식물들이 지닌 놀라운 힘!

오랜 세월에 걸쳐 거목을 말려 죽이는 교살자 무화과나무, 딱지를 만들어 몸을 지키는 바나나 등 식물이 자신을 보호하는 아이디어, 환경에 적응하여 살아가기 위한 구조의 대단함을 해설한다. 동물은 흉내 낼 수 없는 식물의 경이로운 능력을 알아보자.

세계사 만물사전

헤이본샤 편집부 지음 | 남지연 옮김 | 444쪽 | 25,000원

우리 주변의 교통 수단을 시작으로, 의복, 각종 악기와 음악, 문자, 농업, 신화, 건축물과 유적 등, 고대부터 제2차 세계대전 종전 이후까지의 각종 사물 약 3000점의 유래와 그 역사를 상세한 그림으로 해설한다.

그림과 사진으로 풀어보는 마녀의 약초상자

니시무라 유코 지음 | 김상호 옮김 | 220쪽 | 13,000원

「약초」라는 키워드로 마녀를 추적하다!

정체를 알 수 없는 약물을 제조하거나 저주와 마술을 사용했다고 알려진 「마녀」란 과연 어떤 존재였을까? 그들이 제조해온 마법약의 재료와 제조법, 마녀들이 특히 많이 사용했던 여러 종의 약초와 그에 얽힌 이야기들을 통해 마녀의 비밀을 알아보자.

고대 격투기

오사다 류타 지음 | 남지연 옮김 | 264쪽 | 21,800원

고대 지중해 세계의 격투기를 총망라!

레슬링, 복싱, 판크라티온 등의 맨몸 격투술에서 무기를 활용한 전투술까지 풍부하게 수록한 격투 교본. 고대 이집트 · 로마의 격투술을 일러스트로 상세하게 해설한다.

초콜릿 세계사 -근대 유럽에서 완성된 갈색의 보석

다케다 나오코 지음 | 이지은 옮김 | 240쪽 | 13,000원

신비의 약이 연인 사이의 선물로 자리 잡기까지의 역사!

원산지에서 「신의 음료」라고 불렸던 카카오. 유럽 탐험가들에 의해 서구 세계에 알려진 이래, 19세기에 이르러 오늘날의 형태와 같은 초콜릿이 탄생했다. 전 세계로 널리 퍼질 수 있었던 초콜릿의 흥미진진한 역사를 살펴보자.

에로 만화 표현사

키미 리토 지음 | 문성호 옮김 | 456쪽 | 29,000원

에로 만화에 학문적으로 접근하다!

에로 만화 주요 표현들의 깊은 역사, 복잡하게 얽힌 성립 배경과 관련 사건 등에 대해 자세히 분석해본다.

연표로 보는 과학사 400년

초판 1쇄 인쇄 2020년 3월 10일
초판 1쇄 발행 2020년 3월 15일

저자 : 고야마 게타
번역 : 김진희

펴낸이 : 이동섭
편집 : 이민규, 서찬웅, 탁승규
디자인 : 조세연, 백승주, 황효주, 김형주
영업 · 마케팅 : 송정환
e-BOOK : 홍인표, 김영빈, 유재학, 최정수
관리 : 이윤미

㈜에이케이커뮤니케이션즈
등록 1996년 7월 9일(제302-1996-00026호)
주소 : 04002 서울 마포구 동교로 17안길 28, 2층
TEL : 02-702-7963~5 FAX : 02-702-7988
http://www.amusementkorea.co.kr

ISBN 979-11-274-3161-7 03400

이 도서의 국립중앙도서관 출판예정도서목록(CIP)은
서지정보유통지원시스템 홈페이지(http://seoji.nl.go.kr)와
국가자료공동목록시스템(http://www.nl.go.kr/kolisnet)에서 이용하실 수 있습니다.
(CIP제어번호: CIP2020008145)

*잘못된 책은 구입한 곳에서 무료로 바꿔드립니다.